高等职业教育“十四五”规划教材
中国特色高水平高职专业建设计划成果
现代农业装备应用技术专业群系列教材

设施花卉栽培技术

李永晶　王秀娟　主编

中国农业大学出版社
·北京·

内 容 简 介

本教材是中国特色高水平高职学校重点专业群课程建设项目之一。内容上以传统花文化为主线，融入生态文明、以美育人、花匠精神三方面的思政元素，着重介绍花卉认知、花卉繁育、花卉栽培、花卉应用四方面内容，包括六个项目，分别是花卉分类与识别、花卉栽培设施、花卉繁殖、露地花卉栽培、设施盆花栽培、鲜切花周年生产。

本教材针对性强，可作为中、高职院校设施农业与装备、园林技术、花卉生产与花艺、园艺技术及相关专业课程教材，也可作为各类花卉生产人员、园林植物生产人员、景观设计人员、园林施工人员的参考用书。

图书在版编目(CIP)数据

设施花卉栽培技术/李永晶，王秀娟主编．--北京：中国农业大学出版社，2024.3
ISBN 978-7-5655-3173-6

Ⅰ.①设… Ⅱ.①李… ②王… Ⅲ.①花卉－观赏园艺－设施农业 Ⅳ.①S629

中国国家版本馆CIP数据核字(2024)第036596号

书　　名　设施花卉栽培技术
作　　者　李永晶　王秀娟　主编

策划编辑	郭建鑫　张秀环	**责任编辑**	郭建鑫
封面设计	李尘工作室		
出版发行	中国农业大学出版社		
社　　址	北京市海淀区圆明园西路2号	**邮政编码**	100193
电　　话	发行部 010-62733489，1190		读者服务部 010-62732336
	编辑部 010-62732617，2618		出　版　部 010-62733440
网　　址	http://www.caupress.cn	**E-mail**	cbsszs@cau.edu.cn
经　　销	新华书店		
印　　刷	北京时代华都印刷有限公司		
版　　次	2024年3月第1版　　2024年3月第1次印刷		
规　　格	185 mm×260 mm　　16开本　　14.5印张　　362千字		
定　　价	42.00元		

编 审 人 员

主　编　李永晶　（黑龙江农业工程职业学院）

王秀娟　（黑龙江农业工程职业学院 ）

副主编　王　巍　（黑龙江农业工程职业学院）

曲彦婷　（黑龙江省科学院自然与生态研究所）

冯淑华　（黑龙江农业工程职业学院）

刘志洋　（哈尔滨市农业科学院）

张　兴　（苏州科技大学）

参　编　谢鹏宇　（黑龙江农业工程职业学院）

焦玉虎　（黑龙江农业工程职业学院）

彭莉莉　（黑龙江农业工程职业学院）

主　审　谢　红　（黑龙江农业工程职业学院）

李文生　（黑龙江省农业技术推广站）

前　言

花是美的使者，有多少种花朵就有多少种美丽。从古至今，花卉是人们美化环境、润色生活的选择，花虽无言，却用美连接起不同地域的文化和生活。赏花种花是中国人不变的情节。花卉作为农林业的主导产业之一，在绿化美化环境、提高人民生活质量、推进生态文明和建设美丽中国等方面发挥着重要作用，现代花卉产业发展前景广阔，需要大批的专业技术人才。

本教材是中国特色高水平高职学校重点专业群课程建设项目之一，紧紧围绕国家加快建设生态文明、建设美丽中国的政策，践行“绿水青山就是金山银山”的理念，适应花卉产业发展对高素质技术技能人才的需求，以传统花文化为主线，融入“生态文明、以美育人、花匠精神”三方面的思政元素，着重介绍花卉认知、花卉繁育、花卉栽培、花卉应用四方面内容，帮助学生树立正确的生态文明价值观、植物美学观和择业观。教材内容紧贴生产实际，融入国内外有关花卉的新知识和新技术，以国家职业标准为依托，以典型工作任务为载体，按照“知花—育花—栽花—用花”的生产过程设计教材结构。本教材包括六个项目，分别是项目一花卉分类与识别、项目二花卉栽培设施、项目三花卉繁殖、项目四露地花卉栽培、项目五设施盆花栽培、项目六鲜切花周年生产。每个项目由若干任务构成，并包含技能训练和自测训练，为学生适应岗位工作需要和培养可持续发展能力提供保障。

教材的编写与课程建设紧密结合，采用立体化教材形式，配套了数字教学资源如视频、微课等，形象直观，方便教师教学和学生学习。本教材针对性强，可作为中、高职院校设施农业与装备、园林技术、花卉生产与花艺、园艺技术及相关专业课程教材，也可作为各类花卉生产人员、园林植物生产人员、景观设计人员、园林施工人员的参考用书。

本教材由李永晶和王秀娟主编，具体编写分工如下。引言由王秀娟编写，项目一由王秀娟、焦玉虎编写，项目二由谢鹏宇、冯淑华编写，项目三由曲彦婷、张兴编写，项目四由刘志洋、彭莉莉编写，项目五由李永晶编写，项目六由王巍编写。全书由李永晶、王秀娟统稿，视频素材由王秀娟、李永晶、曲彦婷、谢鹏宇提供，视频及动画由李永晶制作。

本教材由黑龙江农业工程职业学院谢红教授和黑龙江省农业技术推广站李文生研究员主审，并提出了宝贵意见。教材在编写过程中参阅和引用了有关专家、学者的优秀成果，在此一并致以最诚挚的谢意！

由于编者水平有限，书中不足之处在所难免，敬请各位读者批评指正，并提出宝贵意见，以便今后进一步修改完善。

编　者

2023 年 8 月

目　　录

引言　走进花卉

我国幅员辽阔，蕴藏着丰富的花卉资源，素有“世界园林之母”的美誉。从古至今，花卉是人们美化环境、润色生活的选择，我国是世界最大的花卉生产国和消费国，现代花卉产业发展前景和发展空间广阔，需要大批的专业技术人才，我们应学好这门课程，掌握花卉栽培的专业知识与技能，为我国花卉产业的发展贡献自己的力量。

一、花卉与花卉栽培

微课 0-1　设施花卉栽培的含义

(一)花卉的含义

花是植物的繁殖器官，也是植物最吸引人的观赏器官；卉是草的总称，是指草本植物。“花卉”即是花草的总称，这些花花草草随着自然生理的发育和人为驯化栽培，形成了千姿百态、艳丽多彩、气味芬芳的观赏植物。

狭义的花卉是指具有观赏价值的草本植物，如一串红、凤仙花、芍药、兰花、菊花等。

广义的花卉是具有一定观赏价值，能以观花、观叶、观茎、观根、观果为目的，并能装饰美化环境，丰富人们的文化生活的草本、木本、藤本植物的总称。观赏的部位不仅仅有花，根、茎、叶、果也可以观赏。如木本观花的牡丹、山茶、月季、绣球花，草本观叶的竹芋科、蕨类植物等，还有兰科花卉、凤梨科植物、多肉植物等。

(二)花卉栽培的方式

1. 生产栽培

生产栽培是以商品化生产为目的，如切花、盆花、种苗和种球的生产等，从栽培、采收到包装完全标准化、商品化，并且能进入市场流通为社会提供消费产品的栽培方式。生产栽培要求有规范的栽培技术和现代化的生产设施，有一定的生产规模，如蝴蝶兰、大花蕙兰盆花的生产，月季、红掌的切花生产，盆栽多肉植物的生产等。

2. 观赏装饰栽培

观赏装饰栽培是以观赏为目的，利用花卉的色彩、花型及园林绿化配置，美化、绿化公园、广场、城市绿地、工厂、学校等公共场所和家庭室内外的栽培方式。观赏装饰栽培一是应用露地花卉装饰各种花坛、花境、花丛、花台、花廊、花墙、水面绿化、专类园等，展现花卉的自然美；二是应用各种小盆花装饰室内外，如吊篮、壁挂、花柱、组合盆栽等，美化环境，丰富生活，促进人们的身心健康。

3. 标本栽培

标本栽培以种质资源收集、科研和科普为目的。主要栽植在植物园、专类园、品种圃、植物标本温室等区域，包括大量的野生种、栽培种及品种。

(三)花卉栽培的意义

1. 经济效益

花卉作为农业的主导产业之一，在农村经济作物中种植比例较大，花卉生产能够获取较高的经济效益，有极大的发展潜力，花卉商品化生产，能够获取较高的经济效益。荷兰是著名的花卉王国，花卉是其国民经济的重要组成部分，也是其外交的重要“名片”。我国花卉产品中的鲜切花、盆花、观叶植物市场需求量大，除了满足国内需求外，部分鲜切花、种苗、种球还出口创汇。中国的鲜切花种植面积是世界最大的，昆明的鲜切花出口泰国、马来西亚、新加坡，漳州的水仙球根出口东南亚等。2021 年，我国花卉进出口贸易总额达 7.01 亿美元。花卉产业还带动了其他相关产业，如栽培设施温室、大棚、花卉容器、基质、肥料、农药、工具、运输、保鲜、装饰、销售等；花卉博览会带动了旅游业的发展。花卉业是一个美好的事业，为社会提供了大量就业机会。

2. 环境效益

花卉除了产生经济效益外，也带来一定的环境效益，随着城市化进程的发展，人们亲近大自然的欲望越来越迫切，用花草树木美化环境，装点生活，可使人们足不出户，就能领略大自然的风光。花卉还具有改善生态环境的功能，对增进身心健康有帮助，可以调节温度和湿度、吸附粉尘、分泌杀菌素等，以净化空气，降低噪声，使我们生活的环境清新宜人；此外，花卉的绿色还具有保护视力的作用，缓解长时间用眼产生的视力疲劳。花卉栽培还是普及科学知识的最佳形式。

3. 社会效益

花卉是大自然的精灵，是真善美的化身，种花、插花、赏花、送花是重要的花事活动，充分体现了花卉的社会效益。花卉能照见生活的宁静与美好，也为人们带来了不可缺少的艺术与文化之美。王羲之爱兰，陶渊明爱菊，周敦颐爱莲，林逋爱梅。英国“植物猎人”威尔逊认为，爱花的人最幸福，爱园艺的人最慷慨。与花为伴，爱花种花，能够净化灵魂，陶冶情操，丰富生活。

二、我国丰富的花卉种质资源

我国幅员辽阔，蕴藏着丰富的花卉资源，是众多花卉植物的起源地和分布中心，是一个迷人的花卉王国，原产我国的高等植物约有 3.5 万种，约占世界高等植物的 1/9，如杜鹃、报春花、百合、龙胆、蔷薇等，种类丰富。中国丰富的花卉资源美化了世界大地，中国被誉为“世界园林之母”。

1. 茶花

云南是我国植物资源最为丰富的地区，是世界茶花分布中心，茶花种类有 190 多种，有饮料茶、油茶、观赏茶（如普通山茶、南山茶、茶梅、金花茶等）。古诗《山茶》中写道：“似有浓妆出绛纱，行充一道映朝霞。飘香送艳春多少，犹见真红耐久花。”描写山茶花颜色娇艳，长开不衰。

2. 杜鹃

全世界有 900 多种，原产我国的有 600 多种，分为落叶杜鹃和常绿杜鹃两类。以我国西南地区分布最为集中。唐代诗人白居易在《山石榴寄元九》中写道：“花中此物是西施，芙蓉芍药皆嫫母”；在《山枇杷》中写道：“回看桃李都无色，映得芙蓉不是花”。贵州百里杜鹃国家森林公园每年四月花开满山。

3. 报春花

全世界约有 500 种，原产中国的有 390 多种，是著名的草花，现在世界上栽培的大樱草和四季樱草均引自中国。

4. 龙胆

全世界有400多种，中国有龙胆属植物240多种，多产于西南高山地区，是“高山花坛”的重要成员，是温带城市布置园林的好材料。龙胆也是重要的药用植物。杜鹃、报春花、龙胆并称中国三大天然名花。

5. 百合

世界上有100多种，原产我国的有60多种，如兰州百合、崂山百合、台湾百合、王百合，黄土高原的山丹丹，长白山麓的大花卷丹，都有较高的观赏、食用和药用价值。

6. 蔷薇

全世界有150多种，原产我国的有100多种，中国对世界园艺贡献最大的就属中国月季了。

除以上代表性花卉，很多著名的天然花卉种类以我国为世界分布中心。如银杏、金钱松、蜡梅、水杉、珙桐、梅花、牡丹、香水月季、鹅掌楸、金花茶等都是中国独有、举世无双的珍贵花木种类。

三、我国悠久的花卉栽培历史

微课 0-2　中国悠久的花文化

中国花卉资源丰富，栽培和观赏历史悠久。早在商代甲骨文中已有“园、圃、树、花、果、草”等字。《周礼》中有“二曰园圃，毓草木”的描述，说明当时已有培育草木的行为。

春秋时期：吴王夫差建梧桐园和会景园，有栽植观赏花木茶与海棠的记载。

秦汉时期：花卉事业逐渐兴盛，王室富贾营建宫苑，广集各地奇果佳树、名花异卉植于园内，如秦代著名的阿房宫大种花木，主要记载有柑、橘、枇杷、黄栌、木兰、厚朴等木本植物。汉武帝时未央宫中有温室，殿内冬季可陈列花木，上林苑广种奇花异草达3 000余种。

西晋、东晋时期：从越南引入奇花异木数十种，嵇含的《南方草木状》是我国最早的一部地方花卉园艺书籍，戴凯之的《竹谱》以及陶渊明诗集中都有园林花卉植物的记载。

南北朝时期：山水画的出现促使了自然山水园的出现。贾思勰的《齐民要术》记载了园林植物的嫁接技术原理和一些栽培技术。

隋、唐、宋是我国古代花卉事业的兴盛时期，在花卉的分类，栽培、鉴赏等方面有较大的进步，花卉著作以宋代的居多。

隋代：隋炀帝建西苑，苑内的植物“四面郁茂，名花美草，隐映轩陛”。

唐代：花卉园艺相当繁荣，主要著作有王芳庆的《园庭草木疏》、李德裕的《平泉山居草木记》。

宋代：大兴造园和栽花之风，宋徽宗兴建皇家园林艮岳，并对植物的应用有详细的记载。此时的花卉著作颇多，如范成大的《范村梅谱》、王观的《扬州芍药谱》、王贵学的《王氏兰谱》、刘蒙的《刘氏菊谱》、欧阳修的《洛阳牡丹记》等。

明代：国力恢复，私家园林很多，且注重植物的季相变化。有大量的综合性著作出现，如徐霞客的《徐霞客游记》，王象晋的《群芳谱》等。

清代：造园规模、数量均超过任何朝代，花卉栽培繁盛，相关著作很多，如陈淏子的《花镜》、汪灏的《广群芳谱》等。清朝末期，我国丰富的植物资源及名贵花木品种严重外流，同时引入了大量草花和国外的一些栽培技术等。

中国现代花卉业起步于 20 世纪 80 年代初期，1985 年后中国花卉业开始迅速恢复和发展，国内外交流频繁，引入大量花卉栽培品种和技术。国内开始举办花卉博览会、花卉展览、苗木交易会等。自 1999 年举办昆明世界园艺博览会，到 2021 年扬州世界园艺博览会，中国共举办了九届世界园艺博览会。1984—2021 年，中国举办了十届花卉博览会，中国花卉产业发展迅速。

四、中国花卉对世界的贡献

中国花卉从 16 世纪开始传入西方，葡萄牙人首先从海上引入中国甜橙；1688 年，荷兰人来中国经商时将菊花引种到欧洲。

18—19 世纪，欧美诸国开始大量地从我国的云南、四川等地搜寻杜鹃、山茶、报春花等名花，引种栽培繁育。其中，仅试验成功的杜鹃花就有一二百种，又通过杂交育种，培育出数以千计花大、色艳、花期长的园艺品种，充实乃至改变了欧洲原有花园的面貌。

从 1839 年起，英国多次派人来华收集园林植物资源，同时兼顾收集很多重要的经济植物资源，使我国很多珍贵的植物资源不断流向国外。罗伯特·福琼由英国皇家园艺协会派遣，在 1839—1860 年曾 4 次来华调查及引种，从中国引走了秋牡丹、金钟花、枸骨、2 种小菊变种和云杜鹃。1851 年 2 月，他通过海运运走 2 000 株茶树小苗、1.7 万粒茶树发芽种子。

英国植物学家威尔逊被西方人誉为“一位最成功的植物涉猎者”，1899—1918 年，他 5 次来华采集、引种，他走遍了鄂西北、滇西南、长江南北，采集花木的种子、球根、插条和苗木总数达 3 500 份，干标本 7 万份。1929 年，他的专著《中国——花园之母》一书出版发行，记录了他长期在中国西部从事植物收集活动的经历。

“植物猎人”乔治·福雷斯特在云南腾冲高黎贡山森林里发现大树杜鹃。他在中国 28 年，把 3 万多份中国植物的干制标本、1 000 多种活植物材料、1 万种种子样本带回英国。此前整个英伦三岛所有植物种子加起来不过 1 500 种。在英国，每个花园至少会有一种中国植物，在欧洲大陆和北美同样如此。而在中国，一座山上的植物，会比整个不列颠岛的植物物种多 50%，所以说中国植物成就了英国园艺。

19 世纪法国也同样派遣了一些植物学家来华采集、引种。大卫首先在中国发现了珙桐，1860 年到中国后，他从北京到重庆再沿长江到成都一路采集，在茅坪发现 16 种杜鹃。他向法国寄回了 2 000 多种植物的标本。德拉维 1867 年就到中国采集引种植物，在云南大理东北部山区住了 10 年，在大理和丽江之间寻找滇西北特产的园林植物，一共收集了 4 000 种，其中 1 500 种是新种，寄回法国 20 多万份蜡叶标本。苏利于 1886 年到西藏，10 年中他收集了 7 000 多种西藏高原的高山植物标本，引种了大量对法国园林影响很大的观赏植物。

美国植物采集家迈尔于 1905—1918 年 4 次来华，引走了丝棉木、黄刺梅、茶条槭、木绣球、红丁香等；洛克从西藏、内蒙古、云南引走了白扦、木里杜鹃等。

五、花卉产业发展现状及趋势

(一)中国花卉产业的特点

近年来，我国花卉产业发展迅速，花卉种植面积与销售额持续上升，已成为世界花卉种植面积最大的国家。

1. 我国主要花卉产区

花卉是现代高效农业的重要组成部分，2017 年统计数据表明，花卉在 12 大类农作物中产值排名第六，单位面积产值位居第一。在花卉产业发展过程中，各地区充分利用地区资源、气候等区域优势，形成了各类花卉的优势区域，如以云南、湖北、广东、四川、辽宁为主的切花产区，以广东、四川、江苏、福建为主的盆花产区；以四川、云南、上海、辽宁、陕西、甘肃为主的种苗（种球）产区，以山东、河南、江苏和广东为主的草坪产区。

2. 我国主要花卉产品

随着花卉业的发展，花卉产品呈现出多样化的趋势，已由原来的以盆景和盆花为主，发展到观赏苗木、盆栽植物、切花切叶（干花）、种用花卉、草坪、食用药用工业花卉 6 大类。

2020 年，我国花卉种植面积 163.1 万 hm^2，是 1998 年的 19 倍，总销售额 1 693.5 亿元，是 1998 年的 15.8 倍；总出口额 6.08 亿美元，是 1998 年的 18.4 倍。其中，观赏苗木占总生产面积 52.49%，销售额占总销售额 43.17%。切花类在出口额中占 60%，切花月季产量稳居鲜切花类第一位。种子、种苗、种球占比较低，应加强优良花卉品种的培育（表 0-1）。

表 0-1　我国主要花卉产品种植面积（2020 年）

花卉产品	种植面积/hm^2	比例/%
鲜切花类（切花、切叶、切枝、干花）	74 882.37	4.59
盆栽植物类（盆栽植物、盆景、花坛植物）	114 086.4	6.99
观赏苗木	856 277.91	52.49
食用与药用花卉	357 730.7	21.93
工业及其他用途	70 040.6	4.29
草坪	137 866.7	8.45
种子用花卉	6 450.9	0.41
种苗用花卉	10 394.3	0.63
种球用花卉	3 627.4	0.22

目前，我国花卉生产面积已位居世界第一位，约占世界花卉生产总面积的 1/3，但生产效益不高，单位产值只有世界水平的 15%，是荷兰的 1.7%，而出口仅占世界的 2%。因此，我国只是花卉种植大国，而非花卉产业强国和贸易大国。在鲜切花和盆栽植物生产方面，丹麦、瑞士、加拿大等国实现全保护地栽培，每公顷产值 100 万美元以上，而我国为每公顷 4.2 万美元。与花卉产业发达国家相比，我国的花卉产业存在着栽培技术落后、产业聚焦程度低、缺乏专业化人才、生产规模小、成本高、缺乏有自主知识产权的新品种、缺乏健全的销售流通体系等问题。

（二）世界花卉业的特点及趋势

1. 产业布局区域化、专业化

世界花卉生产面积不断扩大，花卉的产业布局主要由自然的气候条件决定，如地处温带的荷兰主打郁金香，地处热带的泰国、新加坡主打热带兰。花卉生产的布局还与技术水平和经济发达程度相关，比如在花卉产品形式上，种子和种球方面由荷兰、美国和日本等发达国家占据了产业的上游，处于主导地位，而哥伦比亚、肯尼亚等发展中国家，则主要依靠优越的自然气候和廉价的土地及劳动力主打切花生产，中国的云南，南美的哥伦比亚、厄瓜多尔，非洲的肯尼亚，并称为世界花卉三大产区。

2. 产品优质化、更新化

花卉产品的质量不断提高，新品种层出不穷，月季约有 15 000 个品种，唐菖蒲有 8 000 多个，菊花有 3 000 多个，香石竹有 5 000 多个，兰花有 2 万多个，郁金香有 8 000 多个。如我国花卉大省云南特别重视花卉新品种的培育，每年都有新品种投放市场；荷兰的库克霍夫公园每年开园期间邀请大众投票，选择喜欢的新品种投放市场。野生花卉资源得到大力开发与利用，如澳大利亚对于南非原产野生花卉帝王花、绒球花等的开发。

3. 生产的工厂化、现代化

从播种开始，采用自动播种机，在现代化温室中栽培，由计算机自动控制温光水肥气等，栽培环境自动调控，实现信息化管理，进行大规模生产，如凤梨、蝴蝶兰等盆花的生产。

4. 花卉消费增长迅速，市场供应周年化。

全球花卉需求总量逐年增加，世界有三大花卉消费中心：一是北美洲花卉消费市场，美国有 70%的花卉从国外进口；二是欧洲花卉消费市场，德国有 60%的花卉、法国有近 20%的花卉靠进口；三是以日本为主的亚洲消费市场。新兴发展中国家（如中国）对于花卉产品需求也在增长，是世界最大的潜在花卉消费市场。花卉消费因季节不同而有差异，因节假日的不同而有差异，如西方的情人节在冬季，需要大量的玫瑰，因此销售者应具备不同的品种，实现周年供应，以满足不同消费者的需求。

5. 切花和观叶花卉的需求不断增加

鲜切花销售已经占世界花卉销售总额的 60%左右，是花卉生产的主力军。随着室内装饰水平的提高，室内观叶植物普遍受到人们的喜爱。切花和观叶花卉的共同特点是观赏价值高，具有可移动性，适于室内装饰，尤其满足了家庭园艺爱好者的需求。在中国，多肉植物的需求也在增加。

6. 产经销一体化，流通国际化

鲜花是生活有机体，为了保持新鲜状态，应减少中间经营环节，尽快达到消费者手中。所以必须使栽培、采收、整理、包装、运输和销售各个环节紧密配合，形成一个整体，以减少可能发生的损失。如荷兰的花卉拍卖流程快捷，适合鲜活商品的拍卖，成交后的花卉会立刻送往目的地，由于信息流与物流同步，减少了商品的损耗，最大限度保证了生产者和消费者的利益。

拓展知识

中国传统十大名花

一、梅花，它是中华民族与中国的精神象征，被誉为“花中之魁”。梅花秀雅不凡，冰心玉质，古香自异，象征坚韧不拔，不屈不挠，奋勇当先，自强不息的精神品质，具有强大而普遍的感染力和推动力。

二、牡丹，素有“花王”之称，其栽培源于河洛，至今已有 1 600 多年的历史。在人民群众的心目中，牡丹是美的化身，纯洁与爱情的象征，也有国尊繁荣昌盛、家重富贵平安、人喜幸福吉祥的寓意。

三、菊花，素有“花中隐士”“凌霜绽妍”的美称，在我国有 3 000 多年的栽培历史。中国人极爱菊花，从宋朝起民间就有一年一度的菊花盛会。中国历代诗人画家，以菊花为题材吟诗作画众多。因而历代歌颂菊花的大量文学艺术作品和艺菊经验，给人们留下了许多名谱佳作，并将流传久远。《离骚》中有“朝饮木兰之堕露兮，夕餐秋菊之落英”之句。说明菊花与中华民族的文化早就结下不解之缘。菊花在古代传说中被赋予吉祥、长寿的含义。

四、兰花，大部分品种原产中国，因此兰花又称中国兰。兰花是一种以香著称的花卉，具高洁、清雅的特点。兰花有“王者之香”“众领群芳”“天下第一香”之称。古今名人对它的评价极高，喻为“花中君子”。古代文人常把诗文之美喻为“兰章”，把友谊之真喻为“兰交”，把良友喻为“兰客”。

五、月季，素有“花中皇后”的美誉，中国是月季的原产地之一。月季有一种坚韧不屈的精神，花香悠远。月季在中国传统文化中处于弱势地位。但新的考古发现，月季是华夏先民北方系（相当于传说中的黄帝部族）的图腾植物。

六、杜鹃，素有“花中西施”之称，在所有观赏花卉中，杜鹃称得上花、叶兼美，地栽、盆栽皆宜，用途广泛。白居易赞曰：“闲折二枝持在手，细看不似人间有。花中此物是西施，芙蓉芍药皆嫫母。”

七、茶花，又名曼陀罗树、耐冬、晚山茶，茶花是“花中娇客”，四季常青，冬春之际开花，花姿绰约，花色鲜艳。中国栽培茶花的历史悠久，自南朝开始已有茶花的栽培。后来茶花传入欧美，成为世界知名的花卉之一。

八、荷花，又名莲花、水芙蓉等，花朵硕大而优美，色彩有粉红和白色两种。荷花是我国的传统名花，我国早在周朝就有荷花的栽培记载。“接天莲叶无穷碧，映日荷花别样红”就是对荷花之美的真实写照。荷花“中通外直，不蔓不枝，出淤泥而不染，濯清涟而不妖”的高尚品格，历来是诗人墨客歌咏绘画的题材之一。

九、桂花，素有“十里飘香”之称，在国庆节前后开花，象征吉祥如意和芳誉千乡的光荣之感。

十、水仙，有“凌波仙子”之称，在中国已有 1 000 多年栽培历史。水仙花每逢百花凋零的年尾岁首开花，以其亭亭玉立的秀姿、雪白晶莹的花朵、沁人心脾的芳香受到我国人民的喜爱，被人们视为辞旧迎新、吉祥如意的象征。

自测训练

一、选择题

1. 狭义的花卉是指具有观赏价值的(　　)。

A. 草本植物　　B. 木本植物　　C. 多肉植物　　D. 观叶植物

2. 西晋嵇含的(　　)是我国最早的一部地方花卉园艺书籍。

A.《齐民要术》　　B.《南方草木状》　　C.《园庭草木疏》　　D.《群芳谱》

3. 以生产切花、盆花、提炼香精的香花、种苗种子及种球为主的花卉栽培是(　　)。

A. 观赏栽培　　B. 生产栽培　　C. 标本栽培　　D. 温室栽培

4. (　　)是著名的花卉王国。

A. 哥伦比亚　　B. 荷兰　　C. 肯尼亚　　D. 中国云南

5. “花中此物是西施,芙蓉芍药皆嫫母”描写的是哪种花卉?(　　)

A. 芍药　　B. 杜鹃　　C. 芙蓉　　D. 山茶

6. (　　)并称中国三大天然名花。

A. 杜鹃　　B. 报春　　C. 龙胆　　D. 绿绒蒿

7. (　　)一起被称为世界花卉三大产区。

A. 中国云南　　B. 南美的哥伦比亚、厄瓜多尔

C. 非洲的肯尼亚　　D. 欧洲的荷兰、法国

8. (　　)是我国最大的鲜切花生产基地。

A. 广东　　B. 上海　　C. 云南　　D. 四川

二、判断题

1. 广义的花卉泛指具有一定观赏价值的草本植物。(　　)
2. 以种质资源收集、科研和科普为目的的栽培是标本栽培。(　　)
3. 云南是我国植物资源最为丰富的地区,是世界茶花分布中心。(　　)
4. 我国花卉生产面积已位居世界第一位,约占世界花卉生产总面积的1/3。(　　)
5. 鲜切花是花卉生产的主力军,占世界花卉销售总额的80%左右。(　　)
6. 北美、欧洲、亚洲(以日本为主)是世界花卉三大消费市场。(　　)

项目一　花卉分类与识别

项目导读

花卉资源丰富，种类繁多，形态结构、生长习性、观赏价值、栽培目的及应用方式各不相同，为了便于生产栽培和实际应用，需要从不同的方面对花卉进行分类。合理使用花卉分类方法对花卉进行识别，了解常见花卉的形态特征、生态习性，是学生今后进行花卉生产栽培和应用的基础。在学习设施花卉栽培知识前，需要进行花卉分类与识别项目的学习。

知识目标

1. 具备花卉分类相关知识。
2. 明确各类花卉的分类方法。
3. 掌握各类花卉的识别要点。

能力目标

1. 具备花卉分类的基本能力；能够熟练识别当地常见花卉，并进行归类。
2. 能利用学习平台自主学习。
3. 提高花卉鉴赏和审美能力，深入感受花卉之美，提升艺术和文化修养。

任务一　花卉的分类

花卉种类繁多，分布范围甚广，生态习性各异，为方便生产栽培和实际应用，人为对花卉进行分类。一般有以下几种分类方法。

一、综合分类法

综合分类法是以花卉生态特性与生态习性为主，结合其在植物分类系统中的地位与栽培方法进行分类。可以分为一、二年生花卉，宿根花卉，球根花卉，多肉植物，室内观叶植物，兰科花卉，水生花卉，木本花卉。

（一）一、二年生花卉

一、二年生花卉指在一个或两个生长周期内完成其生活史的花卉，包括一年生花卉和二年生花卉。

1. 一年生花卉

在一年内完成其生命周期的花卉，也称春播花卉。一般在春天播种，夏秋季节开花、结果、种子成熟，入冬前植株枯死。如凤仙花、鸡冠花、孔雀草、千日红、半枝莲、波斯菊、百日草、紫茉莉等。许多在原产地是多年生草本的花卉也做一年生栽培，如矮牵牛、一串红等。

2. 二年生花卉

需要跨年度才能完成其生命周期的花卉，也称秋播花卉。这类花卉在秋季播种，第二年春季开花、结果、种子成熟，夏季植株死亡。如金鱼草、金盏菊、三色堇、虞美人、美女樱、石竹、桂竹香、羽衣甘蓝等。二年生花卉在北方寒冷地区多做一年生栽培。

(二)宿根花卉

宿根花卉是能生活多年、多次开花结实，且地下部分的形态正常、不发生变态的花卉。分为落叶宿根和常绿宿根花卉。落叶宿根花卉的植株入冬后，地上茎叶枯死，根系在土壤中宿存越冬，第二年春天由根萌芽而生长、发育、开花，如菊花、芍药、萱草、玉簪、蜀葵、楼斗菜、落新妇等。常绿宿根花卉春季萌芽，生长发育至冬季，地上茎叶不枯死，如虎尾兰、吊兰、绿萝等。

(三)球根花卉

球根花卉是地下根或地下茎变态形成膨大部分的多年生草本花卉，膨大的根或茎可以为其贮藏水分和营养，使其度过休眠期。球根花卉按形态的不同分为5类：

1. 鳞茎类

地下茎膨大，呈扁平球状，由许多肥厚的鳞片相互抱合而成，如水仙、百合、郁金香、风信子等。

2. 球茎类

地下茎膨大，呈球形，茎内部实质，表面有环状节痕附，有侧芽，顶端有肥大的顶芽，如唐菖蒲、仙客来、荸荠等。

3. 块茎类

地下茎膨大，呈块状，外形不规则，表面无环状节痕，块茎顶部分布大小不同发芽点，如大岩桐、香雪兰、马蹄莲、彩叶芋等。

4. 根茎类

地下茎膨大，呈粗长的根茎状，外形具有分枝，有明显的节间，节间处有腋芽，由节间腋芽萌发生长，如美人蕉、荷花、鸢尾等。

5. 块根类

地下根膨大，呈纺锤状，芽着生在根颈处，由此处萌芽生长，如大丽花、花毛茛等。

(四)多肉植物

该类花卉多数原产于热带、亚热带半荒漠地区，具有旱生喜热的特点，植物体含水分多，茎或叶肥厚，呈肉质多浆的形态。常见栽培的有仙人掌科、景天科、番杏科、百合科、龙舌兰科、大戟科的许多属、种，其中以仙人掌科的种类最多。常见的种类有玉树、落地生根、豹皮花、仙人笔、翡翠珠、十二卷及仙人掌科的仙人指、令箭荷花、仙人掌等。近几年多肉植物比较受欢迎。

(五)室内观叶植物

室内观叶植物是以叶为主要观赏部位并且多以盆栽供室内装饰用的植物，多数是性喜温暖的常绿植物，很多种类比较耐阴，适于室内观赏。其中有不少是彩叶或斑叶品种，有较高的观赏价值，常见栽培的有秋海棠科、百合科、天南星科、竹芋科、凤梨科、鸭趾草科等，常见种类如膜叶秋海棠、彩叶芋、花叶万年青、彩叶凤梨、绿萝、吊兰等。

(六)兰科花卉

兰科花卉全世界有600多属，共20 000余种，具有极高的观赏价值和经济价值。因其具有相同的形态、生态和生理特点，可采用近似的栽培与特殊的繁殖方法，且都是多年生植物，故把兰科花卉独立成一类。按生态习性分为地生兰、附生兰、腐生兰，常见栽培的中国兰花多为地生兰，如春兰、蕙兰、建兰、墨兰；附生兰如蝴蝶兰、卡特兰、万代兰等；腐生兰如天麻等。

(七)水生花卉

水生花卉包括水生植物和湿生植物，这类花卉全部或根部必须生在水中或沼泽地中。另外，有一些水生花卉既可以生活在陆地上，也能在浅水或沼泽中生长，如花叶芦竹、美人蕉、马蹄莲等，也属于水生花卉的范畴。根据它们在水中的位置及对水分的要求，可分为挺水类(如荷花、千屈菜、香蒲)、浮水类(如睡莲、萍蓬莲)、漂浮类(浮萍、凤眼莲)、沉水类(莼菜、金鱼藻)。水生植物大多具有美丽的花朵、形态奇异的茎叶，可构成美丽的水景景观。

(八)木本花卉

以赏花为主的木本植物。本教材所指的木本植物主要是以盆栽观花或观果的灌木及小乔木，如木槿、山茶、杜鹃、米兰、栀子、一品红、三角梅等。

二、按观赏部位分类

按花卉的花、叶、茎、果等具有观赏价值的器官进行分类。

(一)观花花卉

以花为主要观赏对象的花卉，植株开花繁多，花色鲜艳，奇特而美丽，表现在花型、色彩和芳香上，如矮牵牛、三色堇、芍药、菊花、香石竹、郁金香、君子兰、绣球花、杜鹃、山茶、月季等。

(二)观叶花卉

以观赏叶形、叶色为主的花卉，有的花卉叶形奇特，形状不一，具有丰富多彩的外貌，如龟背竹、鹅掌柴、琴叶榕、散尾葵、蕨类植物等；有的花卉叶色变化多端，如彩叶草、花叶芋、变叶木、竹芋等。还有一些花卉具有变态叶，如猪笼草。

(三)观茎花卉

以观茎为主的花卉，植株的茎、分枝形态奇特，具有独特的观赏价值，有些叶状茎常被人们误以为是叶子，如文竹、天门冬、假叶树等，有的茎变态为肥厚的掌状或节间极度短缩呈连珠状，如仙人掌类、酒瓶兰、光棍树、佛肚竹等。

(四)观果花卉

以观赏果色、果形为主的花卉，植株的果形奇特，果色鲜艳，挂果期长，如石榴、冬珊瑚、佛手、金橘、乳茄等。

(五)观根花卉

以观根为主的花卉，植株主根肥厚，须根呈小溪流水状，气生根为悬崖瀑布状，如根榕盆景、薯榕盆景、龟背竹、春羽等。

(六)其他观赏类

如银芽柳主要观赏毛茸茸的银白色的芽，一品红、叶子花等主要观赏红色的苞片，马蹄莲、大叶花烛等主要观赏彩色的佛焰苞，美人蕉、红千层观赏的是瓣化的雄蕊。

三、按观赏用途分类

(一)花坛花卉

主要用于装饰各种室外花坛的花卉，以一、二年生花卉为主，如矮牵牛、一串红、鸡冠花、三色堇、雏菊、凤仙花、彩叶草、羽衣甘蓝等。

(二)切花花卉

用来进行切花生产的花卉，这类花卉是切花生产栽培专用品种，包括切花、切枝、切叶植物，一般具有花枝长而硬挺、花色鲜艳、耐开、保鲜时间长的特点，如切花月季、香石竹、菊花、唐菖蒲、红掌、百合、非洲菊等。

（三）盆栽花卉

用容器栽培的花卉，常用于装饰室内和庭院，一般要求植株紧凑，开花繁密，整齐一致。近几年花卉市场上将观花、观叶、观茎的花卉，按照色彩协调、大小高矮进行组合栽培的形式，比较受欢迎。如君子兰、仙客来、凤梨花、蝴蝶兰、西洋报春、一品红、多肉植物组合等。

（四）盆景花卉

适用于盆景造型的花卉。这类花卉具有生长速度慢，树皮粗犷，表现古朴自然美等特点，以木本植物为主，如榕树、榆树、石榴、火棘、南天竹、罗汉松、柏树、杜鹃等；草本的如菊艺盆景等。

（五）庭院花卉

主要用于庭院绿化装饰的花卉，如月季、牡丹、秋菊、美人蕉、大丽花、郁金香、玉簪等。

（六）岩生花卉

主要用于绿地假山造型、流水瀑布造型的花卉。这类花卉生长在岩石缝中，耐寒、耐旱、耐瘠薄，表现出野生、古朴的自然美，如高山杜鹃、龙胆、鸢尾、马蔺、射干、景天、银莲花、点地梅等。

（七）藤蔓类花卉

主要用于篱垣棚架等垂直绿化的花卉，如草本的茑萝、牵牛花、葫芦等，木本的紫藤、凌霄、蔷薇、络石、地锦、炮仗花等。

任务二　一、二年生花卉识别

一、二年生花卉花色鲜艳，植株低矮，生长整齐，是重要的园林景观花卉，非常适合花坛、花境、花钵、花海、花田等装饰应用，有的还可以作为室内装饰观赏植物。

花卉赏析 1-1 碧冬茄

一、碧冬茄

【别名】矮牵牛、番薯花、毽子花，生产中多称矮牵牛。

【科属】茄科，碧冬茄属。

【识别要点】多年生草本，常做一、二年生栽培。株高 15～50 cm，全株被黏毛，单叶互生，嫩叶略对生，卵状，全缘，近无柄。花单生叶腋或顶生，花萼 5 裂，花冠漏斗状，边缘 5 浅裂。花色繁多，有红、粉红、橙红、紫、蓝、白及复色等。花期 4～10 月。蒴果，种子细小。

【种类及品种】碧冬茄园艺品种繁多，从株形上可分为高生种、矮生种、丛生种、匍匐种；从花型上可分为大花、小花、波状、锯齿、重瓣、单瓣；从花色上可分为紫红、鲜红、桃红、蓝紫、白、黄和复色等。

【园林用途】碧冬茄被称为“花坛之王”，花期长，花朵硕大，色彩丰富，广泛用于花坛、吊盆栽植、花钵、色块等，或用于窗台点缀、家庭装饰等。

二、鸡冠花

花卉赏析 1-2
鸡冠花

【别名】鸡冠头、红鸡冠。

【科属】苋科，青葙属。

【识别要点】一年生草本，株高 20～120 cm，茎直立粗壮，光滑具棱，少分枝。叶互生，有柄，长卵形或卵状披针，全缘。穗状花序顶生，肉质，呈鸡冠状，花被膜质，花有深红、鲜红、黄、橙黄、白等色，自然花期夏、秋至霜降。胞果卵形，种子黑色有光泽。

【种类及品种】鸡冠花园艺变种、变型很多。按花型分为头状和羽状；按高矮分为高型种(80～120 cm)、中型种(40～60 cm)、矮型种(15～30 cm)。

【园林用途】鸡冠花因花色红艳，花序扭曲折叠，酷似鸡冠而得名，享有“花中之禽”的美誉，是布置秋季花坛的重要材料，高型种可用于建造花境和切花，也可制作干花，矮型种用于盆栽或边缘种植。

三、百日菊

花卉赏析 1-3
百日菊

【别名】百日草、步步高、对叶梅。

【科属】菊科，百日菊属。

【识别要点】一年生草本，株高 30～120 cm，茎直立粗壮，上被短毛，表面粗糙。叶对生，基部抱茎，卵圆形至长椭圆形，全缘。头状花序单生枝顶，梗甚长，花径 4～10 cm，舌状花倒卵形，有红、黄、粉、橙、白、绿等色，管状花黄橙色，边缘 5 裂。花期 6～10 月。瘦果。

【种类及品种】百日草品种类型很多，常见的园艺栽培种主要有：

(1)大花高茎型。株高 90～120 cm，分枝少，花序直径 12～15 cm。

(2)中花中茎型。株高 60～80 cm，分枝多，花序直径 6～8 cm。

(3)小花矮茎型。株高 15～40 cm，分枝多，花序直径 3～5 cm，全花呈圆球形。园林中栽培的有小百日草，高 20～30 cm，多花，单瓣，橙色，花径约 4 cm；细叶百日草，高 30～40 cm，多分枝，叶线状披针形，花径 4～5 cm，舌状花单轮，深黄色。

【园林用途】百日草生长迅速，花期长，花色繁多而艳丽，是夏秋季花坛、花境、花带、花海花田的优良花卉，也可盆栽。低矮品种可作边缘花卉，高型种可用于切花。

四、翠菊

花卉赏析 1-4
翠菊

【别名】江西腊、蓝菊、七月菊、八月菊。

【科属】菊科，翠菊属。

【识别要点】一年生草本，株高 20～100 cm，茎直立，上部多分枝，全株疏生短毛。叶互生，卵形至长椭圆形，有粗钝锯齿。头状花序单生枝顶，花径 3～15 cm，花色丰富，有红、蓝、紫、白、粉、黄等色。瘦果楔形，浅褐色。

【种类及品种】翠菊栽培品种繁多，有重瓣、半重瓣，花型有单瓣型、驼羽型、托桂型、管瓣型、放射型、菊花型等，按植株高度又可分为高秆种、中秆种、矮秆种等。

【园林用途】翠菊花色鲜艳，花型多样，开花丰盛，花期颇长，是园林中重要的花卉。高秆种主要做切花，也可做背景花卉；中秆种适用于花坛、花境。矮秆种适用于花坛栽培或作边缘材料，也可盆栽。

五、万寿菊

花卉赏析 1-5
万寿菊

【别名】臭芙蓉、蜂窝菊。

【科属】菊科，万寿菊属。

【识别要点】一年生草本，株高 40～100 cm，全株具异味，茎粗壮，直立。单叶对生或互生，羽状全裂，裂片披针形，具锯齿，裂片边缘具油腺点。头状花序顶生，花径可达 10 cm，黄色或橙色，花梗粗壮而中空，近花序处肿大，花期 6～9 月。瘦果黑色，冠毛淡黄色。

【种类及品种】按植株高低可分为：高茎种，株高 90 cm 左右；中茎种，株高 60～70 cm；矮茎种，30～40 cm。按花型分，有蜂窝型、散展型、卷钩型等。常见栽培种还有：

(1)孔雀草。别名小万寿菊、红黄草。株高 20～40 cm，多分枝，枝条带紫色。舌状花黄色，基部或边缘红褐色，也有全黄或全红褐色而边缘为黄色者，单瓣或重瓣。

(2)细叶万寿菊。株高 30～60 cm，多分枝，叶羽状分裂，裂片线形至长圆形。舌状花 5 枚单轮排列，淡黄或橙黄色。

(3)香叶万寿菊。株高 30～50 cm，全株芳香。头状花序顶端簇生，花径 1.5 cm，金黄或橙黄色。

【园林用途】万寿菊花大色艳，开花繁多，花期长，矮茎种适于布置花坛或花境、花丛栽植，高茎种做带状栽植可代篱垣，也可用于切花。花可用来提取叶黄素，作为生产食品添加剂的原料。

六、一串红

花卉赏析 1-6
一串红

【别名】墙下红、爆竹红、炮仗红、西洋红。

【科属】唇形科，鼠尾草属。

【识别要点】多年生草本，常做一、二年生栽培，株高 20～90 cm，茎四棱，光滑，基部半木质化。叶对生，有长柄，叶片卵形或三角状卵形，先端渐尖，叶缘有锯齿。顶生总状花序，2～6 朵轮生，花萼钟状，绯红色，宿存。花冠红色，唇形，冠筒伸出萼外，花期 7～10 月。小坚果卵形，内有黑色种子。

【种类及品种】常见园艺栽培品种：

(1)朱唇。又名红花鼠尾草，花萼绿色或微晕紫红色，花冠鲜红，下唇长于上唇 2 倍。

(2)一串紫。植株形态与一串红相似，花萼、花冠颜色为粉蓝或粉紫。

(3)一串兰。又名兰花鼠尾草，具长穗状花序，花小，多花密集，有紫、堇、雪青等色。

【园林用途】一串红为常用红花种，花色鲜艳，花期长，为花丛、花坛的主体材料，或用于带状花坛，或自然式纯植于林缘，与美人蕉、万寿菊、紫菀、翠菊及藿香蓟配合使用，也可盆栽。

七、三色堇

【别名】蝴蝶花、猫儿脸、鬼脸花。

【科属】堇菜科，堇菜属。

【识别要点】多年生草本，常做一、二年生栽培。株高 15～25 cm，全株光滑，多分枝。叶互生，基生叶近圆心形，茎生叶卵状长圆形或宽披针形，叶缘有钝锯齿，托叶宿存。花单生，有长梗，花瓣 5，通常每朵花单色或复色，有黄、白、紫、红、蓝等色，花期从早春到初秋。蒴果椭圆形，呈三瓣裂，种子倒卵形。

花卉赏析 1-7
三色堇

【种类及品种】三色堇园艺品种十分丰富。按花径大小分为：巨花型，花径 8～10 cm；大花型，花径 6～8 cm；中花型，花径 4～6 cm；小花型，花径 2～4 cm；微花型，花径 2 cm 以下。按花色分为：斑色系，花瓣基部有较大的深色斑纹；纯色系，花瓣单色，无异色斑纹；翼色系，花朵上方两枚花瓣异色；花脸系，花朵中央沿深色斑纹有一圈浅色花纹；花边系，花瓣边缘异色，呈花边状。

【园林用途】三色堇是春季花坛的主要花卉之一，植株低矮，花色花姿丰富，可成片种植，适于花坛、花丛、花境、盆钵栽培或作镶边材料。

八、虞美人

【别名】丽春花、赛牡丹。

【科属】罂粟科，罂粟属。

【识别要点】一年生草本。株高 40～60 cm，分枝细弱，全株被糙毛，有白色乳汁。叶互生，羽状深裂或全裂，叶缘具粗锯齿。花单生枝顶，有长梗，花蕾下垂，花开后花梗直立，花瓣质薄，具光泽，似绢，花色有深红、鲜红、粉红、紫红、淡黄、白色和复色。花期 5～6 月。蒴果杯形，种子细小。

花卉赏析 1-8
虞美人

【种类及品种】虞美人有复色、间色、重瓣和复瓣等品种。

【园林用途】虞美人花姿美好，色彩鲜艳，是优良的花坛、花境材料，成片栽植效果良好，也可盆栽、切花。

九、羽衣甘蓝

【别名】叶牡丹、花包菜、彩叶甘蓝。

【科属】十字花科，芸薹属。

【识别要点】二年生草本。株高 30～40 cm，茎短缩，无分枝。叶矩圆倒卵形，宽大，集生茎基部，被有白粉，观叶为主，外部叶片呈粉蓝绿色，内叶叶色极为丰富，有紫红、粉白、白、象牙黄等色。总状花序顶生，小花黄色。长角果圆柱形，种子球形。

花卉赏析 1-9
羽衣甘蓝

【种类及品种】按叶形、株形可分为皱叶型、锯齿叶（羽叶）型、圆叶（波叶）型。

【园林用途】秋冬季花坛的重要材料，组成各种美丽的图案，用于花坛镶边、自然式栽植、盆栽或布置花台、切花等。

十、锦绣苋

【别名】五色苋、红绿草、模样苋。

【科属】苋科，莲子草属。

【识别要点】多年生草本，常做一年生栽培。株高 15～40 cm，茎直立或斜生，分枝较多，株丛紧密，极耐修剪。叶对生，全缘，长椭圆形，叶面绿色或具各色彩纹。头状花序腋生，花小，白色，无花瓣。

【种类及品种】常见品种有红草、绿草、小叶黑、大叶红等。

【园林用途】优良的观叶植物，适宜布置模纹花坛、毛毡花坛和立体花坛。也可用于花坛、花境边缘以及岩石园点缀。

十一、其他一、二年生花卉

其他一、二年生花卉的名称、识别要点、生态习性及园林用途见表1-1。

表1-1　其他一、二年生花卉

名称	识别要点	生态习性	园林用途
藿香蓟	多年生草本，做一年生栽培，基部多分枝，全株有毛，叶对生，头状花序璎珞状，聚伞状着生枝顶，蓝或粉白色	喜光，不耐暑热，不耐寒，可自播	花坛、花境、花丛、盆栽、地被
香彩雀	高30～70 cm，全株密被细毛，叶片枝干上有油腺。叶对生或上部互生，披针形或条状披针形。花单生叶腋，花瓣唇形，花色有紫、淡紫、粉紫、白等	喜高温多湿，不耐寒，喜光，略耐阴	花坛、花台、丛植等
金鱼草	茎直立，叶披针形，基部对生，上部互生。总状花序顶生，小花密生，花冠唇形，基部膨大呈囊状。花色丰富，有白、红、粉、黄等色	喜凉爽，忌高温多湿，较耐寒，喜光，稍耐半阴	花坛、花境、切花、盆栽、岩石园
雁来红（三色苋）	高80～100 cm，茎直立，少分枝。叶大互生，卵状披针形，暗紫色。入秋上部叶片变为鲜红、暗红、橙红相间，穗状花序小，不明显，腋生	喜光，不耐寒，耐干旱，忌湿热，怕涝，能自播	花丛、花群、花境、基础栽植、切花
四季秋海棠	多年生草本，做一年生栽培。茎直立，多分枝，肉质光滑。叶互生，有光泽，卵形。花腋生，数朵成簇，有单瓣和重瓣，花色有红、白、粉红	喜温暖、湿润和阳光充足，不耐寒	花坛、花丛、花带、盆栽、吊盆、花钵
雏菊	植株矮小，全株具毛。叶簇生，长匙形或倒长卵形。花葶自叶丛中抽出，头状花序单生，具白、粉、紫、洒金等色	较耐寒，喜冷凉，忌炎热	花坛、花境边缘、盆栽
波斯菊	一年生草本，茎纤细而直立，具沟纹，枝开展；叶对生，2回羽状全裂。头状花序单生于长总梗上或腋生，管状花明显，舌状花单轮8瓣	性强健，喜温暖向阳，耐干旱瘠薄土壤	花坛、花境、花海花田、花篱、路旁绿化
金盏菊	全株具软腺毛。叶互生，长圆至长圆状倒卵形，全缘，基部抱茎。头状花序单生，舌状花黄色至深橙红色	喜凉爽，怕暑热，较耐寒，耐旱，耐贫薄	春季花坛、切花、盆栽
醉蝶花	茎直立，有黏质茸毛。掌状复叶，阔披针形，叶柄基部有刺状托叶。总状花序顶生，花瓣4片，具长爪，与细长的雄蕊组成蝴蝶形花朵。花色有红、紫红和白等	喜光，喜温暖，不耐寒，能自播	花坛、花境、路边、林缘丛植、盆栽、切花

续表1-1

名称	识别要点	生态习性	园林用途
彩叶草	茎四棱，叶对生，卵形，缘具钝齿牙，叶片有红、黄、紫等斑纹。顶生总状花序，花小，浅蓝色或浅紫色	喜光，喜温暖，不耐寒，忌积水	花坛、盆栽观叶
长春花	茎直立，多分枝。叶对生，长椭圆状，全缘，两面光滑无毛。聚伞花序顶生，花玫瑰红色；花冠高脚碟状，5 裂，花朵中心有深色洞眼	喜温暖，喜光，耐瘠薄，忌偏碱性	花坛、盆栽、切花
石竹	多年生草本，做二年生栽培，茎簇生，直立。叶对生，线状披针形，基部抱茎。花单朵或数朵组成聚伞花序，顶生，白色至粉红色，稍有香气	喜光，耐寒、耐旱、耐盐碱，忌水涝，怕暑热	花坛、花境及镶边植物、布置岩石园、切花
千日红	一年生草本，全株密被细毛，叶对生，椭圆形至倒卵形。头状花序球形，花小而密生，膜质苞片有光泽，紫红、深红、金黄、白等色	喜温暖，喜阳光，性强健	花坛、花境、盆栽、干花
麦秆菊	茎粗硬直立，叶互生，长椭圆状披针形，全缘，头状花序，单生枝顶，总苞片多层膜质，干燥具光泽，舌状花颜色多	喜温暖，忌暑热，喜光，不耐阴	花坛、林缘丛植、干花
凤仙花	茎平滑，节膨大。叶互生，卵形至卵状披针形，叶缘具圆齿。花有紫、红、粉红、玫瑰红、白等色。萼片 3，距细	喜温暖、不耐寒，忌炎热，怕湿，耐瘠薄	花坛、花境、路边、疏林下
地肤	高约 100 cm，全株被短柔毛，多分枝，株形紧密呈卵圆形至圆球形。叶互生，线形，细密。花小，不显著，生于叶腋间	喜阳，稍耐阴。不耐寒，耐盐碱，耐干旱瘠薄，自播力强	自然式栽植，花坛中心材料或背景，短期绿篱
香豌豆	一年生蔓生攀缘草本，茎四棱，有翼。羽状复叶，仅基部两片小叶，先端小叶变态成卷须。总状花序腋生，花大，蝶形，具芳香。有紫、红、蓝、粉、白等色	喜光，喜温暖，忌炎热。深根性，不耐移植	切花、垂直绿化、地被、盆栽观赏
香雪球	株高 20～30 cm，多分枝，匍匐生，茎具疏毛。叶互生，披针形或线性。总状花序顶生密集，花小，白色或淡紫色，微香	喜柔和光照，稍耐寒，忌炎热，能自播	岩石园、地被、花坛、花境边缘
紫罗兰	茎直立，基部稍木质化，全株被灰色星状柔毛。叶互生，长圆形至披针形，全缘。总状花序顶生，有粗壮花梗。花淡紫色或深粉红色	喜光，稍耐半阴，喜冷凉，忌燥热	花坛、花境、花带、盆栽、切花
紫茉莉	株高 1 m 左右，茎多分枝而开展，具明显膨大的节。单叶对生，三角状卵形。花顶生，花萼长筒喇叭状，无花瓣。有紫红、粉、黄、白等色及混色，微香	喜光，耐半阴，喜温暖湿润，不耐寒，性健壮	花坛、花境、片植、丛植
含羞草	株高 20～60 cm，全株具刚毛和皮刺。二回羽状复叶，小叶长圆形。头状花序腋生，花小，淡红色	喜光，喜温暖湿润，小叶对外界刺激敏感，轻触即关闭	趣味性观赏植物，可盆栽观赏

续表1-1

名称	识别要点	生态习性	园林用途
勿忘草	株高30～60 cm，茎上具粗毛。叶互生，叶片倒披针形。总状花序顶生，花冠高脚碟状，蓝色、粉色或白色，喉部黄色	性耐寒，喜凉爽气候及半阴环境	花坛、花境、林缘、岩石园、坡地、盆栽
花烟草	高30～50 cm，全株被黏毛。叶对生，基部稍抱茎。假总状花序顶生，花冠喇叭状，花有紫红、粉红、淡黄、白等色	喜温暖，不耐寒，较耐热，耐旱，向阳	花坛、花境、盆栽、草坪绿化
二月兰	株高10～50 cm，茎直立，基部或上部稍有分枝，基生叶及下部茎生叶羽状全裂，上部叶长圆形或窄卵形，基部耳状，抱茎。花瓣宽倒卵形，花紫色、浅红色或褪成白色	耐寒，耐阴，自播生长能力强	早春花坛、林下地被、林缘、山坡、草地栽植
半支莲	一年生草本。高10～15 cm，茎多分枝，匍匐或斜生。叶散生或略集生，圆柱形，肉质。花顶生，花色鲜艳，有白、深、黄、红、紫等色	喜光，不耐寒，不耐阴，忌潮湿，耐瘠薄，能自播	花坛、花境、花丛镶边、盆栽
福禄考	高40～60 cm，多分枝。叶基部对生，上部互生，卵圆形至披针形。聚伞花序顶生，花冠高脚碟状，花有红、玫红、粉、白、蓝、紫或复色	喜光，不耐寒，喜凉爽，忌酷热，忌水涝及盐碱地	花坛、花境、盆栽或切花
美女樱	多年生草本，做一、二年生栽培，丛生而铺覆地面，全株具柔毛。茎四棱，叶对生，长圆或披针状三角形，缘具缺刻状粗齿。穗状花序顶生，开花部分伞房状，花小而多，略具芳香	喜阳光，不耐阴，较耐寒，不耐旱	花坛、花境、盆栽
旱金莲	茎叶稍肉质，灰绿色，光滑。茎细长，半蔓性或倾卧。叶互生，盾状，似莲叶。花腋生，具长柄和长距，花瓣5枚，有紫红、粉红、橘红、橙黄和乳白等色	喜阳光充足，喜凉爽，不耐寒，忌酷热，性强健	花坛、吊盆、种植钵、岩石园、地被
夏堇	高20～30 cm，植株低矮，多分枝，茎光滑，具4棱。叶对生，卵形，叶缘有细锯齿。花冠二唇状，上唇浅紫色，下唇深紫色，喉部有黄斑	喜光，耐半阴，喜高温，耐炎热，不耐寒，耐旱，可自播	花坛、花境、种植钵、地被
马鞭草	茎直立，基部木质化。单叶对生，叶片长卵形或长圆状披针形，两面被硬毛。穗状花序顶生或腋生，细弱，花梗长，花淡紫至蓝色	喜光，喜干燥，怕涝，不耐干旱，喜肥	花海、花田、成片栽植，花境背景
茑萝	一年生缠绕草本，茎细长光滑，叶互生。聚伞花序腋生，花色红，橘红或黄、白色，钟状、漏斗状、高脚碟状	喜光，不耐寒，耐干旱，耐瘠薄，不耐移栽	篱垣或小型棚架绿化及地被种植
牵牛	一年生缠绕草本，全株被粗硬毛。叶互生，叶片心形或卵状心形，常3裂，稀5裂。聚伞花序腋生，花大，一至数朵，漏斗状，白色、蓝紫色或紫红色	喜光，不耐寒，耐干旱，耐暑热，耐盐碱，耐瘠薄	小型棚架、篱垣的美化及地被种植

任务三　宿根花卉识别

依习性不同,宿根花卉又有常绿宿根和落叶宿根之分。常见的常绿宿根花卉有君子兰、虎尾兰、万年青、麦冬等;常见的落叶宿根花卉有菊花、芍药、萱草、玉簪、鸢尾、桔梗等。宿根花卉寿命较长,生长健壮,一次栽植可多年观赏,管理简单,在园林中应用较广,是花境的主体材料,可用于花坛、花带、花丛、花群、切花等,很多种类的盆栽用于室内观赏。

一、菊花

花卉赏析 1-10
菊花

【别名】寿客、金英、金蕊、黄华、黄花、秋菊、陶菊。

【科属】菊科,菊属。

【识别要点】多年生宿根草本。株高 20～200 cm,通常 30～90 cm。茎青绿色至紫褐色,基部木质化。单叶互生,卵圆至长圆形,边缘有缺刻或锯齿。头状花序单生或数个聚生茎顶,花序直径 2～30 cm,花序大小和形状多变,由舌状花和筒状花组成,舌状花分为平、匙、管、畸四类,色彩丰富,有红、黄、白、墨、紫、绿、橙、粉、复色、间色等,筒状花发展成为各具色彩的"托桂瓣",花期在 10～12 月。

【种类及品种】菊花是经长期人工选择培育出的名贵观赏花卉,品种已达千余种。花色、花型、花瓣多变,按花径大小分为大菊、中菊、小菊;按花瓣分为匙瓣、平瓣、管瓣、桂瓣和畸瓣等多种类型;按花期分为春菊、夏菊、秋菊、冬菊;按整枝方式分为独本菊、立菊、大立菊、悬崖菊、嫁接菊、案头菊、菊艺盆景等。

【园林用途】菊花是我国传统名花,栽培历史悠久。历来被视为高风亮节、高雅的象征。菊花在深秋不畏严寒开放,可以盆栽观赏,可作花坛或地被植物,在重阳节有赏菊活动,各地举办菊花展。菊花也是世界四大切花之一。

二、芍药

花卉赏析 1-11
芍药

【别名】娇客、余容、将离、留夷、婪尾春、白芍、殿春花、没骨花。

李时珍《本草纲目》中言:"芍药犹绰约,美女貌。此草花容绰约,故以为名。"古时人们于别离时赠送芍药花,以示惜别之情,故名将离、可离。

【科属】芍药科,芍药属。

【识别要点】株高 60～120 cm,具肉质根,茎丛生。二回三出羽状复叶,小叶通常三深裂,椭圆形、狭卵形至披针形。花大且美,有芳香,单生枝顶或叶腋。花有紫红、粉红、黄、白、淡绿等色,花期 4～5 月。民间把牡丹与芍药称为姊妹花,两者有很多相似的地方,一木一草,牡丹为花王,芍药为花相。

【种类及品种】芍药品种甚多,按花瓣类型分为单瓣类、千层类、楼子类、台阁类等。

【园林用途】我国栽培芍药历史悠久,最早的文字记载见于《诗经·郑风》的"维士与女,伊其相谑,赠之以芍药。"芍药是中国的情人花。芍药花大艳丽,品种丰富,在园林中常成片种植,可用作庭院观赏,或做专类园、花境、花坛、自然式栽植,与山石相配;其也是重要的切花;根可入药。

三、鸢尾

花卉赏析 1-12
鸢尾

【别名】蓝蝴蝶、扁竹叶。

【科属】鸢尾科，鸢尾属。

【识别要点】株高 30～50 cm，根状茎匍匐多节，粗而节间短。叶多基生，剑形至线形，呈两列交互排列，基部互相包叠。花梗从叶丛抽出，总状花序 1～2 枝，每枝有花 2～3 朵。花蝶形，花冠蓝紫色或紫白色，外 3 枚较大，圆形下垂，内 3 枚较小，倒圆形。花期 4～6 月。蒴果长椭圆形。

【种类及品种】常见鸢尾类栽培种有：德国鸢尾、银苞鸢尾、蝴蝶花、黄菖蒲、花菖蒲、溪荪、燕子花、马蔺等。

【园林用途】鸢尾叶片碧绿青翠，花型大而奇特，宛若翩翩彩蝶，是庭院中的重要花卉之一，可用于专类园、花坛、花境、水边绿化，也可用作地被植物，是优美的盆栽，也可作切花。

四、萱草

花卉赏析 1-13
萱草

【别名】鹿葱、川草花、忘忧草。

【科属】阿福花科，萱草属。

【识别要点】根茎短，常肉质。叶基生，宽线形，对排成两列。花葶高出叶丛，着花 6～10 朵，花大，花冠漏斗形，花色有橘黄、橘红、橙黄等色。花期 6～8 月，每花仅开放一天。

【种类及品种】常见栽培种有大花萱草、黄花菜、童氏萱草等。

【园林用途】萱草花色鲜艳，栽培容易，园林中多丛植或花境、路旁栽植。萱草类耐半阴，又可作疏林地被。根茎可入药。萱草花是中国最古老的母亲之花，将它送给母亲，寓有祝福健康长寿之意。

五、玉簪

花卉赏析 1-14
玉簪

【别名】玉春棒、白鹤花、白玉簪。

【科属】天门冬科，玉簪属。

【识别要点】株高 30～50 cm，根状茎粗大，有多数须根。叶基生成丛，叶片卵形至心状卵形，基部心形，叶脉呈弧状，总状花序单生，花葶高于叶丛，花白色，管状漏斗形，有芳香，花期 6～8 月。

【种类及品种】同属植物有紫萼玉簪、狭叶玉簪、叶玉簪、波叶玉簪等。

【园林用途】玉簪花大叶美，是较好的阴生观叶植物，在园林中可用于林下地被，或植于岩石园或建筑物周围荫蔽处，也可盆栽观赏或切花、切叶用。

六、耧斗菜

花卉赏析 1-15
耧斗菜

【别名】猫爪花。

【科属】毛茛科，耧斗菜属。

【识别要点】株高 40～60 cm，茎直立。叶丛生，二回三出复叶，小叶菱状倒卵形或宽菱形，边缘有圆齿，表面无毛，背面有短柔毛。萼片 5，与花瓣同色。花下垂，花瓣5，长距自花萼间伸向后方，花色丰富，有蓝色、黄色、粉色、白色、胭脂红、淡紫色、复色等，花期5～7月。蓇葖果，具微凸起的纵棱。

【种类及品种】常见栽培种有加拿大耧斗菜、黄花耧斗菜、杂种耧斗菜、华北耧斗菜等。

【园林用途】耧斗菜叶片优美，花型独特，品种多，花期长，可丛植于花坛、花境及岩石园、林缘或疏林下，也可盆栽观赏，大花和长距品种也可作插花。

七、飞燕草

【别名】翠雀、大花飞燕草。

【科属】毛茛科，飞燕草属。

【识别要点】株高60～90 cm，茎直立，全株被柔毛。叶互生，掌状深裂，裂片线形。花大，总状花序顶生，花瓣4枚，2侧瓣蓝紫色，有距，2后瓣白色，无距。花多为蓝色，也有红、黄白、粉等色。花期6～9月。

花卉赏析1-16
飞燕草

【种类及品种】有飞燕草、美丽飞燕草、高飞燕草等。

【园林用途】飞燕草花型别致，色彩淡雅，是夏末秋初的重要园林花卉，是花境的竖线条花材，或丛植，栽植花坛，也可用作切花。

八、非洲菊

【别名】扶郎花、太阳花、大丁花。

【科属】菊科，非洲菊属。

【识别要点】多年生常绿草本。株高30～45 cm，全株具细毛。叶基生，具长柄，叶片长圆状匙形，羽状浅裂或深裂。头状花序单生，高出叶面，舌状花1～2轮或多轮呈重瓣状，花有红、橙红、粉、黄、金黄及白等色。通常四季有花，以春秋两季最盛。

花卉赏析1-17
非洲菊

【种类及品种】按花型有单瓣、半重瓣、重瓣之分；按花径有大、中、小之分。

【园林用途】非洲菊花朵硕大，花枝挺拔，花色艳丽，为世界著名切花之一。可布置花坛、花境，或盆栽装饰厅堂、会场等，华南地区庭院丛植，装饰草坪边缘。

九、君子兰

【别名】大花君子兰、剑叶石蒜。

【科属】石蒜科，君子兰属。

【识别要点】多年生常绿草本。根肉质粗壮。叶基部形成假鳞茎，叶两列交互叠生，宽带形革质，长30～80 cm。花葶自叶腋抽生，直立扁平，高出叶丛，伞形花序，每序有花10～40朵，花冠漏斗状，花色有橘红、鲜红、橙黄等色。花期1～5月或9～10月。浆果球形。

花卉赏析1-18
君子兰

【种类及品种】同属种有垂笑君子兰，花呈半开、下垂；细叶君子兰，叶窄，呈拱状下垂；以及黄花君子兰、斑叶君子兰。

【园林用途】君子兰花、叶、果兼美，叶片青翠挺拔，观赏期长，可周年布置观赏，是布置会场、楼堂馆所和美化家庭环境的名贵盆花。

花卉赏析 1-19
天竺葵

十、天竺葵

【别名】洋蝴蝶、洋葵、洋绣球。

【科属】牻牛儿苗科，天竺葵属。

【识别要点】多年生草本。茎粗壮，表面光滑呈灰色，节部明显，全株具有特殊气味。叶对生，圆形、肾形或扇形，掌状脉边缘有波形钝锯齿，基部心形。伞形花序顶生，花序柄长，小花数朵至数十朵，密集如球，花冠通常 5 瓣，花色有红、桃红粉、白、紫等。花期由初冬开始直至翌年夏初。

【种类及品种】同属观赏种有蔓生天竺葵、大花天竺葵、香叶天竺葵、马蹄纹天竺葵等。

【园林用途】天竺葵适应性强，花色鲜艳，花期长，适于花坛布置和室内装饰。

十一、其他露地宿根花卉

其他露地宿根花卉的名称、识别要点、生态习性及园林用途见表 1-2。

表 1-2　其他露地宿根花卉

名称	识别要点	生态习性	园林用途
蓍草	茎直立，高 50～110 cm。叶线形，锐尖，1～2 回羽状浅裂至深裂，两面具凹陷点。头状花序多数，密集呈伞房状，花白色	喜半阴，喜湿润，耐寒	花境、林缘或疏林下
蜀葵	茎直立，高达 3 m。叶互生，近圆形，叶缘具 5～7 浅裂。花单生或簇生于叶腋，单瓣或重瓣，花有白、黄、粉、红、紫等色	喜光，耐半阴，耐寒，耐旱，耐盐碱，可自播	花坛、花境背景材料
荷兰菊	茎直立，上部呈伞房状分枝，叶互生，线状披针形。头状花序伞房状着生，花有蓝紫、粉或玫红等色	喜光，耐寒，耐旱	秋季花坛、花境、花带、切花
紫菀	高 50～90 cm。基生叶莲座状，茎下部叶有长柄，叶匙状长圆形。头状花序多数，舌状花浅紫至蓝紫色	喜光。耐寒，耐旱	花境、山坡或林缘
射干	叶剑形，扁平而扇状互生。伞房花序顶生，花橘黄色，花被片 6，散生暗红色斑点	耐寒，喜光，耐半阴	花境、丛植或作切花
丛生风铃草	高 20～40 cm。基生叶圆心形，茎生叶抱茎，条状披针形，全缘。花单生，有较长的花梗，花冠宽钟状，白、蓝、粉红或紫色	喜光，喜温暖潮湿，耐寒	花境、花坛、丛植、林地边缘
铁线莲	草质藤本。茎棕色或紫红色，具纹，节部膨大。二回三出复叶，对生。花单生叶腋，具长花梗。萼片 6，白色，花瓣状，羽毛状花柱宿存	耐寒，喜冷凉和半阴	篱垣种植，花境或疏林下
荷包牡丹	具根状茎。叶对生，二回三出羽状复叶，与牡丹叶相似。总状花序顶生或腋生，弯垂。花形似荷包，花瓣 4 枚，外侧 2 枚粉红色，内侧 2 枚白色	喜半阴、湿润环境，耐寒，忌暑热，不耐干旱	丛植、花境、花坛地被、盆栽、切花

续表1-2

名称	识别要点	生态习性	园林用途
石竹	茎直立，节膨大，叶对生，线状披针形，基部抱茎，全缘。花单生或2～3朵簇生，花瓣5，有白、粉红和鲜红等色	喜光，耐半阴，耐寒，忌炎热	花坛、花境、花带、地被、草坪边缘
松果菊	高60～120 cm，全株具粗毛，茎直立。基生叶卵形或三角形，茎生叶卵状披针形，叶柄基部稍抱茎。头状花序单生于枝顶，舌状花浅紫红色或白色	喜光，耐半阴，耐寒，喜肥	花坛、花境、疏林下，切花
落新妇	根状茎粗大，暗褐色，茎直立。基生叶2～3回三出复叶，小叶卵形，边缘有重牙齿，两面沿脉疏生硬毛。顶生圆锥花序，花密集，紫色	喜半阴、湿润环境，耐寒	花坛、花境、疏林下、低洼地，切花
毛地黄	高60～120 cm，全株被白色短柔毛和腺毛，基生叶多数，莲座状，叶长卵圆形，粗糙，叶缘有圆锯齿。顶生总状花序，花倒垂，花冠钟状，有粉紫、白、浅黄、玫红等色，花筒内有斑点	喜阳且耐阴，耐寒，耐干旱，忌炎热，耐瘠薄	花境、花坛、岩石园，自然式布置
蓝亚麻	高50～60 cm，基部多分枝，直立而细长，叶互生，披针形，浅蓝绿色。聚伞花序顶生或腋生，花瓣5，蓝色或浅蓝色	喜光，耐寒，不耐移植	花境、花坛、岩石园、疏林下
皱叶剪秋罗	茎直立，全株疏生粗毛。叶对生，抱茎，下部卵形，上部渐狭。花密集，簇生于茎顶，砖红或鲜红色，花瓣5，先端2裂	喜光，耐半阴，耐寒，喜冷凉	花坛、花境或疏林下
假龙头花	高30～60 cm，茎直立，四棱形。叶对生，披针形，叶缘有细锯齿。穗状花序顶生，花浅紫色	喜半阴、喜凉爽，稍耐寒	花坛、花境、草坪边缘、疏林下
宿根福禄考	高40～80 cm，茎直立，叶交互对生，有时呈轮生状。圆锥花序顶生，花粉红色、红色、蓝紫色	喜光，耐寒，耐旱，忌炎热多雨	花坛、花境、花带、草坪边缘
针叶福禄考	高10～15 cm，茎匍匐，丛生密集成毯状。叶多而密集，簇生，针状，革质。聚伞花序，花粉色等，花瓣5枚，倒心形，有深缺刻	喜光，耐寒，耐旱，适应性强	地被、花带花坛、花境、草坪边缘
桔梗	茎直立，根粗壮，长圆柱形。叶3枚轮生、对生或互生。花单生或数朵形成总状花序，花冠蓝紫色、粉色或白色，广钟形	喜光，耐半阴，喜凉爽湿润，耐寒，耐旱	花境、岩石园、疏林下、切花
蓝花鼠尾草	高40～60 cm，茎簇生，多分枝。叶对生，线状披针形。总状花序蓝堇色	喜光，也耐半阴，耐寒	花坛、花境、草坪边缘、疏林下
肥皂草	高30～60 cm，茎直立。叶椭圆状披针形具3～5条明显主脉。聚伞状圆锥花序，花淡红或白色	喜光也耐半阴，耐寒	花境、草坪边缘栽植
垂盆草	高10～25 cm，花茎细，匍匐，节上生根，3叶轮生，倒披针形．聚伞花序，有3～5分枝，花少，黄色	喜光，稍耐阴，耐寒，耐旱，耐修剪	立体花坛、地被、护坡、盆栽垂吊观赏

续表1-2

名称	识别要点	生态习性	园林用途
长药八宝	高 50～70 cm。茎直立，全株青白色。叶对生或3叶轮生，倒卵形，全缘。聚伞花序顶生，花粉红色	喜光，稍耐阴，耐寒，耐旱，耐盐碱	花坛、花境、花带、丛植、岩石园
穗花婆婆纳	高 30～50 cm 茎直立，单生或数支丛生，不分枝。叶对生，披针形，叶缘具锯齿，穗状花序顶生，花蓝色或粉色	喜光，耐半阴，喜温暖，较耐寒	花坛、花境、草坪边缘或岩石园

任务四　球根花卉识别

球根花卉种类繁多，栽培容易，常用于花坛、花境、岩石园、基础栽植、地被覆盖或点缀草坪。其又是重要的切花材料，大多可供盆栽。球根花卉栽培在很多国家形成巨大的产业，如荷兰是世界上最大的球根花卉生产国和输出国，荷兰的郁金香、风信子和水仙，日本的麝香百合，以及中国的卷丹、兰州百合和中国水仙等，在世界上均久享盛名。

花卉赏析 1-20
郁金香

一、郁金香

【别名】洋荷花、草麝香、郁香。

【科属】百合科，郁金香属。

【识别要点】多年生鳞茎类球根植物。鳞茎扁圆锥形，具棕褐色皮膜。株高 20～40 cm，直立少分枝，茎叶光滑被白粉。叶 3～5 枚，长椭圆状披针形或卵状披针形。花葶高出叶丛，花单生茎顶，直立，杯状，花被片 6 或重瓣，花色有洋红、粉红、紫红、白、黄、橙及各种复色。花期 3～5 月，白天开放，夜间或阴天闭合。

【种类及品种】郁金香栽培历史悠久，品种繁多，有 8 000 个以上。按花期分为早花种和晚花种；按花型有碗型、卵型、球型、百合花型和重瓣型等。

【园林用途】郁金香是重要的春季球根花卉，品种繁多，花期早，花色明快而艳丽，可布置郁金香专类园，做花坛、花镜布置，或草坪边缘自然丛植，可作切花，中矮品种可以盆栽观赏。

花卉赏析 1-21
大丽花

二、大丽花

【别名】人理花、天竺牡丹、西番莲、地瓜花。

【科属】菊科，大丽花属。

【识别要点】地下具粗大纺锤状肉质块根，形似地瓜，故名地瓜花。株高因品种而不同，茎直立，粗壮，中空。单叶对生，1～3 回羽状分裂，裂片卵形，边缘具粗钝锯齿。头状花序顶生，大型直立，花型花色变化丰富，有红、粉、白、黄、橙、堇、紫及复色。花期 7～9 月。

【种类及品种】常见栽培种有单瓣型、领饰型、托桂型、牡丹型、球型、小球型、装饰型、仙人掌型。

【园林用途】大丽花适宜花坛、花境或庭前丛植，矮生品种可盆栽。高型品种可作切花，块根可入药。

三、美人蕉

花卉赏析 1-22
美人蕉

【别名】兰蕉、红艳蕉。

【科属】美人蕉科，美人蕉属。

【识别要点】多年生根茎类球根花卉。根茎肥大，株高达 100～150 cm。地上茎直立不分枝，茎叶具白粉。叶互生，宽大，长椭圆状披针形至阔椭圆形。总状花序顶生，花瓣直伸，具四枚瓣化雄蕊，花色有大红、橘红、粉红、乳白、鲜黄、淡黄、复色斑点等，花期 6～10 月。

【种类及品种】常见栽培种有大花美人蕉、蕉藕、黄花美人蕉、粉美人蕉、紫叶美人蕉等。

【园林用途】美人蕉对二氧化硫、氯化氢等有害物质抗性强，具有净化空气、保护环境的作用，是绿化、美化、净化环境的理想材料，园林上常用于花坛、花境或基础栽植。低矮品种可盆栽观赏。

四、百合

花卉赏析 1-23
百合

【别名】野百合、布朗百合。

【科属】百合科，百合属。

【识别要点】多年生鳞茎类球根花卉，鳞茎球形，无膜，白色或淡黄色。茎直立，不分枝，茎秆基部有红色或紫褐色斑点，单叶互生，狭线形，无叶柄。花着生于茎秆，顶生、簇生或单生，花冠较大，呈漏斗形喇叭状，芳香。花色因品种不同而色彩多样，多为黄色、白色、粉红、橙红，有的具有紫色或黑色斑点。花期 5 月下旬至 9、10 月。

【种类及品种】百合属有 100 多种，原产我国的有 60 多种。常见栽培种有天香百合、山丹、卷丹、川百合、麝香百合、王百合、细叶百合、大百合等。

【园林用途】百合为重要的球根花卉，可作花坛、花境及岩石园的材料，最宜大片纯植或丛植在疏林下、草坪边以及建筑基础处，可盆栽观赏，也是世界著名切花。百合最早记录于《神农本草经》中，可润肺止咳、清心安神，百合鳞茎可食用。百合花语为百年好合、心心相印，寓意纯洁。

五、唐菖蒲

花卉赏析 1-24
唐菖蒲

【别名】菖兰、剑兰、十样锦、扁竹莲。

【科属】鸢尾科，唐菖蒲属。

【识别要点】多年生球茎类球根花卉，球茎扁圆形，具环状节。株高 80～150 cm，茎粗壮直立，无分枝。叶剑形，呈嵌叠状排列。花葶高出叶丛，穗状花序顶生，着花数十朵，花色丰富，有红、黄、粉、紫、蓝、白等色。花期 6～10 月。

【园林用途】为重要的切花材料，也可布置花境和花坛，矮生品种可盆栽。唐菖蒲对大气污染具有较强的抗性，是厂矿绿化的良好材料。

花卉赏析 1-25
风信子

六、风信子

【别名】洋水仙、五色水仙。

【科属】天门冬科，风信子属。

【识别要点】多年生鳞茎类球根花卉。鳞茎卵形，有膜质外皮，其色常与花色有关。叶基生，4～8 枚，带状披针形，端圆钝，质肥厚，有光泽。总状花序顶生，着花 5～20 朵，横向或下倾，钟状。花色原为蓝紫色，有白、粉、红、黄、蓝等色，多数品种芳香，花期 4～5 月。

【种类及品种】有重瓣、大花、早花和多倍体等品种。

【园林用途】风信子是早春开花的著名球根花卉之一，也是重要的盆花种类。适于布置花坛、花境和花槽，也可作切花、盆栽或水养观赏。

花卉赏析 1-26
水仙

七、水仙

【别名】凌波仙子、金盏银台、天葱、雅蒜、雪中花。

【科属】石蒜科，水仙属。

【识别要点】地下具有肥大鳞茎，卵圆形或球形，外被棕褐色皮膜。叶基生，带状、线性或近圆柱形，两列状着生，绿色或灰绿色。花葶直立，扁圆筒状，中空，通常每球有花葶数枝，每葶数花组成伞形花序，花白色、黄色或晕红色，芳香，副花冠黄色，高脚碟状。花期 2～3 月。

【种类及品种】常见栽培种有中国水仙、喇叭水仙、明星水仙、丁香水仙、红口水仙、仙客来水仙、三蕊水仙等。

【园林用途】水仙花姿婀娜，冰清玉洁，形如美女，故有“水中仙子”“凌波仙子”之称。水仙已成为著名的冬季室内陈设花卉之一，温暖地区可用于春季花坛、花境，也可在疏林下、草坪上成片丛植，还可作切花。

花卉赏析 1-27
仙客来

八、仙客来

【别名】兔子花、萝卜海棠、兔耳花。

【科属】报春花科，仙客来属。

【识别要点】多年生块茎类球根花卉。肉质块茎扁圆形，外皮木质化。叶片由块茎顶部生出，心形或卵形，叶缘有细锯齿，叶面绿色，具有白色或灰色晕斑，叶背暗红色叶柄肉质，红褐色。花单生，花梗肉质，褐色，花朵下垂，花瓣向上反卷，犹如兔耳，花有白、红、粉、玫红、紫红等色，花期冬春季。

【种类及品种】常见栽培种有大花系、微型系、F1 系等。

【园林用途】冬春季优美的盆花，常用于室内布置，摆放于花架、案头，点缀会议室和餐厅均宜。

九、马蹄莲

【别名】水芋、慈姑花、观音莲。

【科属】天南星科，马蹄莲属。

【识别要点】多年生块茎类球根，块茎肥大肉质。叶基生，具长柄，箭形或戟形，先端锐尖，鲜绿色有光泽，全缘。花梗着生叶旁，与叶片大体等长。佛焰苞白色，形似马蹄状。肉穗花序圆柱形，直立于佛焰苞中央，鲜黄色。春秋两季开花。

花卉赏析 1-28
马蹄莲

【种类及品种】常见栽培种有黄花马蹄莲、红花马蹄莲等。此外，杂交品种的佛焰苞色彩丰富，有奶白色、黄色、粉色、红色、紫色等。

【园林用途】马蹄莲叶色翠绿，花朵美丽，花期长，是优良的盆花，也是重要的切花。在热带、亚热带地区是花坛的良好材料。

十、朱顶红

【别名】孤挺花、华胄兰、百枝莲。

【科属】石蒜科，朱顶红属。

【识别要点】多年生草本。鳞茎球形，较大。叶 4～8 枚，带状，二列状着生。花葶粗壮中空，高出叶丛。伞形花序，顶端着花 2～6 朵，两两对生，花大，花冠漏斗状，有红、白、玫瑰红等多种颜色。花期 2～5 月。

花卉赏析 1-29
朱顶红

【种类及品种】常见栽培种有圆瓣类和尖瓣类。

【园林用途】朱顶红花大色艳，叶片鲜绿洁净，适合盆栽，园林中可用于花境、丛植，也可作切花。

十一、其他球根花卉

其他球根花卉的名称、识别要点、生态习性及园林用途见表 1-3。

表 1-3　其他球根花卉

名称	识别要点	生态习性	园林用途
百子莲	根茎肉质块状，叶基生，线状披针形，全缘。花茎直立，粗壮，高可达 60 cm，顶生伞形花序，小花 20～50 朵，花被片 6，花瓣略反卷，浅紫色或白色	喜光，耐半阴，喜温暖、湿润，忌高温	花坛、花境、岩石园、盆栽
大花葱	地下鳞茎。叶丛生，灰绿色，长披针形。伞形花序，花顶生，球形，花色有白、紫红、粉红等色	喜光，耐寒，喜凉爽，忌湿热多雨，忌积水	花境、丛植、盆栽、切花
球根秋海棠	块茎为不规则的扁球形。茎直立或铺散，肉质，具分枝。叶互生，心脏状卵形，边缘有锯齿或缘。花单性，有单瓣、半重瓣和重瓣，花色有白、粉红、红、紫红、橙、黄及复色	喜温暖湿润及半阴，忌酷暑，不耐寒	著名的夏秋盆栽花卉
番红花	球茎扁圆球形，外被黄褐色皮膜。叶基生，条形，灰绿色，边缘反卷。花茎短，花 1～2 朵，淡蓝色、红紫色或白色，有香味	喜冷凉湿润和半阴环境，较耐寒，球茎夏季休眠	花坛、花境、布置岩石园、盆栽、水养

续表1-3

名称	识别要点	生态习性	园林用途
花毛茛	块根纺锤形。茎单生，或少数分枝，有毛。基生3浅裂，裂片倒卵形，茎生叶2～3回羽状深裂。花单生或数朵顶生，花瓣平展，错落叠层，花色有白、粉、黄、红、紫等色	喜光，喜凉爽及半阴，忌炎热。既怕湿又怕旱，夏季休眠	丛植、花坛、花境、花带、林缘，切花、盆栽
大岩桐	块茎扁球形，全株密生茸毛。叶对生，长椭圆形或长椭圆状卵形，稍肉质，边缘有钝锯齿。花顶生和腋生，花冠阔钟形，花瓣丝绒状。花色有白、粉、红、紫、堇青色等	喜温暖、潮湿、半阴环境	夏秋季室内盆栽观花花卉
石蒜	鳞茎椭圆形。叶基生，细带状，先端钝，深绿色。顶生伞形花序，鲜红色，花瓣反卷，雌雄蕊伸出花冠外，与花冠同色	喜半阴湿润环境，稍耐寒，耐干旱，夏季休眠	林下地被、花坛、花境、丛植
晚香玉	块茎圆锥形，高50～100 cm。基生叶带状披针形，茎生叶短。总状花序顶生，花乳白色，漏斗状，有芳香，夜晚更浓，故名夜来香	喜温暖湿润、阳光充足，好肥喜湿而忌涝	花坛、花境、丛植、成片栽植，盆栽、切花
铃兰	具根状茎。叶卵形或窄卵形，具弧形脉。总状花序向一侧偏斜，花白色，钟状，下垂，芳香	喜凉爽湿润及半阴环境，忌炎热，耐严寒	林下地被、花境、花卉、盆栽、切花
小苍兰	球茎小，圆锥形，外被纤维质皮膜。叶基生，两列互生，线状披针形。穗状花序顶生，花偏生一侧，疏散直立，漏斗形。花色有白、黄、桃红、大红、紫、蓝紫等，芳香	喜光，喜凉爽湿润，不耐寒	盆花、切花、花坛、花境、自然式栽植
花贝母	鳞茎较大，茎直立，叶卵状披针形至披针形，全缘。株顶着花，数朵集生，花冠钟形，下垂生于叶状苞片群下，花鲜红、橙黄、黄色	喜光，耐阴，较耐寒，夏季休眠	花境、丛植
网球花	鳞茎扁球形，叶3～6枚集生茎上部，椭圆形至矩圆形，全缘。花茎先叶抽出，绿色带紫色斑点。圆球状伞形花序顶生，血红色	喜温暖湿润，怕炎热，怕严寒，喜散射光，能耐半阴	盆栽、庭园点缀、切花
火炬花	茎直立，叶丛生，剑形总状花序，着生数百朵筒状小花，呈火炬形，花冠橘红色	喜温暖湿润，较耐寒，喜光，耐半阴	花境、切花
蛇鞭菊	地下具块根，地上茎直立，叶互生，线形或披针形，头状花序排成密穗状，呈鞭形而得名，花淡紫色	耐寒，耐热，喜光稍耐阴，耐水湿	切花、花境、花坛、疏林下
韭兰	高15～25 cm鳞茎卵圆形，颈部稍短。叶基生，较长而软，扁线形，暗绿色。花单生，漏斗状，花被6片，粉红或玫红色	喜光，耐半阴，喜温暖，较耐寒，忌高温闷热	花坛镶边、丛植，林下地被、盆栽

任务五　水生花卉识别

一、莲

花卉赏析 1-30
莲

【别名】荷花、芙蓉、芙蕖、菡萏、芰荷。

【科属】睡莲科，莲属。

【识别要点】多年生挺水植物。根状茎（藕）肥大多节，横生于水底泥中。叶盾状圆形，表面深绿色，被蜡质白粉，背面灰绿色，全缘并呈波状。叶柄圆柱形，密生倒刺。花单生，两性，具清香，有单瓣、复瓣、重瓣及重台等花型。花色有白、粉、深红、淡紫或间色等，花期 6～8 月，晨开暮闭。花托膨大称为莲蓬，每个孔洞内生 1 枚小坚果（莲子）。

【种类及品种】莲依用途不同分为藕莲、子莲、花莲；依据花型分为单瓣型、复瓣型、千层型、佛座型、重台型、多花型等。

【园林用途】莲是中国传统十大名花之一，是园林中重要的水生植物。周敦颐独爱莲“出淤泥而不染，濯清涟而不妖”。莲，花之君子者也，象征人品格高洁。可在水面上片植，形成“接天莲叶无穷碧，映日荷花别样红”的壮丽景观，还有“小荷才露尖尖角，早有蜻蜓立上头”的情趣。也可以盆栽或缸栽布置庭院，还可做专类园，也是很好的切花材料。藕莲和子莲可以食用，莲子、莲叶、莲房、雄蕊都可以入药，荷花还是工业废水污染水域的“过滤器”。

二、睡莲

花卉赏析 1-31
睡莲

【别名】子午莲、水浮莲、水芹花。

【科属】睡莲科，睡莲属。

【识别要点】多年生浮水植物，根状茎粗短。叶丛生，具细长叶柄，浮于水面，具细长叶柄。花单生，浮于水面，花梗细长，花瓣多数，花色有白、粉、黄、紫红以及浅蓝色等。花期 6～9 月，花朵白天开放，夜晚闭合。聚合果海绵质，内含坚果。

【种类及品种】睡莲主要栽培类型有不耐寒睡莲（热带睡莲）和耐寒睡莲两类，不耐寒睡莲有蓝睡莲、埃及白睡莲、红花睡莲、墨西哥黄睡莲，耐寒睡莲有香睡莲、欧洲白睡莲、块茎睡莲。

【园林用途】睡莲是花叶兼美的观赏植物，适合点缀平静的水面，也可盆栽和切花。睡莲能吸收水中的铅、汞、苯酚等有害物质，是难得的水体净化植物材料。

三、王莲

花卉赏析 1-32
王莲

【别名】亚马孙王莲。

【科属】睡莲科，王莲属。

【识别要点】多年生大型浮水植物，根壮茎直立。叶硕大，圆盘形，成熟叶片直径可达 1～2 m，平展于水面，肉质有光泽，深绿色，叶缘隆起，高 8～12 cm，叶背紫红色，有凸起的具刺网状叶脉，叶柄粗有刺。花单生花梗顶部，花朵硕大，花蕾形似笔头，花瓣多数，具白兰花之香气，花大型，初开时为纯白色，第 3 天转为粉红色，夜开昼合。花期几乎全年，花谢后花托沉入水中。果实球形，种子多数，形似玉米，有“水中玉米”之称。

【园林用途】王莲叶形奇特、硕大，十分壮观，是大型的热带水生植物，具有很高的观赏价值，被世界各大植物园、公园引种进行温室栽培，还能净化水体。

花卉赏析 1-33
千屈菜

四、千屈菜

【别名】水枝柳、水柳、对叶莲。

【科属】千屈菜科，千屈菜属。

【识别要点】多年生挺水植物，高 30～100 cm，全株具柔毛。地下根茎粗硬，木质化，地上茎直立，多分枝，有四棱。单叶对生或轮生，披针形。总状花序顶生，小花多而密集，花萼筒状，花瓣 6 枚，紫红色，花期 7～9 月，蒴果，种子多数。

【种类及品种】常见栽培种有毛叶千屈菜、紫花千屈菜、大花千屈菜、大花桃红千屈菜等。

【园林用途】千屈菜多用于水边丛植和水池边栽植，也可作花境背景材料或盆栽观赏，全草可入药。

花卉赏析 1-34
凤眼莲

五、凤眼莲

【别名】水葫芦、水浮莲。

【科属】雨久花科，凤眼莲属。

【识别要点】多年生漂浮植物。须根发达，悬垂水中，茎极短缩。单叶丛生于短缩茎的基部，每株 6～12 片叶，叶卵圆形，叶面光滑，叶柄中下部有膨胀如葫芦状的气囊。穗状花序，小花 6～12 朵，蓝紫色，花瓣上生有黄色斑点，颇似孔雀羽毛，故叫“凤眼莲”。花期 7 月。

【种类及品种】常见栽培种有大花凤眼莲和黄花凤眼莲。

【园林用途】凤眼莲可栽植于浅水池或进行盆栽、缸养，观花观叶总相宜，同时具有净化水质的功能。

六、其他水生花卉

其他水生花卉的名称、识别要点、生态习性及园林用途见表 1-4。

表 1-4　其他水生花卉

名称	识别要点	生态习性	园林用途
芡实	全株多刺，浮水叶圆状盾形，叶面绿色，皱缩，背面紫红色，网状叶脉隆起，形似蜂巢。花单生，伸出水面，蓝紫色，昼开夜合。浆果上有宿存萼片，形似鸡头	全光照，喜温暖，不耐霜寒	与荷花、睡莲、香蒲等配植水景

续表1-4

名称	识别要点	生态习性	园林用途
水葱	挺水植物，根状茎粗壮，秆圆柱形，表面光滑。叶鞘管状，叶线形。聚伞花序，稍下垂，鳞片膜质，棕色或褐色	性强健，喜凉爽，喜光，耐寒	可植于水池或湿地，盆栽
慈姑	挺水植物。叶丛生，叶片箭形，宽大，叶基部左右两侧的裂片长度超过中央片，叶柄较粗壮。总状花序顶生，花瓣3枚，花白色	喜光，也耐半阴，耐寒，适宜浅水生长	水边、岸边、湿地绿化，盆栽观赏
雨久花	挺水植物。茎直立，全株光滑，叶卵状心形，质肥厚，有光泽，叶柄基部呈鞘状，有紫色斑。总状花序顶生，花多数，蓝紫色	喜光，稍耐阴，耐寒	水边、湿地或沼泽地，盆栽
萍蓬草	根状茎粗横卧泥中。叶自根茎先端抽出，椭圆形，基部深心脏形，有光泽。花单生，花茎伸出水面，花萼5片，革质，金黄色，花瓣多数	喜光，耐寒，适应清水或流动浅水	植于池塘、水中或盆栽
荇菜	具不定根，茎细长，叶圆形或卵圆形，基部深心形，背面有粗糙腺点。花序簇生于叶柄基部，花多，花冠金黄色	喜光稍耐阴，耐寒适应静止浅水	可植于水池或湿地
芦苇	高100～200 cm，具粗壮匍匐的根茎，秆直立，节下具白粉，叶鞘圆筒形，叶扁平，质较厚，具横脉，边缘粗糙，圆锥花序大型，分枝密而开散，下部枝叶间具白毛	喜光，耐寒，耐酷热	可植于水池、湿地或低洼处
香蒲	挺水植物，茎直立，不分枝。叶基生，线形，具耳，叶鞘边缘离生。穗状花序呈蜡烛状，深褐色，花单性，同株，雄花序在上，雌花序在下	喜光，耐寒，适应性较强	水边栽植、盆栽、切花

技能训练一　一、二年生花卉识别

一、训练目的

熟悉当地常见一、二年生花卉种名、科属、识别要点、园林应用。

二、材料用具

当地常见花卉、卷尺、放大镜、直尺、卡尺、铅笔、记录本。

三、实施步骤

(1)教师现场讲解每种花卉的名称、科属、形态特征及园林用途，学生做好记录。

(2)学生分组活动，仔细观察，掌握每种花卉的名称、科属、识别要点及园林用途。

四、技能训练单

将所识别的一、二年生花卉填写到表1-5中。

表 1-5　常见一、二年生花卉识别

时间：______年____月____日　　　　地点：____________

种名	科属	识别要点	园林用途

技能训练二　宿根与球根花卉识别

一、训练目的

熟悉当地常见宿根花卉和球根花卉的种名、科属、识别要点、园林应用。

二、材料用具

当地常见宿根和球根花卉、卷尺、放大镜、直尺、卡尺、铅笔、记录本。

三、实施步骤

(1)教师现场讲解每种花卉的名称、科属、形态特征及园林用途，学生做好记录。

(2)学生分组活动，仔细观察，掌握每种花卉的名称、科属、识别要点及园林用途。

四、技能训练单

将所识别的宿根、球根花卉填写到表 1-6 中。

表 1-6　常见宿根花卉和球根花卉识别

时间：______年____月____日　　　　地点：____________

类别	种名	科属	识别要点	园林用途
宿根花卉				

续表1-6

类别	种名	科属	识别要点	园林用途
球根花卉				

技能训练三　水生花卉识别

一、训练目的

熟悉当地常见水生花卉和湿生花卉的种名、科属、识别要点、园林应用。

二、材料用具

当地常见水生和湿生花卉、卷尺、放大镜、直尺、卡尺、铅笔、记录本。

三、实施步骤

(1)教师现场讲解每种花卉的名称、科属、形态特征及园林用途，学生做好记录。

(2)学生分组活动，仔细观察，掌握每种花卉的名称、科属、识别要点及园林用途。

四、技能训练单

将所识别的水生花卉和湿生花卉填写到表1-7中。

表1-7　常见水生花卉识别

时间：______年____月____日　　　　地点：____________

种名	科属	识别要点	园林用途

自测训练

一、选择题

1. 一年生花卉又称为(　　)。

A. 春播花卉　　B. 秋播花卉　　C. 夏播花卉　　D. 短期花卉

2. 下列花卉中,(　　)是草本花卉。

A. 蜡梅、樱花　　B. 杜鹃、山茶　　C. 玫瑰、含笑　　D. 菊花、凤仙花

3. 下列花卉中,(　　)是木本花卉。

A. 绿萝、昙花　　B. 杜鹃、山茶　　C. 仙客来、蝴蝶兰　　D. 芍药、郁金香

4. 大丽花地下根膨大呈纺锤状,属于(　　)球根花卉。

A. 鳞茎类　　B. 球茎类　　C. 根茎类　　D. 块根类

5. 葡萄、牵牛等花卉不能直立,需缠绕或攀缘在其他物体上,它们是(　　)。

A. 灌木花卉　　B. 藤本花卉　　C. 乔木花卉　　D. 宿根花卉

6. 荷花、睡莲等花卉是(　　)。

A. 水生花卉　　B. 球根花卉　　C. 高山花卉　　D. 岩生花卉

7. 依习性不同,宿根花卉又可以分为(　　)。

A. 落叶宿根　　B. 常绿宿根　　C. 耐寒宿根　　D. 耐旱宿根

8. 以下属于草本观叶花卉的是(　　)。

A. 一品红　　B. 变叶木　　C. 叶子花　　D. 花叶芋、竹芋

9. 一年生草花通常在(　　)播种。

A. 春天　　B. 秋天　　C. 夏天　　D. 一年四季

10. 以下不是一年生花卉的是(　　)。

A. 凤仙花　　B. 雁来红　　C. 三色堇　　D. 百日草

11. (　　)花期长,花朵硕大,色彩丰富,被称为“花坛之王”。

A. 鸡冠花　　B. 矮牵牛　　C. 一串红　　D. 三色堇

12. (　　)是多年生花卉,生产上常做一、二年生栽培。

A. 虞美人　　B. 一串红　　C. 翠菊　　D. 万寿菊

13. 因花色红艳、酷似鸡冠而得名,享有“花中之禽”美誉的花卉是(　　)。

A. 凤仙花　　B. 虞美人　　C. 美女樱　　D. 鸡冠花

14. 以下适合作模纹花坛的花卉是(　　)。

A. 旱金莲　　B. 五色苋　　C. 马鞭草　　D. 麦秆菊

15. (　　)为常用红花种,花色鲜艳,花期长,是花丛花坛的主体材料。

A. 一串红　　B. 二月兰　　C. 长春花　　D. 万寿菊

16. (　　)深秋不畏严寒开放,历来被视为高风亮节、高雅傲霜的象征。

A. 芍药　　B. 菊花　　C. 鸢尾　　D. 玉簪

17. (　　)是中国的情人花。

A. 石竹　　B. 萱草　　C. 飞燕草　　D. 芍药

18.（　　）又名忘忧草，是中国最古老的母亲之花。
A. 萱草　B. 鸢尾　C. 蜀葵　D. 君子兰

19. 在园林中，宿根花卉是（　　）的主体材料。
A. 花坛　B. 花带　C. 花境　D. 花群

20. 君子兰、非洲菊属于（　　）。
A. 落叶宿根花卉　B. 常绿宿根花卉　C. 球根花卉　D. 观叶花卉

21. 飞燕草花多为（　　），也有红、黄白、粉等色。
A. 紫色　B. 黄色　C. 蓝色　D. 橙色

22.（　　）可做专类园、花坛、花境、也可用作水边绿化。
A. 鸢尾　B. 萱草　C. 八宝景天　D. 石竹

23. 根据球根花卉地下变态器官结构特征，可分为（　　）。
A. 鳞茎类　B. 球茎类、块茎类　C. 根茎类　D. 块根类

24. 以下植物地下部分属于鳞茎的有（　　）。
A. 郁金香、水仙　B. 马蹄莲、仙客来
C. 美人蕉、大岩桐　D. 大丽花、马蹄莲

25. 被称为“凌波仙子”的球根花卉是（　　）。
A. 郁金香　B. 仙客来　C. 水仙　D. 大丽花

26.（　　）为重要的球根花卉，也是世界著名切花，寓意百年好合、心心相印。
A. 唐菖蒲　B. 朱顶红　C. 百合　D. 水仙

27. 因花瓣向上反卷，犹如兔耳而被称为兔耳花的球根花卉是（　　）。
A. 铃兰　B. 仙客来　C. 水仙　D. 大丽花

28. 根据水生花卉的生长习性，又可分为（　　）。
A. 挺水植物　B. 浮水植物　C. 漂浮植物　D. 沉水植物

29. 睡莲属于（　　），千屈菜、香蒲属于（　　）。
A. 挺水植物　B. 浮水植物　C. 漂浮植物　D. 沉水植物

30. “出淤泥而不染，濯清涟而不妖，”描写的植物是（　　）。
A. 睡莲　B. 荷花　C. 王莲　D. 菖蒲

二、判断题

1. 二年生花卉一般在秋季播种，第二年春夏开花。（　　）
2. 能生活多年、多次开花结实，且地下部分不发生变态的花卉称为宿根花卉。（　　）
3. 美人蕉的根状茎肉质肥大，有节和节间，属于块茎类球根花卉。（　　）
4. 花坛花卉主要是用于装饰各种室外花坛的花卉，以多年生花卉为主。（　　）
5. 一品红、叶子花等主要观赏部位是苞片。（　　）
6. 中国兰花属于地生兰类。（　　）
7. 彩叶草是观叶草本花卉。（　　）
8. 羽衣甘蓝可以组成各种美丽的图案，用于布置春夏季花坛。（　　）
9. 五色苋因株丛紧密，极耐修剪，适合做花丛花坛。（　　）
10. 百日草、波斯菊等是做花海花田的优良花卉。（　　）
11. 万寿菊是布置花丛花坛的主要黄色系花卉之一。（　　）

12. 古时人们于别离时赠送芍药，以示惜别之情。（ ）
13. 耧斗菜属于落叶宿根花卉。（ ）
14. 玉簪为观叶宿根花卉。（ ）
15. 君子兰花、叶、果兼美，观赏期长，可周年布置观赏。（ ）
16. 非洲菊可用于布置花坛、花境，也是世界著名切花之一。（ ）
17. 百合的地下部分称为球茎。（ ）
18. 鳞茎植物的部分叶片变成肥厚多肉的鳞片，着生在鳞茎盘上。（ ）
19. 美人蕉属于根茎类球根花卉。（ ）
20. 仙客来是适合夏秋季室内布置的优美盆花。（ ）

项目二　花卉栽培设施

项目导读

花卉栽培设施是指人为建造的适宜或保护不同类型花卉正常生长发育的各种建筑及设备，主要有温室、塑料大棚、冷床与温床、荫棚、风障等。利用栽培设施创造的环境，就可以不受地区、季节的限制，实现花卉的周年生产。

设施栽培在花卉生产中有着重要的意义。随着花卉栽培技术的不断发展，花卉产品市场供应的不断优化与转变，设施花卉栽培势在必行；同时，设施也为花卉的集约栽培、工厂化生产创造了条件。设施栽培在花卉生产中占有不可替代的地位，也是花卉生产的重要发展方向之一。

知识目标

1. 了解当今花卉栽培中使用的生产设施类型及结构。
2. 熟悉各种栽培设施的功能。
3. 了解温室中的各种农业设备及其使用方法。

能力目标

1. 能够根据不同的花卉品种因地制宜地选用不同的花卉栽培设施。
2. 能够正确使用各种栽培设施进行花卉生产。
3. 在栽培设施使用过程中，培养学生安全生产的劳动意识。

任务一　温室

一、温室在花卉生产中的作用及发展趋势

（一）温室的作用

目前，在常见的花卉栽培设施中，温室是调节和控制环境因子能力较强的设施，同时，温室中设备的高度机械化和自动化，使花卉生产实现了工厂化、现代化和商品化，生产效率提高了数十倍。温室已成为花卉生产中最重要、应用最广泛的栽培设施。据统计，2019 年我国花卉保护地栽培面积 81 767.51 万 m^2，其中温室栽培面积 21 490.51 万 m^2，占保护地栽培面积的 26.3%。

温室在花卉生产中的主要作用是：

（1）在自然条件不适合植物生长的季节创造出适于植物生长发育的环境条件，以达到保证花卉四季供应的目的。

（2）在不适合植物生长发育的地区，利用温室创造的条件栽培各种类型的花卉，以满足人们的需求。如在北方可以利用温室栽培热带和亚热带的花卉，大幅度降低运输成本。即使在我国北方能露地栽培的观赏植物，也可以在冬季利用温室进行促成栽培，提早或延迟花期。

(3)利用温室可以对花卉进行高度集中栽培,实行高度密植,以提高单位面积产量和质量,节省开支,降低成本。

(二)温室花卉生产发展趋势

当前国际上温室花卉生产有三个明显的发展方向,即大型化、现代化和工厂化。

1. 大型化

由于温室具有室内温度稳定、日温差较小、便于机械化操作、造价低等优点,温室建筑有向大型化、超大型化发展的趋势。小型的温室每幢 1 hm^2,中型的每幢 3 hm^2,大型的每幢 6 hm^2。但大型温室常有日照较差、空气流通不畅等缺点,使用时应注意。

2. 现代化

(1)结构构件标准化　根据当地的自然条件、栽培制度、资源情况等因素,设计适合当地条件、能充分利用太阳辐射能的一种至数种标准型温室,构件由工厂进行专业化配套生产。

(2)环境调节自动化　根据花卉在一天中不同时间或不同条件下对温度、湿度及光照的要求,定时、定量地进行调节,保证花卉有最适宜的生长发育条件。现今世界上发达国家的温室花卉生产,温室内环境的调控已由一般的机械化发展为计算机控制,做到了及时精确管理,创造更稳定、更理想的栽培环境。

(3)栽培管理机械化　灌溉、施肥、中耕及运输作业等,均采用机械化操作。

(4)栽培技术科学化　通过了解和掌握花卉的生态习性,根据不同季节、不同发育阶段、不同气候条件下花卉对环境条件的要求,制定一整套具体指标,按照生理指标进行相应的栽培管理。

3. 工厂化

1964 年在维也纳建成了世界上第一个以种植花卉为主的绿色工厂,这条“植物工业化连续生产线”采用三维式的光照系统,用营养液栽培,室内的温度、湿度、水分和二氧化碳的补充均采用自动监测和控制,使花卉生产的单位面积产量比露地生产提高了 10 倍,且大大缩短了生产周期。

这种绿色工厂全用人工光照,耗能很大,被称为第二代人工气候室。后来进行了改进,采用自然光照系统,称为第三代人工气候室。目前,荷兰、法国、日本等国都实现了花卉生产的工厂化。

二、温室的类型及结构

(一)根据应用目的划分

1. 生产型温室

生产型温室以生产花卉为主,不注重外形,以适于栽培需要和经济实用为原则,一般造型和结构都较简单,室内地面利用率较高。

2. 观赏型温室

观赏型温室一般供展览、观赏、研究及科普宣传之用,多设在公园、植物园、展览馆或高等院校内,建筑形式上要求其外观与功能并济,与周围环境协调,而且便于管理和操作,如北京植物园的热带温室、上海植物园的高架展览温室、美国宾夕法尼亚州的长木花园等。

3. 实验研究型温室

实验研究型温室一般供科学研究用,在建筑和设备上都要求严格,环境调控能力更强,其内装有光、温、水、肥等自动调节设备，可提供精度较高的实验研究条件，主要包括人工气候室、普通实验室、杂交育种温室、病虫害检疫隔离温室等。

(二)根据温度划分

1. 高温温室

高温温室室内冬季温度一般保持在18～36 ℃，供冬季花卉的促成栽培及养护热带观赏植物之用，如王莲、热带兰花、热带棕榈等。

2. 中温温室

中温温室室内冬季温度一般保持在12～25 ℃，供栽培亚热带和热带高原观赏植物之用，如热带蕨类植物、秋海棠类植物、天南星科植物、凤梨科植物、中温常绿植物和多肉植物等。

3. 低温温室

低温温室室内冬季温度一般保持在5～20 ℃，供栽培温带观赏植物之用，如温带兰花、温带蕨类、低温常绿植物等。

4. 冷室

冷室室内冬季温度一般保持在0～10 ℃，用以保护不耐寒的观赏植物越冬，如常绿半耐寒植物、柑橘类、松柏类等，以及水生花卉、宿根花卉的种株及球根花卉的种球等。有时也在冷室内设置简易苗床，用于早春播种一、二年生花卉，待外界气温升高后将幼苗移出，定植于园地，可提早开花。

(三)根据覆盖材料划分

1. 玻璃温室

用玻璃作为覆盖材料，这也是应用比较普遍的材料。其优点是透光性好，保温力强，使用年限长，但投资费用高。

2. 塑料薄膜温室

用塑料薄膜作为覆盖材料。塑料薄膜所用的主要原料是聚氯乙烯(PVC)和聚乙烯(PE)树脂。其产品主要有PVC防老化膜、PVC无滴防老化膜、PVC耐候无滴防尘膜和PE防老化膜、PE无滴防老化膜、PE保温棚膜、PE多功能复合膜等。薄膜经防尘处理灰尘不易附着，易于清洗，还可充分满足光合作用所需有效可见光谱的要求。

3. 聚碳酸酯中空板、波瓦板

聚碳酸酯类塑料制品属硬质材料，具有采光好、保温、轻便、强度高、抗击穿、抗破坏、易于设计造型、经济耐用等诸多优点。波瓦板厚度在1 mm左右，中空板有双层和三层结构，厚度为8～20 mm。使用寿命一般在10年以上，是新一代的玻璃替代产品。

(四)根据建筑形式划分

1. 单屋面温室

单屋面温室(图2-1)，坐北朝南，东西延伸，东、西、北面为维护墙体，南面为透明屋面。其特点是节能保温、投资少；但通风不良，光照不均匀，室内栽培盆花需要经常转盆。

2. 双屋面温室

双屋面温室分为等屋面温室和不等屋面温室。此类温室多南北延伸，偶有东西延伸的。屋顶与四壁由透光材料组成。其特点是室内受光均匀，温度较稳定，适于栽培各种类型的花卉；但保温能力较差，需要有完善的加温设备。

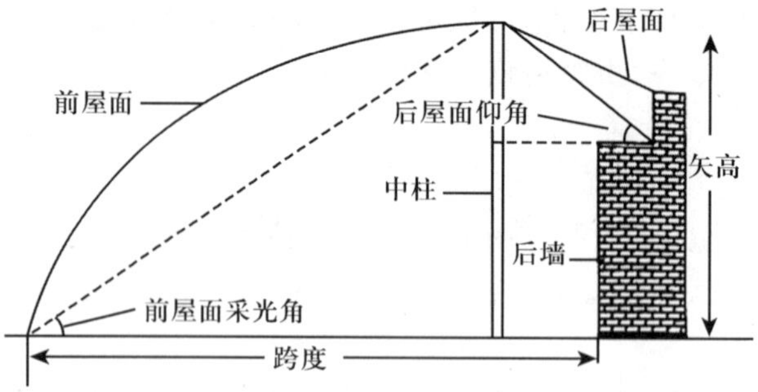

图 2-1　单屋面温室

3. 连栋温室

连栋温室又称现代化温室，由同一样式和结构的两幢或两幢以上的温室连接而成，如 venlo 型温室、圆拱型连栋温室等(图 2-2)。连栋温室一般采用性能优良的结构材料和覆盖材料，其结构经优化设计，内部配有环境调控设备，各方面性能都较完善，但造价高。

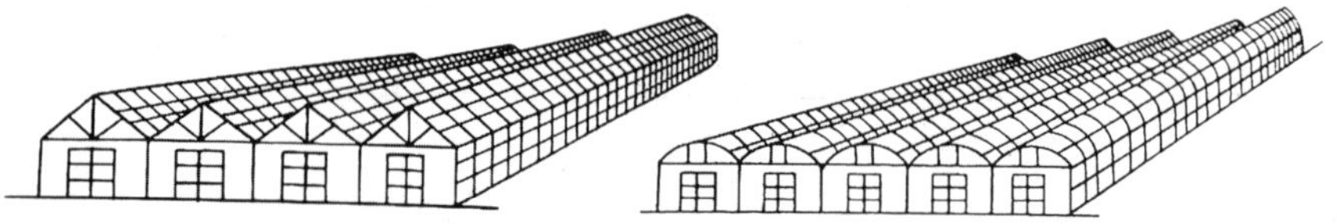

图 2-2　连栋温室

展示视频 2-1　日光温室

三、日光温室

日光温室又称节能温室，俗称"暖棚"，是我国特有的园艺设施，大多以塑料薄膜为采光覆盖材料，以太阳辐射能为热源(也有部分农户在温室中增加加温设施，如炉子、暖气、电热风机等)，以采光屋面和加厚的墙体及棉被、草苫等覆盖保温，创造适宜花卉生长的环境。

(一)日光温室的结构

1. 基础建筑

(1)前屋面　由支撑骨架和透明覆盖物组成，主要起采光作用，夜间需外加覆盖材料保温。

(2)后屋面　由不透光的保温蓄热材料组成，起保温、蓄热作用。在纬度较低的温暖地区可不设后屋面。

(3)后墙和山墙　后墙位于温室后面，山墙位于温室两侧，主要有土墙、草泥墙、红砖墙、空心砖墙等。起保温、蓄热和支撑的作用。

(4)防寒沟　在温室地基圈梁外侧设置防寒沟，沟内填充苯板、稻草、发泡聚乙烯膜等材料作防寒层。

(5)骨架　日光温室的骨架材料种类多样，有竹木、钢筋、方钢、镀锌钢管等。

2. 覆盖材料

(1)温室覆盖材料　主要是塑料薄膜，也可用塑料板材或玻璃。

(2)保温覆盖及遮阳材料　保温覆盖材料主要有保温被、草帘、纸被等；遮阳材料有遮阳网、铝箔帘等，可采用内遮阳和外遮阳两种形式。

3. 农业生产设备

(1)电动卷帘机　用于温室大棚外保温草帘自动卷放的农业机械设备。一般使用 220 V 或 380 V 交流电源;固定方式有背负式、撑杆式、轨道式、自走式等。

(2)卷膜机　固定在温室前檐和棚顶,用来卷放塑料薄膜,以控制温室通风、降温。卷膜机有电动和手动两种。

(3)加温设备　日光温室主要靠太阳能取暖。但在北方严寒地区,冬季生产时需要加温设备,如暖气、热风炉、电热风机、石墨烯电加热墙板。

(4)供水设备　日光温室接入自然水源,以方便农业生产。根据温室生产需要安装滴剑、滴灌、微喷、吊喷等灌溉设备。

(5)其他设备　随着日光温室的不断发展,除了最基础的农业生产设备外,还加入了补光灯、水肥一体机、诱虫灯、二氧化碳发生器等先进农用设备。

(二)日光温室的规划

(1)应选择地形开阔、向阳、周围无高大树木及其他遮光物体的地方,以保证光照充足。

(2)应选择避风处,最好北面有天然屏障,以避免大量散热。

(3)应选择地势高燥,排水良好,水源充足且水质好,无污染的地方。

温室中园艺设施排列的方式有对称式和交错式两种(图 2-3)。

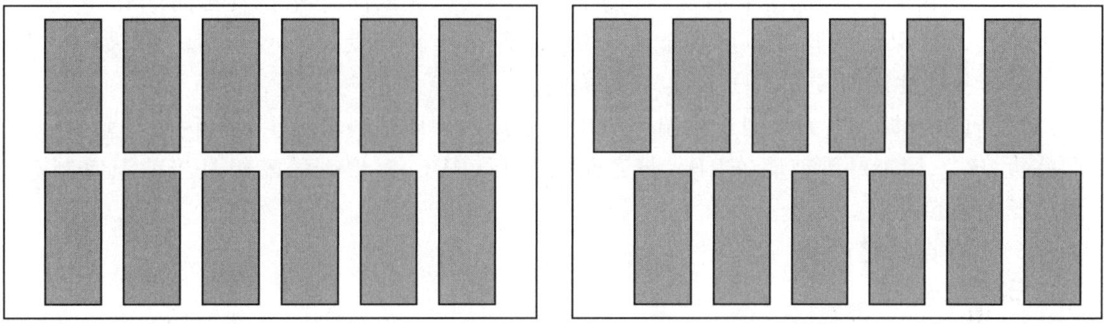

(1)对称式　　(2)交错式

图 2-3　园艺设施排列方式

对称式排列的设施通风较好,但低温期保温效果较差。交错式排列的设施挡风、保温性能好,但高温期通风、降温效果不佳。

四、智能温室

智能化温室,通常简称连栋温室或者现代温室,它是设施农业中的高级类型,拥有综合环境控制系统,利用该系统可以直接调节室内温、光、水、肥、气等诸多因素,可以实现全年高产,经济效益好。

展示视频 2-2
智能温室

智能温室主要由主体框架及覆盖材料、机械自动化设备、智能控制计算机系统三大部分组成。

(一)主体框架及覆盖材料

1. 主体框架

主体框架主要由基础、骨架、排水槽等组成。

(1)基础　基础是温室框架结构的重要组成部分,连接结构与地基。它将风荷载、雪荷载、作物吊重、构件自重等安全地传递到地基。地基由预埋件和混凝土浇筑而成,且智能温室为了坚固还浇筑了边墙和端墙的地固梁。

(2)骨架　智能温室的骨架一般分为两类:一类是柱、梁或拱架,都是用矩形钢管、槽型钢、工型钢等制造的,表面通过热镀锌防锈处理,具有很好的防锈防腐蚀能力。另一类是温室的门窗、屋顶等部件,为铝合金材质,表面做了氧化处理,既轻便美观,又不生锈,密封性好,且推拉开启省力。

(3)排水槽　排水槽又称"天沟",其将单栋温室连接成连栋温室,同时起到收集、排出雨(雪)水的作用。排水槽自温室中部向两端倾斜延伸,坡度为0.5%。连栋温室中排水槽会在地面形成阴影,为了提高温室采光效果,要求在保证温室结构和排水槽排水流畅的前提下,尽可能将排水槽对光照的影响降到最低(一般要求阴影覆盖面积占温室总面积不超过5%)。

2. *覆盖材料*

不同地区、不同用途的智能温室的覆盖材料也不尽相同,大致可分为以下几种。

(1)玻璃类　玻璃具有透光性和保温性好、使用年限长等优点,被广泛使用。但由于投资费用高、重量过大、对基础骨架质量要求高等因素,近几年玻璃覆盖材料的使用正逐年减少。

(2)塑料薄膜类　用塑料薄膜作为覆盖材料。塑料薄膜的主要原材料是聚氯乙烯(PVC)和聚乙烯(PE)树脂,其产品主要有PVC防老化膜、PVC无滴防老化膜、PE防老化膜、PE无滴防老化膜、PE保温棚膜、PE多功能复合膜等;近几年又开发出一些新型薄膜,如PO膜、EVA膜等,各项性能均较好,但成本也相对提高。

(3)硬质塑料板　多为大型连栋温室应用。常用的硬质塑料板材主要有丙烯酸塑料板、聚碳酸酯板(PC)、聚酯纤维玻璃(FRP)、聚乙烯波浪板(PVC)。聚碳酸酯板是当前温室制造应用最广泛的覆盖材料。

(二)机械自动化设备

1. *加温设备*

常见的温室加温方式有烟道加温、暖风加温、温水加温以及蒸汽加温等。这些加温设备原理大同小异,都是通过煤、木材等燃料对水、空气等进行加温从而提高温室温度。近几年,随着取暖成本不断提高和新型材料不断问世,又出现了以电加热为主的电热风机、电加热石墨烯墙片、高分子聚合集热墙板等加温方式。

2. *保温设备*

智能温室的主要保温设备是架设在温室内的保温幕,也称内保温层。一般在温室的立柱间用尼龙绳或金属丝绷紧构成支撑网,将无纺布、塑料薄膜、人造纤维的织物覆盖在支撑网上,构成保温幕。也有将保温幕与遮阳网合二为一的,即夏天用作遮阳,冬天用作内保温。这种两用幕由聚乙烯/铝箔制成,呈银白色。智能温室多通过传动装置和监测装置对保温幕实施自动控制。在早春或极寒天气生产时,通常在温室内部架设简易棚架,覆盖草帘或其他保温材料,也能构成简易的内保温层,如在滚床上或一个开间内套小拱棚等方法。

3. *降温设备*

(1)"自然通风+遮阳"系统　此类系统适于夏季高温时间不长、温室内植物对高温不太敏感的温室应用。该系统包括天窗、侧通风窗或侧墙卷帘通风等通风设施,还可增加遮阳内网或外网以减少因直接光照造成的过度升温。该系统降温效果主要取决于自然风力和外界温度。

(2)湿帘风机系统　在节能和减低费用的前提下,较好的降温办法是蒸发降温,利用水蒸发吸热来降低室内大气的温度。水壁通常用大块的厚壁状(10 cm 厚)纸制物或铝制品,其上有许多弯曲的小孔隙可以通气。启动时,流水不断从上而下淋湿整个水壁。温室的北面墙面装置这种材料,而在南面,相对地装置大型排风扇。温室不开窗,在排风扇启动后,将室内高温空气不断向外抽出,使室内外产生一个压差,从而迫使湿帘外的空气穿过湿帘冷却后进入温室,如此不断地循环和冷却达到降温效果。该系统持续降温效果好,距水帘近处降温效果明显(图 2-4)。

图 2-4　温室降温系统

4. 补光和遮光设备

(1)补光系统　补光系统一般由人工光源和反光设备(反光幕)组成。人工补光的光源有白炽灯、日光灯、高压水银灯、高压钠灯等。白炽灯和日光灯发光强度低、寿命短,但价格低,安装容易;高压水银灯和高压钠灯发光强度大,体积小,但价格较高。随着温室设备的不断改进,目前温室生产上常使用 LED 光谱补光灯,结合了传统白炽灯和高压钠灯的优点,具有造价低、节能、光谱符合植物生长、寿命长等特点。其适用范围广、使用效果显著。

(2)遮光设备　智能温室内还应装有遮光装置,遮光装置区别于遮阳装置,遮阳装置用于减弱光照强度,而遮光装置主要用于栽培中的短日照处理。一般是用双层黑布或黑色塑料膜制成的可以往复扯动的黑幕。根据不同植物对光照时间的不同要求,在下午日落前几个小时,放下黑色布帐或薄膜,使温室内每天保持预定时间的短日照环境,以满足某些短日照花卉对光照时间的生理要求。

5. 肥水设备

(1)新型灌溉设备　根据花卉生产方式不同,智能温室中配备滴灌、滴剑、吊喷、微喷灌、自动喷灌等设备,配合水肥一体机使用可以实现对花卉的精准灌溉与施肥(图 2-5、图 2-6)。

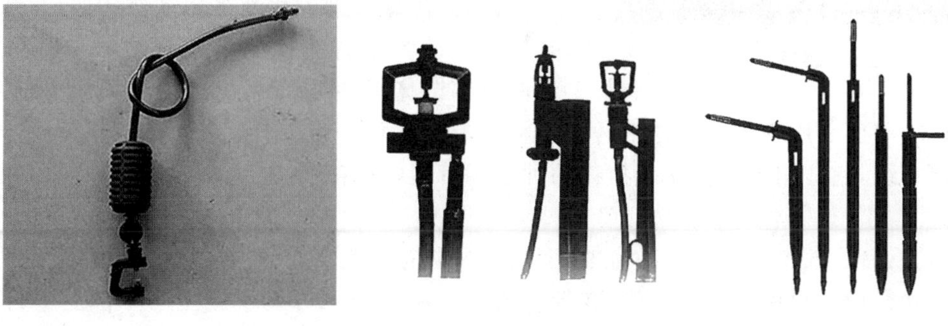

图 2-5　滴灌设备

(2)水肥一体机　水肥一体机主要分为手动控制和智能控制两大类,随着生产需要和技术的不断发展,目前市场上的水肥一体机大多同时配有智能和手动模式,以方便操作者根据实际情况使用。水肥一体机工作基本原理,就是通过布置在各处的节点传感器将实时监测的土壤养分、水分等情况并反馈给水肥一体机,当数值低于系统的标准值之后,水肥一体机通过信号远程打开灌溉片区的电磁阀实现自动灌溉、自动施肥,当各传感器数值达到标准值,又可以远程自动关闭灌溉施肥,实现智能化、数据化、科学化管理,大大提高工作效率(图 2-7)。

图 2-6　自动喷灌机

图 2-7　水肥一体机

(3)蓄水池、水箱、排水设备　温室花卉灌溉用水的温度应与室温相近,才符合生长发育的要求,因此灌溉用水须事先贮于室内池中,以提高温度。蓄水池一般设于植物台下,温室小的可设于温室的一端或中央,大的应在温室的两侧各设一水池,一般深约 100 cm。利用自来水时,可将水箱设于高处,提前贮水于箱内,用铁管及橡皮管引水灌溉更为便利。水池设于温室中,除供水之外,还可增加空气湿度,适于要求空气湿度较高的专类温室,如蕨类、热带兰、秋海棠等温室。此外,在温室地表外围还应设置沉井等地表排水设施。

6. 栽培养护设备

(1)移动苗床　移动苗床俗称"滚床"是智能温室中花卉栽培养护应用最普遍的种植床类型。移动苗床主要由苗床网、翻滚轴、腿架、铝合金边框、苗床手轮、横支撑、斜拉杆等组合而成。花卉栽培、育苗时具有运用灵活、周转敏捷、操作便利、防锈耐腐蚀等优点(图 2-8)。

图 2-8　移动苗床

(2)潮汐床　潮汐式灌溉移动苗床俗称"潮汐床",是一种床面为塑料结构的栽培育苗床。这种潮汐式灌溉移动苗床采用与商品化金属结构栽培床相同的立柱、支撑,床面采用模压成型的不透水塑料苗盘。这是一种基于潮水涨落原理而设计的高效节水灌溉系统,它适用于各类盆栽植物的种植和管理,可有效提高水资源和营养液的利用效率(图 2-9)。

(3)植物台　放置盆栽植物的台架,多用于盆栽花卉栽培,又称台架,其形式有平台和级台两种。平台常设于单屋面温室南侧,在较大的智能温室中也可设于温室的中部。平台高度一般为 80 cm,宽度为 80～100 cm;级台最多不超过三阶,每阶应高出前一阶 20～30 cm。植物台以构成材料不同可分为木制、铁架木板及混凝土三种(图 2-10)。

图 2-9 潮汐床

图 2-10 植物台

(三)智能控制计算机系统

最早一代的智能控制系统都是在温室内设置自动控制环境的装置,能利用探测器及光敏装置调节温室内的温度和湿度。这种装置只有一个探测器,只能对室内的一个固定地点进行探测,无法顾及全面。随着科技不断发展,开始采用计算机控制(图 2-11),计算机可以根据分布在温室内各处的许多探测器所收集得到的数据进行计算,算出整个温室所需要的最佳数值,

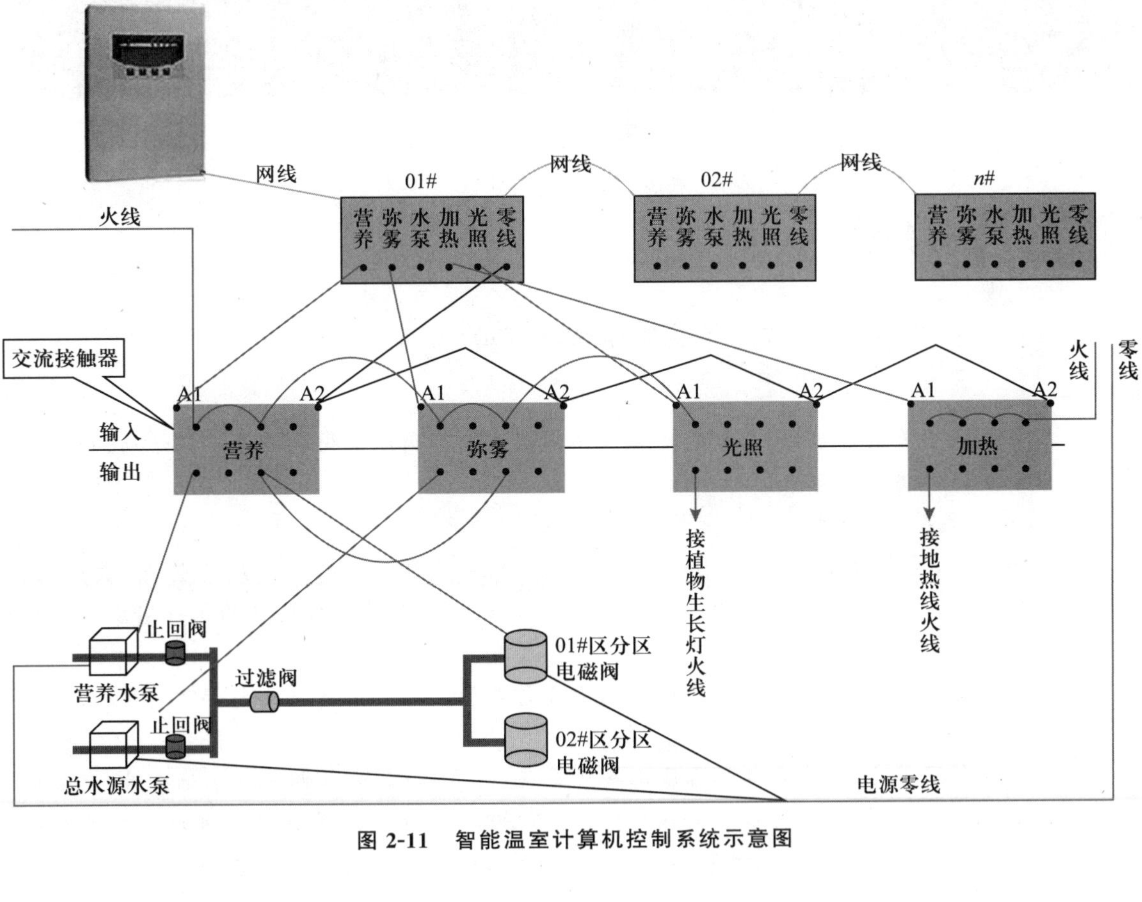

图 2-11 智能温室计算机控制系统示意图

使整个温室的环境控制在最适宜的状态。因而既可以尽量节约能源，又能得到最佳的效果。目前，计算机控制系统经过长时间的发展已经进入“物联网+”时代，不仅可以通过计算机系统调整温室整体环境，还可以通过计算机系统完成浇水、施肥、病虫防治、数据统计等工作。但是物联网智能控制系统(图 2-12)一次性投资较大，目前使用尚不普遍。但为满足未来大规模温室群发展的需要，逐步推广物联网智能控制系统是必然趋势。

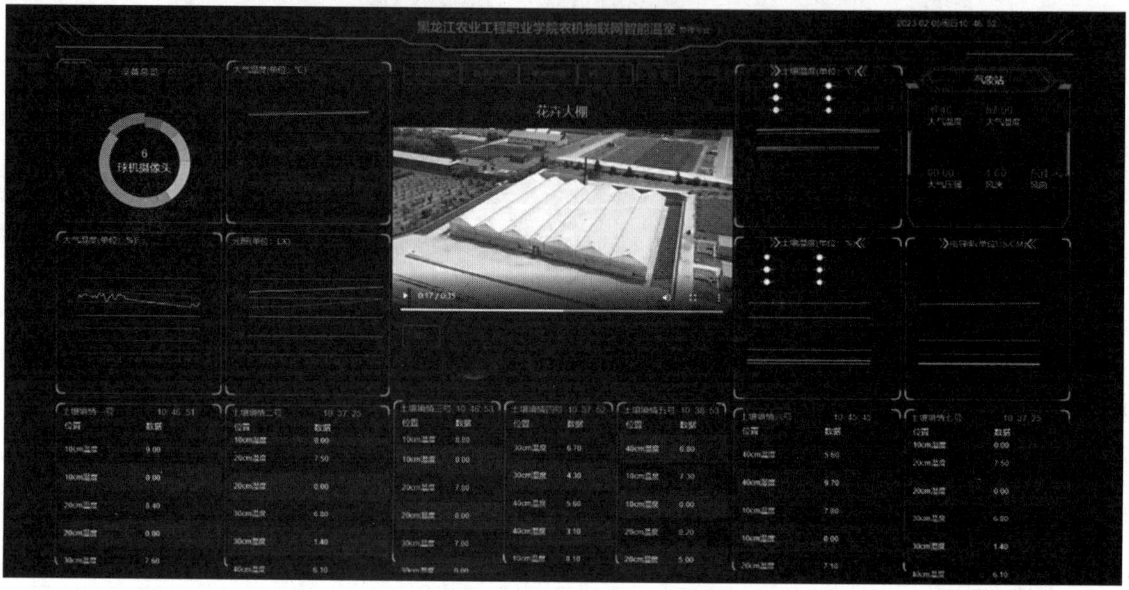

图 2-12　物联网智控系统平台

拓展知识

花卉生长与环境

一、温度

在花卉生长发育的过程中，温度制约其生长速度以及体内的生化代谢等生理活动，如光合作用、呼吸作用、蒸腾作用等。

(一)花卉对温度的要求

原产地不同，花卉对温度的要求差异较大，原产热带地区的花卉对温度三基点(最低、最高、最适温度)要求较高，原产寒带的花卉的温度三基点偏低，原产温带地区的花卉对温度三基点要求介于上述二者之间。

根据花卉对温度要求不同，一般可分为以下 3 种类型。

1. 耐寒花卉

原产寒带或温带地区，主要包括露地二年生花卉、部分宿根花卉，部分球根花卉等，这类花卉能适应 0 ℃以上的低温，部分能忍受−10～−5 ℃的低温，在华北和东北南部地区可自然越冬，如三色堇、桂竹香、雏菊、羽衣甘蓝、鸢尾、玉簪、荷兰菊、金盏菊、碧桃、蜡梅等。

2. 半耐寒花卉

原产温带较暖和的地区，要求冬季温度在 0 ℃以上，在长江流域能露地安全越冬，在东北、西北、华北地区稍加保护就能安全越冬，如美女樱、福禄考、紫罗兰、金鱼草、蜀葵、杜鹃、月季、牡丹、芍药、夹竹桃、桂花、广玉兰等。

3. 不耐寒花卉

原产热带及亚热带地区，要求温度不低于 10 ℃，不能忍受 0 ℃以下的低温，在华南、西南南部等地可露地栽培，其他地区均需温室越冬，如蝴蝶兰、石斛兰、花烛、马拉巴栗、凤梨类、喜林芋类、竹芋类观叶植物等。

(二)花卉生长发育对温度的要求

花卉从种子萌发到种子成熟，对温度的要求是随着生长发育阶段的不同而改变的，如一年生花卉的种子发芽要求较高温度(25 ℃)，幼苗期要求温度偏低(18～20 ℃)，由生长阶段转入发育阶段对温度要求又逐渐增高(22～26 ℃)。二年生花卉种子发芽要求温度偏低(20 ℃)，幼苗期要求温度更低(13～16 ℃)，而开花结果期则要求温度偏高(22～26 ℃)。

植物在进行光合作用时要求的温度比呼吸作用时要低，一般花卉在高于 30 ℃时，光合作用相关的酶的活性受阻，而呼吸作用在 10～30 ℃的范围内每递增 10 ℃，强度加倍，因此高温条件不利于植物营养积累。酷暑盛夏，除高温花卉之外应采取降温措施，一般植物夜间比白天生长快。

根的生长最适温度比地上部分要低 3～5 ℃，因此在春天，大多数花卉根的活动要早于地上器官。一些木本花卉植物根已开始活动、树液已流动，而芽尚未萌发，此时进行嫁接，对提高成活率很有利。

(三)花芽分化对温度的要求

1. 高温下分化花芽

春花类花卉在 6～8 月 25 ℃以上时进行花芽分化，如梅花、桃花、樱花、海棠花、杜鹃、山茶等。球根花卉在夏季高温生长期进行花芽分化，如唐菖蒲、晚香玉、美人蕉等，还有在夏季休眠期进行花芽分化的秋植球根花卉，其花芽分化的温度并不高，如郁金香花芽形成最适温度为 20 ℃、水仙为 13～14 ℃。

2. 低温下分化花芽

原产温带和寒带地区的花卉，在春秋季花芽分化时要求温度偏低，如三色堇、雏菊、天人菊、矢车菊等。有部分亚热带花卉或热带花卉在花芽分化期需要的温度偏低，如蝴蝶兰生长适温为 18～28 ℃，但花芽分化温度要低于 18 ℃；大花蕙兰、墨兰系列花芽分化期温度也低于生长温度，需要有 10 ℃的昼夜温差。

有些花卉只要在适宜生长的温度下就可以进行花芽分化，如月季、大丽花、香石竹等。

(四)温周期对花卉的作用

1. 温度的季节变化

我国大部分地区春、夏、秋、冬四季分明，一般春、秋季气温在 10～22 ℃，夏季平均气温在 25 ℃，冬季平均气温在 0～10 ℃。对于原产于温带和高纬度地区的花卉，一般表现为春季发芽，夏季生长旺盛，秋季生长缓慢，冬季进入休眠。如郁金香、红花石蒜、香雪兰、唐菖蒲等。吊钟海棠、天竺葵、仙客来虽不落叶休眠，但高温季节也常常进入半休眠状态。

春化现象也是花卉对温周期的适应。牡丹、芍药的种子如进行春播，则不能解除上胚轴的休眠；丁香、碧桃若无冬季的低温，则春季的花芽不能开放；为了使百合、水仙、郁金香在冬季开花，就必须在夏季进行冷藏处理。

2. 温度的昼夜变化

昼夜温差现象是自然规律，日高温有利于光合作用，夜低温可抑制呼吸作用，降低消耗，有利于营养积累。适宜的温差还能延长花期，使果实着色鲜艳。不同花卉所需的昼夜温差不同。如原产大陆气候、高原气候区的花卉，昼夜温差 10～15 ℃较好；海洋性气候区的花卉，昼夜温差 5～10 ℃较好。

花卉的发芽、生长、显蕾、开花、果实成熟、落叶、休眠等生长发育阶段，均与当时的温度密切相关。了解地区气温变化的规律，掌握花卉的物候期，对有计划地安排花事活动非常重要。

二、光照

光照是绿色植物的生命之源，没有光照，花卉的生长发育就没有物质来源和保障。对于大多数花卉来说，只有在光照充足的条件下才能花繁叶茂，光照对花卉的影响主要表现在光照强度、光照时间和光质三个方面。

（一）光照强度

光照的强弱与花卉植物体细胞的增大、分裂和生长有密切关系。光照增强，植株生长速度加快；促进植物的器官分化；制约器官的生长和发育速度；植物节间变短、变粗；提高木质化程度，促进花青素的形成，促进花色鲜艳。花卉对光照强度的适应能力与原产地有关，根据花卉对光照强度要求的不同，可分为三种类型。

1. 阳性花卉

这类花卉喜强光，不耐阴。光照充足才能正常生长发育，光照不足，则枝条纤细、枝叶徒长、叶片瘦小、花小而不艳、花香不浓、开花不良，甚至不能开花，如月季、荷花、香石竹、一品红、菊花、牡丹、梅花、一串红、唐菖蒲、郁金香、百合花、鸡冠花、冬珊瑚、石榴等。

2. 阴性花卉

这类花卉在整个生长发育期具有较强的耐阴能力，在适度遮阴的条件下生长良好，若强光直射，会导致叶片焦黄枯萎，长时间会造成死亡，主要包括蕨类、兰科、天南星科、秋海棠科、苦苣苔科、姜科等观叶花卉和少数观花花卉，如八仙花、大岩桐、玉簪等。

3. 中性花卉

这类花卉既不耐阴又怕夏季强光直射，对光照强度的要求介于上述二者之间，如扶桑、仙人掌、天竺葵、朱顶红、晚香玉、景天、虎皮兰等。

（二）光照时间

花卉的开花习性除与其本身的特性有关外，光照时间的长短也对其有显著的影响。根据花卉对光照时间的要求不同分为以下 3 类。

1. 短日照花卉

这类花卉每天光照时间在 12 h 以下才能够分化花芽而完成开花，如菊花、象牙红、蟹爪莲、一品红等。

2. 长日照花卉

这类花卉每天光照时间在 12 h 以上才能够分化花芽而完成开花，如紫茉莉、唐菖蒲、飞燕草、荷花、丝石竹、补血草类等。

3. 日中性花卉

这类花卉对光照时间不敏感，没有光照时间限制即能分化花芽而开花，如仙客来、香石竹、月季、牡丹、一串红、非洲菊等。

了解花卉开花对光照时间的反应，对调节花期具有重要的作用。利用这种特性可以使花卉的花期提早或延迟。如使短日照花卉长期处于长日照的条件下，它只能进行营养生长，不能进行花芽分化，不形成花蕾和开花。如果采用遮光的方法，可以促使短日照花卉提早开花；人工补光则可以促使长日照花卉提早开花。

（三）光质

光质是指太阳光不同波长的成分，不同的太阳光成分对花卉生长发育的作用不尽相同。在光合作用中，绿色植物只吸收可见光区（380～760 nm）的大部分光波，通常把这一部分光波称为生理有效辐射。其中红、橙、黄光有利于促进植物的生长；青、蓝、紫光能抑制植物的伸长而使植株矮小；极短波光促进花青素和其他植物色素的形成，因此高山地区的花卉常具有植株矮小、节间较短、花色艳丽等特点。在不可见光谱中，紫外线具有杀菌和抑制植物病虫害传播的作用；红外线可以转化为热能，使地面增温及增加花卉植株的温度。

三、水分

水是植物体的组成成分，植物的光合作用、呼吸作用、矿物质营养吸收及运转，都必须有水的参与才能完成，水分的多少直接影响植物的生存、分布与生长发育。了解花卉对水分的生理要求，在栽培中给予适当的水分条件，才能使之正常生长、发育和开花。

（一）花卉对水分的需求

原产地不同的花卉，在生长发育过程中对水分的需求不同。根据花卉对水分需求的不同，通常分为5种类型。

1. 旱生花卉

这类花卉原产于干旱或沙漠地区，耐旱能力强。植物根系发达，肉质茎贮存大量水分，叶片针刺状、膜鞘状或完全退化，以减少水分的蒸腾，能忍受长期干旱环境而正常生长发育。如仙人掌科、景天科、番杏科植物等。在栽培中掌握宁干勿湿的浇水原则，防止因浇水过多而烂根、烂茎。

2. 半旱生花卉

这类花卉叶片多呈革质、蜡质、针状、片状或有大量茸毛，如杜鹃、白兰、天门冬、梅、蜡梅以及常绿针叶植物等，在栽培中掌握干透浇透的原则。

3. 中生花卉

这类花卉原产于温带地区，即能适应干旱环境也能适应多湿环境。根系发达、吸收水分能力强以适应干旱环境，叶片薄而伸展以适应多湿环境。如月季、菊花、唐菖蒲、非洲菊、郁金香、山茶、牡丹、芍药等。在栽培中掌握见干见湿的原则。

4. 湿生花卉

这类花卉原产于热带或亚热带地区，喜土壤疏松和空气多湿的环境。根系小而无主根，须根多，水平状伸展，地上附生气生根。地下根系吸收水分少，地上叶片蒸发少，通过多湿环境补充植株水分，如杜鹃、兰花、桂花、栀子、茉莉、马蹄莲、竹芋等。在栽培中掌握宁湿勿干的原则。

5、水生花卉

这类花卉常年生长在水中或沼泽地上。根或茎具有发达的通气组织,水面以上的叶片大,在水中的叶片小,叶片薄,常呈丝状或带状,如睡莲、千屈菜、慈姑、凤眼莲等。

(二)花卉不同生长发育时期对水分的需求

各类花卉在栽培中对水分有不同的需求,同一种花卉在不同的生长发育时期,对水分的需求也不同。

种子发芽浸泡,需足够的水分。种子萌发后在苗期须控水,这种现象称"蹲苗",有利于根系的生长。营养生长旺盛期需水量最多,以增加细胞的分裂和细胞的伸长以及各个组织器官的形成。生殖生长期需水偏少,以控制生长速度和顶端优势,有利于花芽分化。孕蕾期和开花期,需水偏少,以延长观花期。坐果期和种子成熟期,需水偏少,以延长挂果观赏期和促进种子成熟。

栽培中如果空气相对湿度过大,如超过 90%,往往使花卉的枝叶徒长,容易造成落蕾、落花、落果。空气相对湿度过小,也容易造成"哑花"现象,花蕾在发育期逐渐萎缩,发黄,不能开花。观花花卉的空气相对湿度一般掌握在 75%~85%,观叶植物则需要较高的空气相对湿度,90%以上空气相对湿度能增加枝叶的亮度和色泽。

四、土壤与营养

土壤是花卉栽培的重要介质。土壤质地、物理性质和酸碱度都影响花卉的生长发育。土壤是花卉生长发育的主要营养来源,不同的生长发育期,花卉所需要的营养是不同的;不同花卉种类,对土壤与营养的要求也不尽相同。

(一)花卉栽培对土壤的要求

花卉栽培要求土壤质地疏松,含大量腐殖质,透气性好,有保肥、蓄水和排水性能,无病虫害和杂草种子。

露地花卉,根系能够自由伸展,对土壤的要求不太严格,只要求土壤深厚,并且通气和排水良好,有一定的肥力。

盆栽花卉,由于花盆的容量有限,根系生长受限;不同的花卉需要不同的栽培基质,所以,在栽培中需人工配制培养土,以满足花卉生长发育的需要。

配制培养土的材料通常有腐殖质土、园土、厩肥、河沙、草炭、砻糠灰、木屑等。培养土的类型很多,根据花卉种类不同,将所需的材料按一定的比例配制而成。以下简单介绍常用的配制培养土的土料,供配制培养土时选用。

1. 田园土

田园土为菜园中或者田园耕作地的表层熟化的壤质土。这一类土料物理性状结构疏松、透气、保肥、保水、排水效果好,是配制培养土的主要土料。因地区不同土壤酸碱度有差异。

2. 草炭

草炭是草本植物埋藏于地表层,经多年的风吹日晒,风化分解,形成的疏松的有机土层结构物体,呈褐色,pH 5~6。腐殖质颗粒比较粗,透气性较强,持水能力强,是工厂化育苗培养土的主料,也是球根花卉、宿根花卉、肉质根花卉培养土的主料。主要产于吉林省、辽宁省和黑龙江省。

3. 腐叶土

草炭需购置,运输交通不便时可人工制作腐叶土。秋季收集阔叶树落叶,叶片不含蜡质层，与土壤分层堆积。腐熟发酵后即可使用。腐叶土具有丰富的腐殖质，疏松肥沃，排水性能良好，具有较好的保水和保肥能力，土壤 pH 5～7。

4. 河沙

河沙是河床被冲刷的冲积土，面沙是河床两岸的风积土，二者通气透水，不含肥力，洁净，土壤酸碱度呈中性。春季土温上升快，宜于发芽出苗，保肥力差，易受干旱。常用于扦插苗床或栽培仙人掌和多肉植物的培养土的配制。

5. 松针土

针叶树林下落叶相对腐熟的松针土。松针纤维长，疏松而质地轻，pH 5～6.5。人工收集松针可放入塑料袋内，加水放到太阳下晒，松针在高温多水状态下能尽快腐熟，不腐熟者不可用，松针油脂腺体多，培土前一定要腐熟透彻，否则烧根。松针土可栽培杜鹃、茉莉、栀子、瑞香等喜酸性花卉。

6. 水苔

水苔是一种天然的苔藓，属苔藓类植物，生长在海拔较高的山区，热带、亚热带的潮湿地或沼泽地，长度一般在 8～30 cm。水苔质地十分柔软并且吸水力极强，具有保水时间较长但又透气的特点，pH 5～6，是蝴蝶兰栽培理想的基质。

（二）土壤的酸碱度（pH）

土壤的酸碱度是指土壤中的氢离子浓度，用 pH 表示，土壤 pH 大多在 4～9。我国从南到北土壤质地的结构和酸碱度不同，也就造就了适应不同土壤酸碱度的花卉植物。花卉栽培中，适宜的土壤酸碱度能提高花卉对营养元素吸收的有效性。由于各种花卉对土壤酸碱度有着不同的要求，可根据花卉对土壤的酸碱度的不同反应分为 3 大类。

1. 酸性花卉

这类花卉在土壤 pH 4～5 时生长良好。碱性土壤影响铁离子吸收，花卉缺铁时叶片发黄，如杜鹃、兰科花卉、栀子、茉莉、山茶、桂花等。

2. 中性花卉

这类花卉在土壤 pH 6.5～7.5 时生长良好。土壤过酸过碱均影响花卉的生长。如月季、菊花、牡丹、芍药、一串红、鸡冠花、半枝莲、凤仙花、君子兰、仙客来等。

3. 碱性花卉

这类花卉能适应 pH 7.5 以上的土壤，土壤过酸则影响花卉的生长。如香石竹、丝石竹、香豌豆、非洲菊、天竺葵、柽柳、蜀葵等。

（三）花卉栽培需要的肥料

肥料是花卉重要的营养来源。肥料的性质和使用量与花卉生长发育阶段相适应尤为重要，如果使用不当则有害无益。

1. 主要肥料对花卉生长发育的作用

(1)氮肥　氮是植物细胞合成蛋白质的主要元素之一，尤其在幼苗生长期，施足氮肥能使花卉植物生长健壮。在花卉发育期或者花芽分化期，如果氮肥过多会阻碍花芽的形成，使枝叶徒长，缺乏对病虫害的抵抗能力；氮肥过少则会使花卉生长不良，枝弱叶小，开花不良。

(2)磷肥　磷是构成原生质主要元素之一。细胞质、细胞核中均含有磷，其对植物的呼吸作用、光合作用、糖分分解等方面均有重要作用；能促进植物成熟，有助于花芽分化及开花良好，还能强化根系，增强植物的抗寒能力，故在寒冷地区可稍多施用，提高植株的抗寒能力。缺磷会影响开花，即使能开花，也会出现花朵小、花色淡等现象。

(3)钾肥　钾是构成植物灰分的主要元素之一，可以使植物枝干坚韧，并能使植物体内蓄积糖类，也能增强花卉的抗寒、抗病能力。钾肥过多会导致植物体内缺乏钙、镁，对生长发育有阻碍作用。

(4)微量元素　微量元素因为所需的量极微，所以一般花卉生长中很少出现缺乏微量元素的现象，但偶尔也会出现，如山茶、栀子、茉莉等常因缺乏铁、锰、镁等元素，而产生失绿现象。其他如铜、钙、锌、钼等元素，能促进花卉的生长发育，增强花卉对病虫害及干旱等不良环境的抵抗能力。

2. 主要的花卉用肥

(1)厩肥　厩肥是氮、磷、钾及微量元素全面的完全肥料。厩肥在花卉栽培中除用于培养土的配制外，一般作为露地栽培、鲜切花栽培的基肥使用。其浸出液也可作为追肥使用，但必须发酵腐熟后方可使用。

(2)动物粪肥　动物粪肥也是氮、磷、钾及微量元素全面的完全肥料。骡、马、牛、鸡粪肥含钾偏高，人粪尿含氮偏高，应按不同的花卉发育阶段使用不同的肥料。动物粪肥因其发酵时会发出高热，故必须充分腐熟后才能加以使用，以免造成根系灼伤，影响植物生长。

(3)饼肥　饼肥是指各种油粕如豆饼、花生饼、菜籽饼的发酵肥。这是花卉栽培中使用最多的肥料，含氮、磷，是一种良好的花卉肥料，但必须经发酵腐熟后方可使用。可以作为基肥使用也可作为追肥使用。

(4)骨粉肥　骨粉肥是一种富含磷质的肥料，也是一种迟效性肥料，与其他肥料混合发酵使用更好，作为基肥使用可提高花卉品质及加强花茎强度，效果明显。

(5)草木灰　草木灰是指被燃烧的柴草灰肥，是一种钾肥，肥效较高，但易使土壤板结。可拌入培养土中使用，也可拌入苗床中使用，以利于起苗。

(6)复合肥　复合肥是指无机肥料的综合肥。一般适用于各种盆栽花卉的追肥，颗粒使用或配成稀薄溶液浇施。

(7)过磷酸钙　过磷酸钙是一种无机肥料，是一种速效磷肥，连续施用可改良土壤为酸性。也可作为基肥使用，但必须与土壤充分混合，不能与草木灰或石灰同施，作为追肥使用，应稀释100倍，在开花前使用，有利于开花良好。

3. 施肥方法

花卉的施肥是很细致的工作，各种不同的花卉，有不同的要求，必须根据花卉的种类、不同的生长发育阶段、不同的季节采用不同的施肥方法。花卉栽培中常用的施肥方法主要有基肥、追肥和根外追肥三种。

(1)基肥　一些草本花卉、木本花卉、球根花卉、宿根花卉要施基肥，因其生长时间长，所以每年冬季必须施基肥，以供来年生长发育之需。球根花卉可在球根下种时施足基肥，以供抽芽开花及长新球之需，基肥一般为迟效性的有机肥料，施肥时间多在春季种植前或秋冬季节落叶以后。

(2)追肥　一般花卉除施基肥以外，还必须施追肥。追肥多为速效性的液体肥料，在花卉生长所需的时候施用。如开花之前追施磷肥，开花后追施氮肥，春季萌动时追施完全肥料。追肥的次数每月1次或每两周1次，可浇施。浇施肥料浓度一般为1%～3%，浓度过大易烧根。

(3)根外追肥　根外追肥就是将稀释后一定浓度的肥料向植株叶面喷洒，被叶面及枝干吸收后转运到体内，一般在花卉植株生长高峰时期在体外喷洒1%的过磷酸钙或2%的尿素溶液，每7 d喷1次，这样能使植株生长健壮，叶色浓而肥厚，花色鲜艳，花朵大，花期长。

五、空气

空气对花卉生长的影响是多方面的，如氧气是呼吸作用必不可少的，缺氧则抑制呼吸作用，不能萌发新根，严重时甚至导致死亡。有害气体，如二氧化硫、氟化氢、一氧化碳、氯化氢、硫化氢及臭氧等，危害花卉正常的生长发育。

(一)氧气

在花卉栽培中，空气中氧气含量与种子萌发、土壤管理以及中耕等密切相关，种子萌发需要氧气供给，土壤板结、排水不良、土温低和缺氧会对种子萌发和根的生长不利。质地黏重、板结、结构差、含水量高的土壤，植株常因氧气不足、根系不发达或缺氧而死亡。在花卉栽培中的排水、松土、翻盆及清除花盆外的泥土、青苔等工作都有改善土壤通气条件的作用。

(二)二氧化碳

二氧化碳是植物光合作用的主要原料，空气中二氧化碳的浓度对光合强度有直接影响，如浓度过大，超过常量的10～20倍，会迫使气孔关闭，光合强度下降。白天阳光充足，植物的光合作用十分旺盛，如果空气流通不畅，二氧化碳的浓度低于正常浓度的80%时，就会影响光合作用正常进行。露地花卉的栽培株行距应适当，盆花栽培时摆放的密度不要太大，应留有一定的风道进行通风。

风是空气流动形成的，微风(3～4级及以下)对气体交换、植物生理活动或开花授粉都有益，但强风(8级以上)往往有害，易造成落花、落果。栽培中进行花期调节，可适当利用某些气体对植物产生的特殊作用，如对休眠的杜鹃，在每100 kg空气中加入100 mL的40%浓度的2-氯乙醇，24 h就能打破休眠，提早发芽开花。对休眠的郁金香、小苍兰，在每100 kg的空气中加入20～40 g的乙醇，经36～48 h就能打破休眠提前开花。

(三)有害气体

目前影响较大的空气污染物质有粉尘、二氧化硫、氟化氢、硫化氢、一氧化碳、化学烟雾、氮氧化物、甲醛、氨、乙烯及汞、铅等重金属氧化物粉末等，在这些物质中以二氧化硫、氟化氢、氯、化学烟雾以及氮氧化物等对花卉植物危害最严重，但是不同的污染物质对不同的花卉植物危害程度不一，有的花卉抗性很强。

对有害气体抗性较强的花卉有以下几种：

(1)抗二氧化硫的花卉　金鱼草、蜀葵、美人蕉、金盏菊、紫茉莉、鸡冠、酢浆草、玉簪、大丽花、凤仙花、地肤、石竹、唐菖蒲、菊花、茶花、扶桑、月季、石榴、龟背竹、散尾葵等。

(2)抗氟化氢的花卉　大丽花、一串红、倒挂金钟、山茶、牵牛、天竺葵、紫茉莉、万寿菊、半支莲、葱兰、美人蕉、矮牵牛、菊花等。

(3)抗氯气的花卉　扶桑、山茶、鱼尾葵、朱蕉、杜鹃、唐菖蒲、一点樱、千日红、石竹、鸡冠、大丽花、紫茉莉、天人菊、月季、一串红、金盏菊、翠菊、银边翠、蜈蚣草等。

(4)抗汞的花卉　含羞草。

任务二　塑料大棚

展示视频 2-3
塑料大棚

一、塑料大棚在花卉生产中的作用

塑料大棚是花卉栽培及养护的主要设施之一，可代替温床、冷床，甚至可以代替低温温室，而其建设成本仅为温室的 1/10 左右。塑料薄膜具有良好的透光性，白天可使地温提高 3 ℃左右，夜间气温下降时，又因塑料薄膜具有不透气性，可减少热气的散发，起到保温作用。在春季气温回升，昼夜温差大时，塑料大棚的增温效果更为明显，如早春月季、唐菖蒲、晚香玉等，在棚内生长比露地可提早 15～30 d 开花，晚秋时花期又可延长 1 个月。由于塑料大棚建造简单、耐用、保温、透光、气密性能好、成本低廉、拆装方便、适于大面积生产，近几年来，在花卉生产中已被广泛应用，并取得了良好的经济效益。

我国地域辽阔，气候复杂，利用塑料大棚进行花卉的设施栽培，对缓解花卉反季节的供求矛盾起到了特殊的作用，具有显著的社会效益和巨大的经济效益。

二、塑料大棚的类型和结构

(一)塑料大棚的类型

目前生产中应用的塑料大棚，按棚顶形状可以分为拱圆型和屋脊型，我国应用的绝大多数为拱圆型；按骨架材料可分为竹木结构、钢架混凝土柱结构、钢架结构、钢竹混合结构等；按连接方式又可分为单栋大棚和连栋大棚。

(二)塑料大棚的结构

1. 竹木大棚

竹木大棚是大棚的一种初期类型，跨度 8～12 m，高度 2.4～2.6 m，有 4～6 排立柱。立柱为木杆或水泥预制柱。以直径 3～6 cm 的竹竿为拱杆，拱杆间距为 1～1.1 m。拱杆上覆盖薄膜，两拱杆间用 8 号铁丝作压膜线，两端固定在预埋的地锚上。其优点是取材方便，造价较低，容易建造。缺点是棚内立柱多，作业不方便，抗风雪能力差。

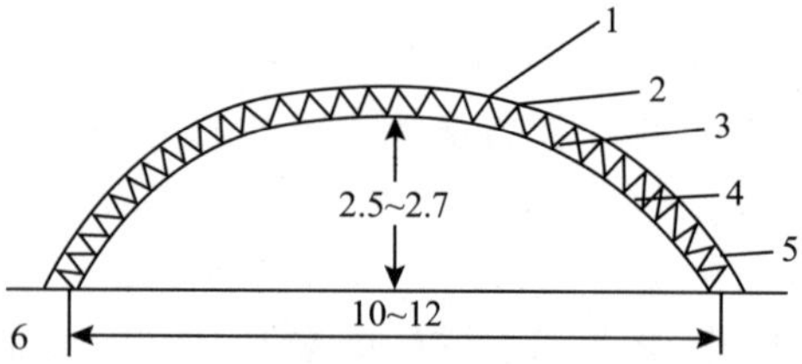

1. 拉花　2. 上弦　3. 下弦　4. 纵向拉梁
5. 压膜线　6. 地锚

图 2-13　无柱钢架大棚(单位:m)

2. 钢架结构大棚

一般跨度为 10～15 m，高 2.5～3.0 m，长 30～60 m，拱架是用钢筋、钢管或者两者结合焊接而成的弧形平面桁架。这种大棚造价高，但无立柱或少立柱，作业方便，透光好，有利于保温(图 2-13)。

3. 钢竹混合结构大棚

这种结构的大棚每隔 3 m 左右设一平面钢筋拱架，用钢筋或钢管作为纵向拉杆，每隔约 2 m 一道，将拱架连接在一起。在纵向拉杆上每隔 1.0～1.2 m 焊一短的立柱，在短立柱顶上架设竹拱杆，与钢拱架相间排列。其他如棚膜、压杆及门窗等均与竹木或钢架结构大棚相同。

钢竹混合结构大棚用钢量少，棚内无柱，既可降低建造成本，又可改善作业条件，避免支柱遮光，是一种较为实用的结构。

4. 镀锌钢管装配式大棚

自20世纪80年代，我国一些单位研制出了定型设计的装配式管架大棚，这类大棚多采用热浸镀锌的薄壁钢管为骨架建造而成，尽管目前造价较高，但由于它具有重量轻、强度好、耐锈蚀、易于安装拆卸、中间无柱、采光好、作业方便等优点，同时其结构规范标准，可大批量工厂化生产，所以在经济条件允许的地区，可大面积推广应用。

任务三 花卉栽培的其他设施

在花卉栽培中还有一些简易设施与不同类型的温室配合使用，如风障、荫棚、地窖、温床等。这些设施在花卉生产中也起到重要作用。

一、荫棚

荫棚是用来防止强烈阳光直射和降低温度的一种设施，在花卉栽培中是必不可少的。荫棚除棚架外，还需有遮阳网、苇帘等覆盖其上。

(一)荫棚在花卉生产中的作用

在以生产盆花为主的花场里，荫棚的占地面积较大，它的主要作用是养护阴性和半阴性观赏植物及一些中性植物；刚刚上盆的或翻盆的苗木和老株也需在荫棚内养护一段时间来服盆缓苗；嫩枝扦插的观赏植物需要遮阴；一些露地栽培的切花也要在荫棚下栽培。因此，荫棚是花卉栽培必不可少的设备。荫棚具有避免日光直射、降低温度、增加湿度、减少蒸发等作用，给夏季的花卉栽培管理创造了适宜的环境。

(二)荫棚的类型

荫棚的种类和形式很多，可大致分为永久性和临时性两类。永久性荫棚一般与温室结合，用于温室花卉的夏季养护；临时性荫棚多用于露地繁殖床和在切花栽培时使用(图 2-14)。

图 2-14 荫棚

二、冷床与温床

采用冷床与温床可以进行花卉的促成栽培。如晚霜前30～40 d播种，可提早花期；秋播花卉在温床或冷床中保护越冬，可使其在冬春开花。在我国北方，一些冬季不能露地越冬的二年生花卉，可以在冷床或温床中秋播越冬；也可露地秋播，早霜到来前将幼苗移入冷床中保护越冬。在温室或温床育成的苗，在移植露地前，事先移入冷床中给予锻炼(硬化处理)，使其逐渐适应露地气候条件，而后栽于露地。长江流域地区一些半耐寒性的花卉如天竺葵、扶桑等，常在冷床保护越冬。冷床与温床在华北地区主要用于一年生花卉的提前播种和二年生花卉的保护越冬。

冷床与温床是观赏植物栽培常用的设备，两者在形式和结构上基本相同。其不同点是，冷床只利用太阳辐射热以维持一定的温度；而温床除利用太阳辐射热外，还需增加人工热源。

三、风障

风障是比较简易的保护地类型，在我国北方地区多与冷床结合使用。一般保护地苗床北侧都扎以各种高秆植物的茎秆，呈篱笆状。风障可同时设几排，距离以不相互挡光为准。风障一般向前向南倾斜，与地面呈 75°～80°角，风障挡风效果不够可在风障下部挡以稻草或其他挡风物质。风障要加固结实，以免被风吹倒，风障可提高地温 3～6 ℃。

任务四　组织培养实验室

20 世纪初，随着植物生理学中植物细胞全能性理论的建立，植物组织培养技术迅速发展起来。现在，这项技术已被广泛用于植物的研究及实际生产中，而花卉生产正是组织培养技术应用最多的领域之一。无论是观叶植物、观花植物或者切花的种苗生产，都可利用组织培养技术，在较短时间内获得大量整齐、健壮的植株。因此，组培室已成为现代花卉生产中重要的设施之一。

组织培养室可由三部分组成，即准备室、接种室和培养室。

一、准备室

准备室的任务主要用于各种器皿的清洗、培养基的配制、分装、高压灭菌以及药品的贮藏等。准备室面积要求 20 m^2 左右，明亮通风。

1. 设备

本室的主要设备有：水泥或木制工作台，上衬硬橡胶板；水槽 2～3 个，内衬白瓷砖，底铺硬橡胶板；药品柜；100～200 L 电冰箱一台，用以贮藏易变质、易分解的药品及母液；500～1 000 g 工业天平一台；分析天平(0.000 1 g)一台；立式或手提式高压灭菌锅；4～6 L 的不锈钢锅，用于煮制琼脂培养基；干燥箱；酸度计；去离子水发生器或蒸馏水发生器一套。

2. 工具和器皿

50～100 mL 三角瓶若干，100～150 mm 的试管若干，各种规格的试剂瓶、烧杯、量筒、容量瓶、移液管、滴瓶，洗耳球，橡胶及线手套，洗瓶刷，漏斗，搅棒，药品匙，硫酸纸，pH 试纸，蒸馏水桶，塑料盒，塑料果筐，电炉或煤气灶具，封口膜等。

二、接种室

接种室也叫无菌操作室，是进行无菌操作的场所，如材料的消毒接种、无菌材料的继代，是植物组织培养研究或生产的最关键的部分。

无菌室要求地面和四壁尽可能光洁，不易积染灰尘，易于采取各种清洁和消毒措施。如放置一台超净台，室内面积应为 7～8 m^2；放置两台超净台，室内面积应为 10～12 m^2。无菌室外应留有缓冲间，缓冲间面积 2 m^2。

1. 设备

单人或双人超净台；房间顶部装紫外灯管；放置接种培养瓶的架子；医用小推车，用来推运接种用的培养瓶等。

2. 工具和器皿(每台 1 套)

酒精灯 1 只,医用解剖剪两把,解剖针两支,解剖刀柄 4 把,解剖刀片若干,医用镊子 4 把,玻璃棒两根,培养皿和白瓷碟若干。

三、培养室

培养室是植物材料分化生长的场所。培养室的面积尽可能大些,尽量安排在楼层较高处,以利于采光,但应避免阳光直射,同时应减少尘埃和杂菌污染。

展示视频 2-4
培养室

设备:空调机一部或制冷空调加电暖器,6 层培养架数个,每层装 40 W 日光灯两支,温湿度表。

技能训练一　温室及栽培设施调研

一、目的要求

了解当前智能温室发展现状、温室的构造及类型、其他设施类型、设施花卉栽培生产状况、新型材料的使用、先进设备的使用情况。

二、实施步骤

学生以小组为单位,进行社会调查,通过走访当地生产园区、参观科研院所、参观农业相关展会、网络资源搜索等,完成温室调研任务。

三、技能训练单

根据搜集的资料完成表 2-1。

表 2-1　温室及栽培设施调研表

调查地点:＿＿＿＿＿＿＿＿ 调查日期:＿＿＿＿＿＿＿＿ 调查人:＿＿＿＿＿＿＿＿

温室类型	建筑面积及占比	主要用途	建筑材料	透明材料	保温材料	遮阳材料	栽培花卉种类	产出价值

技能训练二　温室设施使用

一、目的要求

温室内环境调控设备依地区不同,温室类型不同,生产规模、品种不同而有很大的差异,通过了解这些具体情况和具体要求,学习和掌握花卉生产技术。

二、实施步骤

参观访问花卉生产企业,并请有实践经验的技术人员现场指导,完成调查统计,还可提出改进建议。

三、技能训练单

根据调研结果，填写表 2-2。

表 2-2　调查统计表

温室类型：______　地区：______　主要生产品种：______　生产规模：______

设施种类	名称	规格	操作方法	使用时间
保温设施				
加温设施				
降温设施				
调光设施				
加湿设施				
除湿设施				
灌溉设施				

自测训练

一、选择题

1. 我国第一座连栋温室诞生于(　　)年。

A. 1950　B. 1977　C. 1995　D. 1987

2. 2009 年我国花卉保护地栽培面积 81 767.51 万 m^2，其中温室栽培面积 21 490.51 万 m^2，占保护地栽培面积的(　　)。

A. 40%　B. 50%　C. 10%　D. 26.3%

3. 智能温室排水槽的投影面积在设计上不超过温室面积的(　　)。

A. 10%　B. 5%　C. 8%　D. 0.8%

4. 潮汐床是一种新型移动苗床，床身表面为(　　)制作，移动方便，便于作业。

A. 不锈钢　B. 氧化铝　C. 铸铁　D. 塑料

5. 在不影响温室结构稳定的前提下地基可以适当浅埋，但不低于(　　)。

A. 0.2 m　B. 0.2～0.7 m　C. 1 m　D. 0.5～0.7 m

6. 温室地基圈梁周围应设置防寒沟，沟深根据当地冻土层深度确定，一般不小于(　　)。

A. 0.3 m　B. 0.7 m　C. 0.5 m　D. 1.2 m

7. 日光温室主要依靠(　　)加温。

A. 太阳能　B. 煤　C. 电热风机　D. 热风炉

8. 日光温室利用电动卷帘机卷放棉被，一般使用(　　)交流电源。

A. 220 V　B. 380 V　C. 220 V 或 380 V　D. 110 V

9. 塑料大棚基本骨架由立柱、(　　)、拉杆、压杆(压模线)组成，俗称“三杆一柱”。

A. 拱杆　B. 立杆　C. 横杆　D. 斜拉杆

10. 塑料大棚比较简易、使用方便、造价低廉，最初的大棚基本都是(　　)。

A. 钢架大棚　B. 砖混结构　C. 竹木大棚　D. 钢筋混凝土大棚

11. 塑料大棚按棚顶形式可分为拱圆型与(　　)。

A. 单栋型　　B. 斜坡型　　C. 连栋型　　D. 屋脊型

12. (　　)经济实用,是目前所有的植物组织培养室植株繁殖的通用设施。

A. 培养基　　B. 培养架　　C. 培养箱　　D. 培养瓶

二、判断题

1. PC板透光率高、坚固耐用、性价比高,是当前智能温室应用最广泛的覆盖材料。(　　)

2. 智能温室面积大、举架高、自然通风条件良好,所以在建造时可不必考虑机械降温设备。(　　)

3. 排水槽的主要功能是排放和收集雨(雪)水,还起到连接温室、使单栋变成连栋的作用。(　　)

4. 日光温室是我国独有的温室类型。(　　)

5. 我国设施栽培历史悠久,发展迅猛,现今已达到世界领先水平。(　　)

6. 日光温室的覆盖材料多种多样,其中应用最为广泛的是塑料薄膜。(　　)

7. 日光温室在我国使用广泛,花卉生产中主要用于生产草花、盆花。(　　)

8. 塑料大棚是用塑料薄膜覆盖的一种大型拱棚。(　　)

9. 塑料大棚按棚顶形式可分为拱圆型与屋脊型,我国的塑料大棚多为屋脊型。(　　)

10. 在北方,塑料大棚可替代低温温室或冷床,早春播种一、二年生草花及一些花木的冬插。在鲜切花生产上,可以春提早、秋延后,获得较好的经济效益。(　　)

11. 紫外灯是方便经济的控制无菌环境的装置,缓冲间、接种室、培养室必备。(　　)

12. 高压灭菌锅是组织培养实验室中常用的灭菌设备可对所有的材料和工具进行灭菌,非常实用。(　　)

项目三　花卉繁殖

项目导读

花卉繁殖是指采用各种方式产生新的后代，增加植物个体数量，扩大其群体并促使其种族延续的过程和方法，是花卉繁衍后代、保存种质资源、新品种选育的重要手段，是实现花卉生产应用的第一步。保存花卉种质资源并进行大批量繁殖，是保障花卉选种、育种以及应用的前提条件。花卉繁殖是花卉生产的重要一环，掌握花卉繁殖的原理和技术对进一步了解花卉的生物学特性、拓展花卉的应用范围与应用方式、提高花卉经济效益等具有重要的理论意义和实践意义。

微课 3-1
花卉繁殖概述

花卉种类繁多，不同种类花卉特性不同，采用的繁殖技术也不一样。繁殖过程中，不仅从数量上，而且从质量上要求繁殖对象的特性不变，以满足人类各种需求。人类在长期探索和实践中，总结发现适于不同种或品种的繁殖方法，如一、二年生花卉主要采用种子繁殖；宿根花卉、球根花卉多采用扦插、分生繁殖；木本花卉、多肉花卉则多采用扦插、嫁接、分株繁殖等。栽培中根据花卉类型采取正确的繁殖方法，既可以快速提高种苗数量，扩大种群数量，提高花卉品质，又能增加花卉种类多样性。花卉繁殖方法多种多样，依繁殖体来源不同，可分为有性繁殖和无性繁殖两大类，无性繁殖包括扦插繁殖、分生繁殖、嫁接繁殖、组培繁殖等。

知识目标

1. 了解花卉各种繁殖方法的技术特点。
2. 熟悉不同种或品种花卉适宜的繁殖方法和成活原理。
3. 掌握花卉各种繁殖方法的环境要求。

能力目标

1. 能根据花卉的不同种类选择合适的繁殖方法进行繁殖。
2. 能熟练操作各种繁殖方法，并保证花卉成活。
3. 能根据订单要求或现有设备制订合理的生产计划。
4. 能联系实际生产发现问题并解决，从而挖掘自身的创新能力。

任务一　播种繁殖

播种繁殖也称有性繁殖、种子繁殖、实生繁殖，是经过减数分裂形成的雌、雄配子结合后产生合子，合子发育成胚，胚再生长发育成新个体的过程。播种繁殖的花卉幼苗称为实生苗。凡是能采收到种子的花卉均可进行播种繁殖，如大多数一、二年生花卉和部分宿根花卉、木本花卉等。此外，杂交育种培育新品种时，也用种子繁殖。

播种繁殖优点为种子质轻，便于携带、贮藏、运输和保存，播种简便；种子来源广泛，繁殖系数高，可在短时间内大量生产；实生苗根系发达，表现较强的生命力，寿命长，对环境适应能力较强;新个体兼有双亲性状,通过性状筛选可以选育新品种。但采用播种繁殖的后代,性状会发生分离,不易保持原品种的优良品质或特性,存在品种退化问题;从播种到采收种子时间长,开花结实慢,植株发育至成熟期较无性繁殖缓慢;不能用于自花不实或无籽植物的繁殖,如重瓣性花卉植物。

一、生产计划制订与品种选择

(一)优良种子的标准

优质种苗生产中,种子品质好坏直接影响种苗繁殖成功与否,通常优良种子具有以下特点。

1. 品种纯正、纯净度高

确保种子品种正确无误,纯净度高,才能准确计算播种量,达到目标品种应用预期效果。手播种子时对出苗影响不大,机器播种时会出现缺苗现象,从而影响产量。

$$种子净洁度=\frac{纯种子质量}{样品种子总质量}\times 100\%$$

2. 颗粒饱满、发育充实

优良的花卉种子比较饱满,含营养物质较多,发育已完全成熟,播种后具有较高的发芽势和发芽率,发芽势用于评价种子的发芽速度和发芽整齐度,发芽率用于衡量种子的发芽能力。

$$发芽率=\frac{发芽种子数}{供试种子数}\times 100\%$$

$$发芽势=\frac{发芽高峰期发芽的种子数}{供试种子数}\times 100\%$$

3. 富有生活力、发芽力强

种子生活力与花卉种类、成熟度和贮藏条件息息相关。一般新采收的种子比贮藏的陈种子生活力强,发芽率和发芽势较高,长出的幼苗生长强健。贮藏条件适宜,种子的寿命长,生命力强。如果种子贮藏不当或本身是病瘪种子,则生活力低。

4. 健康无病虫害

种子是传播病虫害的重要媒介,种子上附有各种病菌和虫卵,因此采种母株要保证无病虫害,贮藏前要对种子杀菌消毒、检验检疫,以防随着播种而传播各种病虫害。

(二)种子识别

准确识别种子是为了正确实施播种繁殖,正确计算千粒重及播种量,防止不同种类及品种间的混杂,清除杂草种子及其他混杂物,保证栽培工作顺利进行。花卉种子的外部形态多样,常以以下方式分类。

1. 按粒径(d)分类(以长轴为准)

(1)大粒种子 $d>5.0$ mm,如荷花、牵牛、牡丹等。

(2)中粒种子 $d=2.0\sim5.0$ mm,如紫罗兰、矢车菊、凤仙花等。

(3)小粒种子 $d=1.0\sim2.0$ mm,如三色堇、鸡冠花、半枝莲等。

(4)微粒种子 $d<1.0$ mm,如四季秋海棠、金鱼草、矮牵牛等。

2. 按形状分类

按照种子形状常分为球形(如紫茉莉)、卵形(如金鱼草)、椭圆形(如四季秋海棠)、肾形(如鸡冠花)以及线形、披针形、扁平状、舟形等。

3. 按附属物分类

根据种子有无附属物及附属物的不同可分类,常见的附属物有冠毛(如矢车菊)、翅(如紫罗兰)、钩、刺等。这些特点通常有助于种子的传播。

4. 按种皮的厚度及坚韧度分类

种皮厚度直接影响种子萌发的效率,对于不同种皮厚度的种子,为促进萌发可采用相应方法,如浸种、刻伤等。

(三)种子采收与贮藏

1. 采收种子

(1)留种母株选择　优良种子是保证花卉品质的基础,因此母株选择十分重要。留种母株应选择生长健壮、发育充实、无病虫害,并能体现种或品种的优良特性的植株。可在苗圃设留种地,母株选择从始花期开始,对母株要加强管理,为了保持品种纯度,防止品种之间混杂,种植时不同品种之间应有一定的隔离,可设置隔离带或分区栽植,并经常进行严格的检查、鉴定,选优去劣。

(2)种子采收　种子的采收最主要的是掌握其成熟度,适时采收。采收时期及方法应根据果实的开裂方式、种子的着生部位及种子的成熟度等确定。一般分为以下三种情况:

①果实成熟后果皮易开裂者,包括荚果(如香豌豆)、角果(如紫罗兰)、蒴果(如百合)、蓇葖果(如牡丹、芍药),宜在开裂前于清晨空气湿度较大时采收。

②种子陆续成熟,成熟后自行飞散、脱落的种类,如一串红、凤仙花等,宜分期分批及时采收。

③果实成熟后不开裂、种子不易散落者,如菊科植物的瘦果;锦葵、玉兰等的聚合果;伞形科植物的双悬果;荷花的坚果。可在整个植株全部成熟后采收。

在采收种子时,宜选同一株上早开花的种子和着生在主干或主枝上的种子,较晚开花往往结实不好,种子成熟度较差。种子采收后,必须立即编号,标明种类、名称、花色及采收日期等。采收时要特别注意同种花卉的不同品种必须分别采收,如鸡冠花有红、黄、紫等色,必须分别采收,分别编号,以免混淆。

(3)采购种子　初次生产种苗,在制定生产量后,可以按80%的发芽率和80%的成品率计算采购种子量。

采购种子量=计划生产量÷(80%的发芽率×80%的成品率)

其中,种子发芽率高于80%的均可按80%计算,低于80%则按实际计算。

2. 种子贮藏

不同植物种子具有不同特性,其贮藏方法也不相同。一般有以下几种贮藏方法。

(1)室内贮藏　也称自然贮藏,将种子阴干或晒干,装入纸袋或种子袋中,挂在室内通风环境中贮藏。此方法适用于无须长时期保存、种皮硬、即将播种的种子。如一串红、百日草、翠菊等大部分花卉种子均可采用此方法贮藏。

(2)干燥密封贮藏　选择大小适宜的不透气容器,放入经氯化铵处理的变色硅胶,约为种子量的10%,强力吸湿,将干燥的种子放在其中密封贮藏。此方法适用于含水量低的种子,能延长种子寿命;含淀粉或油脂多的种子含水量高,采用此方法密封贮藏,会加快种子衰败速度。

大部分观赏树木的种子可采用此方法进行贮藏。

(3)干燥冷藏 适于干燥密封的种子，在不至于伤害种子的温度下保存。如一般草花种子和硬实种子，在相对湿度不超过50%的情况下，温度为4～10 ℃即可，温度越低种子寿命越长。

(4)低温湿藏 采收种子后即放入高湿度容器内，或与含量水量较大的河沙混合贮藏，温度控制在1～5 ℃，相对湿度为70%～90%。如芍药、牡丹、枇杷等种子采用此方法进行贮藏。

(5)水藏法 一些水生花卉的种子采收后即贮藏于水中。如睡莲、王莲等花卉种子必须贮藏于水中才能保持其发芽力。

(四)生产计划的制订

为了达到预期的生产效果，生产者需要根据花卉产业发展的状况及市场供求形势制订生产计划，最重要的是对市场花卉价格的发展趋势做足调查，对当前和未来市场需求量做好详细的数据分析。要结合生产进度、花卉生产不同阶段所需的技术支持，提前一年至两年制订生产计划。如提前确定生产花卉的品种、所需数量及花卉种苗应用、开花时间等(表3-1)。

表3-1 花卉种子采购及生产计划

品种名称	采购数量	建议播种时间	定植时间	种植面积/亩	开花期	生产建议
虞美人						
向日葵						
一串红						

二、露地育苗技术

(一)播前准备

为了提高播种质量，保证出苗早、种苗整齐、生长健康，做好播种前的土壤准备、种子准备与处理等工作十分重要。

1. 土壤准备与做床

选择光照充足、土质疏松、排水良好、富含腐殖质的沙质壤土，翻耕深度依花卉种类和土壤状况而定，根系浅的花卉浅耕，根系深的花卉宜深耕，一、二年生长花卉一般耕深20～30 cm，施入适量的有机肥作为基肥，去除土壤中杂草和杂物，耙细、耧平，做床。苗床长度视场地情况而定，一般为5～8 m。北方地区一般做低畦，南方地区一般做高畦。若气温高，雨水多，苗床应高出地面20 cm，而且要求苗床土壤疏松、肥沃、通气、排水性能好，有团粒结构，保证花卉幼苗生长良好。播种前还要做好土壤消毒处理，可用65%代森锰锌粉剂消毒，每立方米床土用量约60 g，混拌后覆膜2～3 d，撤膜后药味散尽才可使用。

2. 种子准备与处理

不同类型花卉种子，由于大小、种皮厚薄、种子自身性状等不同，应采用不同处理方法。对于不易发芽或发芽困难的种子，在播种前需要采取适宜的处理措施，以促进种子发芽。主要方法如下：

微课3-2
种子播前处理

(1)浸种处理 多数花卉种子相对容易发芽，如万寿菊、一串红、茑萝等，播种前无须特殊处理，可直接播种。但为促进萌发，通常采用浸种的方法使种子吸水膨胀，进行催芽。播种前用30～40 ℃温水浸泡，一般浸泡6～12 h，可直接播种。对于萌发困难或发芽迟缓的种子，可采用 40～50 ℃的温水浸泡 24～48 h，吸水膨胀的种子用湿纱布包裹放入 25～30 ℃的培养箱中催芽，每天用温水冲洗 1 次种子至萌动露白后即可播种，芽太长不利于播种。如君子兰、金银花、冬珊瑚、天门冬、仙客来等。

（2）机械物理处理　适用于种皮厚硬的种子。种皮坚硬或含有蜡质、胶质会影响种子对水分的吸收和胚芽突破种皮，从而抑制其萌发，可在靠近种脐处机械挫伤种皮，增加透性，可促进发芽；也可用超声波处理，以利于水分、空气进入种子，促进萌发。如月季、紫藤荷花、美人蕉、鹤望兰等。黄花夹竹桃果壳坚硬干燥，可剥除后再播种，以利于种子吸水、发芽、出苗。

（3）化学处理　常用于种皮坚硬、质地致密、吸水性差的木本花卉种子。用硫酸、盐酸、过氧化氢等化学试剂浸泡种子，可使坚硬种皮软化、腐蚀，改善种子吸水和透气状况，可促进种子萌发。但此方法处理时间和溶液浓度要经过试验确定，要依据种皮质地、坚硬程度而定，种皮变软后要及时清洗，勿使药液透过种皮伤及胚芽。也可采用赤霉素、6-苄氨基嘌呤、尿素等做浸种催芽处理，促进种子萌发。

（4）低温处理　适用于需要一定低温才能完成休眠的种子。如鸢尾、牡丹、芍药、报春类等花卉种子可采用此方法进行处理。当气温高而又需要种子提早发芽时，可将种子在 0～10 ℃环境中储存一段时间后再播种，多采用雪藏、冷箱藏等方式。

（5）沙藏层积处理　适用于生理后熟的种子，生理后熟是指种子形态上完全成熟，但生理上未完全成熟或有短暂的休眠，其在适宜条件下也不能萌发，仍处于休眠状态。因此，一般采用沙藏处理，清洁河沙与种子比例为 3∶1，河沙湿度以手攥成团后无水滴为宜。为防止种子发霉相互传染，河沙与种子一层一层相间排列，放入 0～7 ℃环境中。如桃花、蔷薇、杜鹃等常用此法，沙藏时间因花卉种类而异，一般为 1～6 个月。播种前取出，筛去沙土直接播种，或催芽后播种，发芽整齐迅速。

（二）播种方法和工序

1. 播种方法

根据花卉种类、种子大小，可采取点播、条播和撒播三种方式（图 3-1）。

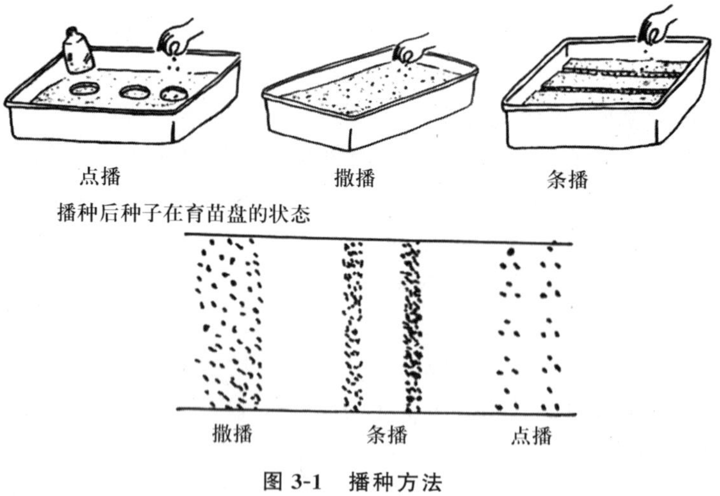

图 3-1　播种方法

（1）点播　用于大粒种子、发芽能力强、幼苗生长健壮的花卉种类，如金莲花、君子兰、黄菖蒲等。按一定的株行距挖穴，每穴下种 1～3 粒种子，覆土厚度为种子直径的 2～3 倍。覆土薄厚原则：小粒种子宜薄，大粒种子宜厚；多雨季节宜薄，干旱季节宜厚；黏土宜薄，沙土宜厚。此方法易管理，通风透光，植株营养好。

(2)条播　南北方向开沟播种，适用于中小粒种子，特别是在品种多、种子数量较少时应用。播种沟深度根据种粒大小而异，一般在 1～5 cm，行距依苗生长速度和留床年限而定。条播能够保证通风透光，间苗、除草操作方便。

(3)撒播　将种子均匀撒在苗床面上，种子细小、量较大时多采用此方法，如翠菊、三色堇、鼠尾草等。为撒播均匀，用等量的细沙混匀后再行播种，播种后用过筛的细沙或培养土覆盖，以刚能盖住种子为宜。撒播出苗量大，透光不好，管理不便，幼苗易徒长，且生长相对较弱。

2. 育苗方式

(1)直播育苗　将花卉种子直接播种于应用处至开花结实，不再对其进行移栽。主要用于生长快、植株较小、管理简单粗放、不适移栽的直根性花卉。播种时首先要选择阳光充足、疏松透气、排水良好、土层厚度不低于 30 cm 的壤土，做好播种行间距计划，以便于管理与控制。一般中粒种子可用条播，大粒种子采用点播，适当密播，出苗后间去弱苗。大面积粗放栽培也常用直播方式。此种方法是南方常用的方法。这类花卉如需提早育苗，可先播种于小花盆或营养钵中，成苗后带土球定植于露地。如矮牵牛、二月蓝、银边翠、桔梗、虞美人等花卉。

(2)移栽育苗　指集中育苗后再移栽，是花卉生产中最常用的方法。适用于种子细小、发芽期长、发芽率低、育苗要求高或种子名贵、种子量少等情况，在有限面积内培育大量幼苗，可精细管理，环境易于控制。可分为苗床育苗、容器育苗和露地育苗。

①苗床育苗　在温室或大棚内进行，是大规模生产花卉种苗常用的方法。通常采用条播，通风透光好，有利于除草、施肥、间苗、起苗移栽等管理。播种前先开 2～5 cm 沟，均匀放入种子后，覆盖种粒直径 2～4 倍的细土；细小种子也可采用撒播方式，为防止播种过密，种子可与细沙混合一起播入。覆一薄层细土，以不见种子为宜。出苗前覆膜或喷雾保湿。

②容器育苗　在温室或大棚内进行，应用普遍，可选用花盆、育苗箱或穴盘等容器，要求底部带有排水孔。容器育苗搬运与灭菌方便，带土移栽不伤根，更有利于早出优质种苗；容器育苗好管理，品种多、每种量小时不易混乱。选择适宜播种容器，培养土可选择富含有机质的沙土或蛭石、珍珠岩、草炭土等混合基质，底部填粗粒培养土，上层为播种用土，用木条将土面刮平，轻轻压实，浇透水。细小种子可与细沙混合，撒播；大粒种子通常点播或条播，覆土后覆盖玻璃或薄膜，减少水分蒸发。多数花卉种子需要在遮阳网下培养，但好光性花卉种子可在正常光照下使用玻璃盖在容器上保湿，如报春花。

③露地育苗　常用于成苗容易或成苗时间长的木本花卉，不需要昂贵的设备与设施，选择阳光充足、土质疏松、排水良好的圃地，整平耙细，做床后播种。露地育苗在南方应用更为普遍。方法与室内苗床育苗相似，播种时间根据气候条件确定，需要达到种子发芽所需温度条件时才可进行，播种后多用薄膜、草帘等覆盖。在播种初期特别注意防止暴晒、暴雨、虫害、鼠害等。

3. 播种工序

一般包括播种、覆土、压实、覆盖、浇水等(图 3-2)。

(1)播种　根据种子的大小、花卉的种类，可采取点播、条播、撒播三种方式。大粒种子或种子量小的情况下可采用点播，每穴中播种子 1～3 粒；中、小粒种子和种子量多的时候可以采用条播，按一定距离挖沟并播种；小粒种子或种子量多时可采用撒播方式，在苗床上均匀散播。

对一些细小种子或带毛种子,可与细沙混合后再播,使种子松散,播种均匀。

(2)覆土　播种后应及时覆土,覆土深度取决于种子的大小,一般为种子直径的 2～3 倍,小粒种子以不见种子为宜。

(3)压实　覆土后,用平板或玻璃轻轻压平。

(4)覆盖　为减少水分蒸发,保持苗床湿润,覆土后通常要进行覆盖。常用的覆盖材料为薄膜、遮阳网、草帘等,喜光性种子需要采用透明薄膜覆盖。

(5)浇水　宜在播种前一天将苗床浇一次透水,播种覆盖后不浇水,或少量喷水即可。

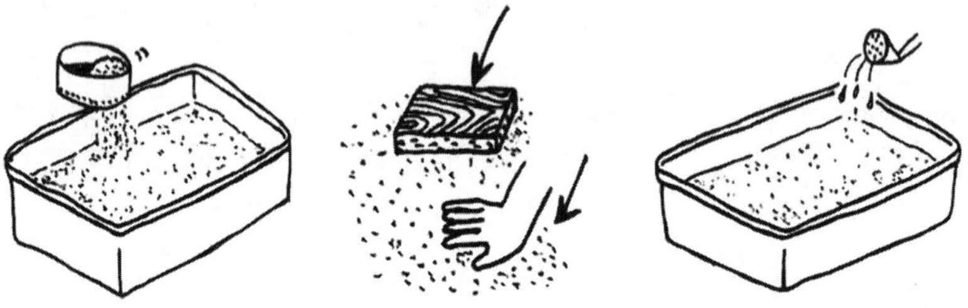

图 3-2　播种工序

(三)播后管理

(1)温度　播种后,保持温度在 20～27 ℃,种苗移栽后 2～3 d 遮阴缓苗。薄膜覆盖常使苗床温度快速升高而对种子发芽不利,温湿度过高时要掀开透气。

(2)水分　播种前浇透水,播后覆盖薄膜、草帘等,减少水分蒸发,保持床土湿润,确实需要时可采用喷雾的方法补水,防止浇水引起土壤表面板结而影响种子发芽。间苗后需立即浇水,以保证幼苗根系与土壤紧密结合。当幼苗长出 4～6 片真叶时,除直播外,其他种苗可分苗移栽。

(3)光照　种子发芽出土时,应撤去覆盖物使其见光,以防幼苗徒长。当真叶出土后,根据苗的稀密程度及时间苗,去掉纤细弱苗,留下壮苗,充分蹲苗。

(4)养分　当真叶长出时,表明幼苗根系已经开始吸收水分和养分,可施一次低浓度液体肥。此时植株生存已不再依靠种子中的碳水化合物。

(5)病虫害防治　播种前对种子和基质进行消毒。苗期易发生猝倒病,其由真菌感染引起,应及时喷施药剂进行防治。

三、穴盘育苗技术

传统的花卉种子育苗多采用做床撒播、条播或点播的方法,也有用育苗箱、盆播种的方法。这些方法一般要在幼苗期移栽一次才能成苗定植,移栽和定植要有一定的缓苗期,操作繁杂,管理不便,不适宜规模化生产的需要。随着我国花卉业的发展,从业者逐渐从传统的生产方式向现代生产方式转变,如果生产者仍以传统方式育苗,会出现出苗率低、品质差、产量不稳定等问题。

穴盘育苗也称为容器育苗,是采用各种容器并配合相应的机械化设备进行播种作业的育苗方法。由于其特有的优势和显著的经济效益已被越来越多的从业人员认可和接受,尤其是各类专业机械设备和适宜种子的开发利用，使穴盘育苗在近年得到了蓬勃发展，已被广泛应用于花卉、蔬菜的种苗生产中。

（一）穴盘育苗的优越性

（1）穴盘育苗在填料、播种、催芽等过程中均可利用机械完成，操作简单、快捷，适于规模化生产。

（2）种子分播均匀，出苗率高，成苗率高，苗生活力强，可以大大节约种子。

（3）增加育苗密度，便于集约化管理，提高温室利用率，降低生产成本。

（4）穴盘中每穴内种苗相对独立，既减少相互间病虫害的传播，又减少苗间营养的争夺，根系也能得到充分发育。

（5）穴盘苗起苗方便、移栽便捷，不损伤根系，移栽入土后缓苗期短，定植成活率高。

（6）统一播种和管理，使小苗生长发育一致，提高种苗品质，有利于规模化生产。

（7）轻基质、轻容器，便于存放和运输，实现种苗的市场化。这为花卉业扩大生产创造了很好的条件。

（二）穴盘苗的生产技术

微课 3-3
穴盘育苗

1. 种子处理和丸粒化

（1）为防止种子携带病菌、传播病虫害，播种前种子要进行消毒处理，可通过温汤浸种、药剂浸（拌）种的方法，如用 50%代森铵 500 倍液或 2%～4%漂白粉溶液浸种。注意播种器具也要进行消毒，可用 50%多菌灵可湿性粉剂 1 000 倍液喷洒或清洗消毒（图 3-3）。

（2）对于一些需要催芽的种子，要在适宜的温度和时间内进行低温沙藏、浸泡等催芽处理。

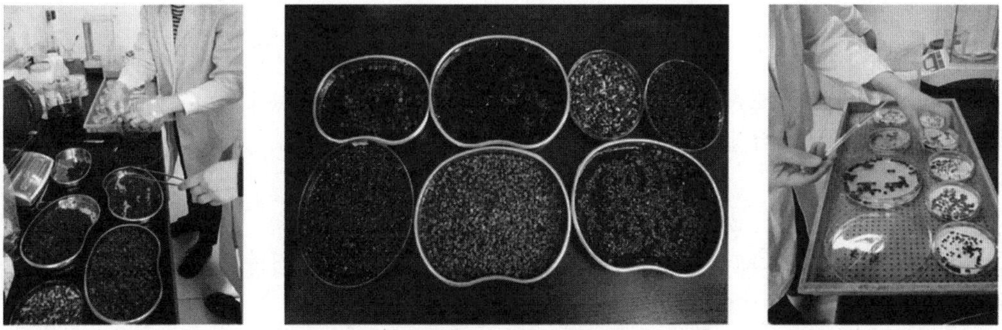

图 3-3　种子处理

（3）丸粒化　有些花卉种子形态特殊或小粒种子需要用精量播种机播种的则需丸粒化处理，如秋海棠、矮牵牛和大岩桐等。或种子小，人工和机械播种都不便操作，还有些种子有毛，在播种机的真空吸嘴内容易缠结成团，这些种子在播种前要经过丸粒化和去毛处理。

丸粒化是将种子用一定的材料包衣加工成较大颗粒的丸粒化种子。包衣材料有粉料和胶液两种。粉料选用硅藻土和滑石粉。滑石粉可以直接使用。硅藻土要用 50 目左右的筛子过筛后用。硅藻土作为丸粒的内包衣，滑石粉作为外包衣。胶液选用聚乙烯醇和甲基纤维素，配成 1%～2%的水溶液，加热煮成胶状。加工时先将清选和消毒的种子与粉料混合滚动成丸粒，再喷胶液，最后过筛烘干（图 3-4）。

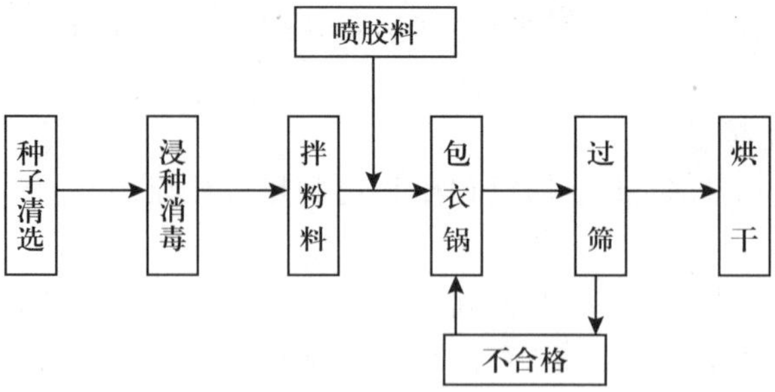

图 3-4 丸粒化种子加工工艺流程

2. 育苗盘选择与消毒

目前国内普遍使用的是聚乙烯吸塑穴盘，尺寸为 70 cm×35 cm，高 4～6 cm，根据需要，穴盘上的孔穴可大可小，常见孔穴规格可分为 72 穴、128 穴、288 穴、392 穴等，要求每个孔穴底部都有排水孔。用于木本植物育苗的穴盘，可相对增加穴盘壁厚度，以增强抗老化性，增加孔穴深度并在穴内侧设置棱状突起，防止根系缠绕。播种前将穴盘在 100 倍漂白粉溶液中浸泡消毒 8～10 h，取出晾干备用。

3. 基质选择与消毒

基质选择应具有透气性好、保水性好、适宜的密度和酸碱性，对植株具有良好的固着性能，目前常用的基质材料为蛭石、珍珠岩、草炭、泥炭土等，按一定比例混合使用。根据不同花卉特性采用不同的育苗基质，以保证幼苗生长的需求。基质在使用前要消毒，在生产上主要采用高温处理和药剂处理两种灭菌方法。高温处理是将基质装入密封的薄膜袋中在阳光下暴晒，药剂处理可选用高锰酸钾、硫黄粉、石灰粉等多种杀菌剂进行消毒。

4. 基质装盘

将配好的基质装入穴盘中，用刮板从穴盘的一方刮向另一方，使每个穴内都装满基质，但不要过满，装满后各个格室都能清晰可见。注意装基质时不要用力压紧，以免基质的物理性状受到破坏，使基质中空气含量和可吸收水的含量减少。

5. 播种与覆盖

播种前浇透水，使水分均匀下沉。播种量较少时采用人工播种，将种子点播入穴盘，每穴一粒。生产时常用精量播种机进行播种，实现自动化生产。播种深度视籽粒大小而定，一般为种子直径的 2～3 倍，播种后用灭菌的细沙或细土覆盖。

6. 苗盘入床

将已播种的穴盘摆入苗床中，均匀喷洒浇水，冬季覆盖薄膜保温保湿；夏季可用遮阳网，防止温度过高对苗产生伤害(图 3-5)。

图 3-5 穴盘育苗

7. 播后管理

室温控制在 20～26 ℃，薄膜覆盖常使苗床温度快速升高而对种子发芽不利，温、湿度过高时要掀开薄膜透气。播种前浇透水，播后覆盖薄膜、草帘等，减少水分蒸发，保持床土湿润，确实需要时可采用喷雾的方法补水，防止浇水引起土壤表面板结而影响种子发芽。喜光种子应选择透光薄膜覆盖。发芽出土时，撤去覆盖物使其见光，以防幼苗徒长。当真叶长出时，表明幼苗根系已经开始吸收水分和养分，可施一次低浓度液体肥。

任务二 扦插繁殖

扦插繁殖指利用植物的营养器官(根、茎、叶)的分生和再生能力，将其从健康母株剪取后插入基质中，在适当的环境条件下使之生根发芽形成独立植株的方法。扦插时用的一段植物营养体称为插穗(插条)。通过扦插繁殖所得的种苗称为扦插苗。扦插繁殖是花卉栽培中常用方法之一。

扦插繁殖的优点是能够保持母本的优良遗传性状，繁殖周期短，生育、开花、结实均早于实生苗；方法简单、成活率高、产苗量大。但扦插繁殖的种苗与实生苗、嫁接苗相比根系浅，扦插苗形成的是不定根，寿命不如有性繁殖的苗长，也有部分植物品种不适于扦插繁殖，不易成活。

一、扦插繁殖原理

微课 3-4
扦插繁殖概述

植物细胞具有全能性，每个细胞都具有遗传物质，它们在适宜的环境条件下都有潜在的形成相同植株的能力。当植物的某一部分受到伤害或被切除，植物能表现出修复损伤和恢复协调功能的再生能力。

当根、茎、叶等脱离母体后，由于植物细胞的全能性和再生能力，会发生从根上长出茎叶、茎上长出根或叶上长出茎和根等现象。脱离母体后的营养体，受伤部位的细胞原生质能产生生长素，促进细胞分裂而产生新的组织。插穗上的芽和叶等处也可以产生生长素，从而使枝条内的形成层、次生韧皮部、维管纤维和髓部能形成根的原始体，发育成不定根，从而形成完整植株。

二、影响扦插生根的因素

(一)外部因素

1. 温度

温度对插穗生根速度起决定性作用。一般插条生根的温度应比栽培时所需的温度高 2～3 ℃。因花卉种类不同，扦插温度要求不同。一般植物在 15～25 ℃时较易生根，嫩枝扦插宜在 20～25 ℃进行，如大丽花、天竺葵、秋海棠等；硬枝扦插温度可稍低于嫩枝扦插，如桂花、木槿、月季等。原产于热带的花卉需在 25～30 ℃的高温下扦插，如茉莉、鸡蛋花、橡皮树、朱蕉等，耐寒性花卉扦插温度可稍低，如鹅掌柴、连翘、月季等。基质温度(地温)略高于气温 3～5 ℃时，更有利于扦插生根，可促进插条先生根后发芽、使根生长较快，吸水量大于蒸腾量，成活率高。因此，在种苗生产中，可采用增加地温的方法以促进生根；在露地繁殖时可采用高畦；在温室中，则可在繁殖床或箱下铺设加热管道或电热设备等，使地温高于气温，有利于生根。因而特制的扦插床及扦插箱均设有增高地温的设备。如果气温过高，在产生愈伤组织前伤口易发霉腐烂，因此盛夏进行嫩枝扦插成活率较低，当气温高于 35 ℃时不要进行扦插。

2. 湿度

湿度是插穗生根的重要环境因素之一。基质中水分的含量依花卉种类不同而有差异，通常以 50%～60%的相对湿度为宜。扦插初期基质应保持湿润，如基质过湿，通气不良，易因水分过多导致插穗腐烂，如仙人掌类、多肉类花卉。插穗产生愈伤组织后基质湿度宜稍降低，有利于生根。为避免插穗枝叶中水分的过分蒸腾，要保持较高的空气湿度，以 80%～90%的相对湿度为宜，可利用喷雾或增加覆盖物等方法调节。

3. 光照

光照对插穗生根也很重要。尤其是带有顶芽和叶片的插穗，扦插后可在光照条件下进行光合作用，产生生长素，促进生根发芽。但在强烈日光条件下，温度高，插穗蒸腾量大，易萎蔫，不利于生根，影响成活率，因此，扦插时选择散射光较好。有研究表明，扦插生根期间，许多木本花卉，如木槿属、连翘属、锦带花属等在较少光照条件下生根较好，但许多草本花卉，如菊花、一品红、天竺葵等，适当增加光照时生根较好。

4. 氧气

当插穗长出愈伤组织并开始发根时，愈伤组织细胞分裂旺盛、呼吸作用增强，需要足够的氧气促进生根。此时扦插环境应保持空气流通，扦插基质水分适宜，则更有利于生根。

5. 基质

扦插基质直接影响水分、温度、空气等条件。理想的扦插基质应具备良好的排水、透气、保温的性能，无病、虫、杂质及任何有害物质。常用的扦插基质有珍珠岩、河沙、蛭石、草炭、泥炭、椰糠等，基质可单独使用，也可以混合使用，要因地制宜，就地取材。可根据花卉种类配制，人工配制混合基质性能优于土壤。如泥炭与其他基质混用，泥炭保温效果好，含有胡敏酸，可以促进插穗产生愈伤组织，提高生根率。基质使用前都要进行消毒，可以采用日光暴晒或用 0.1%的高锰酸钾溶液等消毒，消灭有害病菌，以保证扦插成功率。

(二)内部因素

1. 品种类型

插穗的生根能力因母株的种类和遗传特性不同而有较大差异，不同科、属、种，甚至品种间都存在差别。根据生根难易程度，可分为易生根、较难生根和极难生根类。如仙人掌科、景天科的花卉扦插繁殖易生根；山茶属的种间反应不一，山茶、茶梅扦插易生根，而云南山茶难生根；月季、菊花等品种扦插生根差异大。

2. 采穗母株的枝龄与年龄

插穗的生根能力与母株年龄相关，母株年龄越大，生根能力越差，一般枝龄为 1～2 年的枝条容易生根，嫩枝比硬枝容易生根，但一些易生根的种类如富贵竹也可用多年生的枝条进行扦插。

3. 枝条位置和部位

木本花卉着生在母株不同位置的枝条，其营养情况不同。如阳面枝条接受阳光较多，营养丰富，生长健壮，用其制备插穗时生根率高；萌蘖枝年龄小，更容易生根，成活率高。枝条采插穗的部位不同生根速度也不同，一般以枝条的基部和中部为好。

三、插穗选择与处理

扦插繁殖种苗成活率主要体现在插穗生根与否，总结插穗类型的选择、处理及促进生根的方法如下。

(一)插穗选择

扦插繁殖中,插穗的来源很重要,剪取插穗的母株应具备以下条件:生长健壮,无病虫害,品质优良,处于适宜的生理状态,有利于插穗的生根。一般情况下选择繁殖材料圃的植株作为母株,这是最为理想的扦插材料,因为圃里的材料品种、特性都比较明确,且植物能保持在适当营养和活力状况下。而在公园、建筑物附近或野外等处的材料,首先有被病毒、真菌等感染的风险,病害可能会在扦插生根或栽植后表现出来。

(二)促进插穗生根方法

促进生根的方法很多,除了保持基质和空气的温湿度外,还可以通过其他处理提升生根速度,生产上可采用物理方法和化学方法。

1. 物理处理方法

物理处理方法包括机械处理、软化处理、干燥处理、热水处理、增加底温、高温静电处理、超声波处理、低温处理等。

(1)机械处理 割伤或环剥,适用于木本植物,对于较老枝条效果更好,如杜鹃花、木兰、冬青等,在剪取插穗前 15～30 d,在取插穗的枝条基部割伤,阻止枝条上部养分向下的转移、运输,有利于促进扦插后生根。对于大插穗,可以在插穗基部两侧各剥掉 2 cm 长的皮,暴露但不能损伤形成层,用生根剂处理伤口,有利于生根。

(2)软化处理 又称黄化处理或白化处理。采插穗前,用黑布或不透水的黑纸等裹住枝条,经过约 21 d 的遮光处理,枝条变白软化,剪下扦插,可提高生根力。因为黑暗抑制了愈伤组织的形成,促使生长素含量增高,延缓芽组织发育,促进根组织生长。但值得注意的是,软化处理只对部分木本植物且正在生长的枝条有效。

(3)干燥处理 可用于枝条中水分和乳汁含量较多的种类,插穗采下后阴处晾干,或在切口上蘸草木灰、木炭粉、干灰等,或将插穗插入这些物质中待插穗浆汁收干后扦插,或用清水浸泡这类插穗至不再有乳汁流出,之后稍晾干再扦插。处理过的插穗在扦插过程中不浇水,叶片喷雾保湿即可,如大戟科的一品红、虎刺梅、银边翠等,仙人掌类和多肉植物等均可采用此处理方法。

(4)热水处理 又称温水浸烫法(简称温汤法)。将插穗下部在温水中浸泡后再进行扦插以促进生根。此法适用于枝条中含有抑制生根物质的种类,如松科植物,枝条中含有松脂,妨碍伤口愈合并抑制插穗生根,用温水浸泡插穗 2 h 能促进其生根。

(5)增加床温 早春气温回升快,地温偏低,扦插繁殖插穗不易生根。增加扦插床床温,有利于促进插穗生根,可采用电热丝或热水管加温等方法增温。

2. 化学处理方法

可用植物生长调节剂、杀菌剂和营养物质等处理。常用的植物生长调节剂有吲哚乙酸、吲哚丁酸、萘乙酸等,使用浓度根据植物种类、施用方法而定。一般草本、幼茎和生根容易的种类用较低浓度,相反则用高浓度。可采用水剂和粉剂两种施用方法:水剂处理时,先用少量 95% 酒精溶解,按 0.05～2 g/L 的浓度加水,将插条底部对齐,捆扎成束,浸入溶液中约 2 cm 深即可,但水剂处理易相互感染,剩余药液不宜保存再用,造成浪费;粉剂处理时,先用 95% 的酒精溶解后,用滑石粉配成一定浓度,用插穗切口蘸一下再插入基质中,粉剂使用方便、效果好。药剂适宜浓度需要经过试验确定,药剂适量时插穗基部略膨大,产生愈伤组织,先长根;药剂过量时会抑制芽的萌发，严重过量时会出现叶变黄脱落、茎部变黑等现象。

此外，也可用高锰酸钾、蔗糖等处理插穗。高锰酸钾溶液处理大部分木本植物效果较好，浓度为0.1%～1.0%，浸泡时间因种类而异，可从几小时到24 h不等。丁香、石竹、菊花等用0.1%～0.3%的高锰酸钾处理后生根率显著提高，因为插穗基部经高锰酸钾溶液浸泡后被氧化，呼吸作用加强，促进切口愈伤组织形成和不定根的发展。有类似作用的化学药剂还包括硫酸锰、磷酸、乙酸等。

3. 其他方法

营养物质可以直接提供生根所需能量，有助于插穗生根。一般用蔗糖、葡萄糖溶液处理，草本、木本植物均可，浓度为4%～10%，一般浸泡24 h，处理时间不宜过长，清水冲洗后扦插即可，生根效果较好。另外，营养物质可与生长素配合使用，效果更佳。

四、扦插种类与方法

插穗取自植株的不同部位，可依此将扦插繁殖分为枝插(包括硬枝扦插、嫩枝扦插)、叶插、叶芽插和根插等类型。

微课 3-5
枝插繁殖

(一)枝插

1. 硬枝扦插

硬枝扦插是又称老枝扦插，指利用生长成熟的休眠枝作为插穗进行扦插繁殖。一般在晚秋、冬季或早春进行，选择全光照条件下生长健壮、芽体饱满、无病虫害的植株，采集中部和基部的当年生或二年生枝条作为插穗。由于不能马上扦插，可剪成50～70 cm长，打捆，每捆50枝或100枝，挂签，标注品种名、日期、采集地等信息，置于阴凉处湿沙中贮藏。扦插前，将贮藏的枝条剪成10～20 cm的茎段，至少保留两个节，上切口平剪，下切口剪成斜面，其目的一是利于识别插穗上下端，二是增加与基质的接触面积，有利于生根。硬枝扦插常用于木本花卉，如月季、木槿、连翘、绣线菊等。

2. 嫩枝扦插

嫩枝扦插又称绿枝扦插或软枝扦插，指利用植株生长期嫩枝条作为插穗进行繁殖。一般在5～9月进行。选择生长健壮、无病虫害的植株，剪取半木质化的当年新梢为插穗，长度一般为4～10 cm，过于幼嫩易腐烂，老枝则生根缓慢。嫩枝扦插中插穗可保留部分叶片，叶片可进行光合作用，制造养分，促进插穗生根；对于叶片较密或较大的花卉，可剪去部分叶片或剪去叶片的1/2，以减少水分过度蒸腾。下剪口在贴近腋芽下端。多数植物扦插前制作插穗，但多浆类花卉插穗切口需要干燥半天至数天，以防腐烂。嫩枝扦插多用于草本植物及部分木本花卉，如一品红、杜鹃、虎刺梅、景天等(图3-6)。

微课 3-6
叶插繁殖

(二)叶插

叶插是利用植物叶片或叶柄作为插穗进行扦插，发育成完整植株的繁殖方法。多用于适宜条件下叶能发生不定根和不定芽的花卉，这类植物发育充实、叶片肥厚、叶柄和叶脉粗壮，如大岩桐、秋海棠、落地生根、非洲紫罗兰、球兰、草胡椒等。一般在花卉生长季进行。可分为全叶插和片叶插两种方式。

1. 全叶插

以完整叶片为插穗，一是去除叶柄后平铺在基质上，使叶片下面与基质面紧密接触，即平置法；二是将叶柄直立于基质中，从叶柄基部发生不定芽和不定根，即直插法。如秋海棠、落地生根、豆瓣绿等(图 3-7)。

剪掉枝条及下部部分叶片　　插穗浸于生根溶液中　　扦插于生根基质中

图 3-6 枝插

刻伤叶脉　　生出新株

图 3-7 全叶插

2. 片叶插

将叶片切成若干小块，剪去叶缘较薄的部分减少水分蒸发，每个插穗上都确保有一条主叶脉，注意插穗主脉上下位置不能颠倒，否则影响插穗生根。叶插常用于草本植物的种类较多，如虎尾兰、八宝景天、秋海棠、大岩桐等。此方法应用范围小，一般在不能进行枝插或母本材料缺乏时应用(图 3-8)。

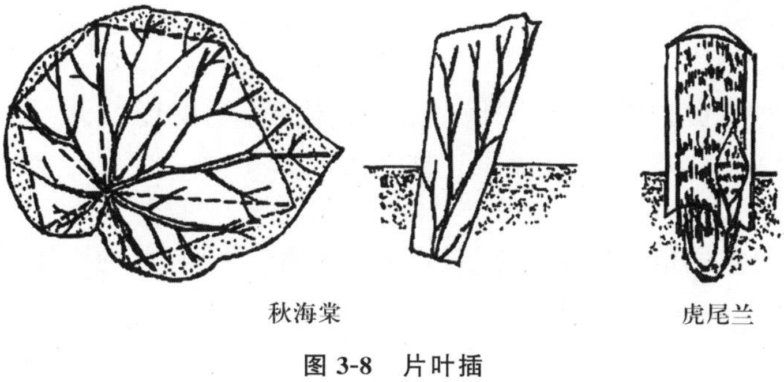

秋海棠　　虎尾兰

图 3-8 片叶插

(三)叶芽插

叶芽插是以带芽的叶片进行扦插，插穗叶片基部附着一芽。在植物生长期进行，选择生长健壮、无病虫害植株，且具有发育完全的芽和生长旺盛的叶片，剪成带有一叶一芽的插穗，插入基质中，露出芽尖即可。为防止水分过量蒸发，扦插后覆盖薄膜。叶芽扦插繁殖时，不定根产生于插穗的茎段切口或叶柄基部，叶柄基部腋芽萌发生长成植株地上部分。叶芽插适用于易生根、不易长芽的花卉，如山茶、菊花、春羽、八仙花等(图 3-9)。

(四)根插

根插是以根段作为插穗的扦插方法。一些花卉具有能产生不定芽的肉质根,如牡丹、芍药、月季等,一般在深冬或早春剪取根段,此时根中贮藏了大量的营养物质,扦插生根效果较好。可结合分株繁殖将花卉的粗壮根剪成 5～10 cm 的插穗,平置埋入基质中 2.5～5 cm 深,或根段下端垂直插入基质中,上端与基质表面相平,特别注意上下端不可颠倒放置。一些草本花卉的根,如蓍草、宿根福禄考、景天等可剪成 3～5 cm 的小段,撒播在基质的表面上,覆土或沙子 1～2 cm 厚,浇透水,用塑料薄膜或玻璃盖在上面,保持基质湿润,产生不定芽时去除覆盖物,新植物长到适宜大小时进行移植(图 3-10)。

嫩根做插穗时,在温室中或苗床上进行,直立扦插,注意极性,不定芽产生快;大根作插穗时,插穗长 5～15 cm,按照极性一致打捆,放在湿润沙子等装置中 5 ℃左右保存约 2 周时间,取出后平栽或直插入基质中。

图 3-9 叶芽插

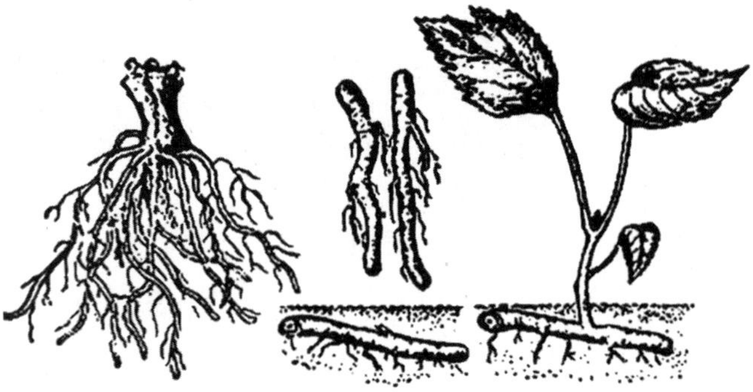

图 3-10 根插

五、扦插繁殖设备

为了使插穗尽快生根发芽,要有适宜的扦插繁殖设备,以保证适宜的温度、湿度、光照及通气等条件。

1. 温室扦插床

一般设在暖气管道或烟道上,便于增加底温,促进插穗生根,床高 70～80 cm,宽 1.0～1.2 m,扦插基质深 20～30 cm,床底需设计排水孔。

2. 露地扦插床

易生根的花卉可在露地扦插床进行扦插,选择沙质、排水良好的土壤作为基质,架 50%遮阳网为宜。

3. 扦插箱

生根发芽要求高的花卉种类可以在箱内进行扦插繁殖,扦插箱内可调控温度、光照、湿度保持可以通过加盖玻璃罩等方式完成。

4. 喷雾设备

设备带有高压喷头、贮水槽以及其他调节器。带叶插穗扦插的主要问题是生根之前易萎蔫。喷雾打开后能使叶面相对湿度达到近 100%,在叶片和插穗上产生一层水膜,提高叶片湿度,降低叶片温度,促进插穗生根;在夏季可用来降低空气温度。也可在水中加入营养液进行喷雾,补充插穗营养,提高花卉根系质量。

六、扦插后的管理

1. 水分管理

扦插后立即灌一次透水，以后经常保持插壤的湿润。嫩枝扦插一定要保持插壤及空气的较高湿度，每天向叶面喷水1～2次，并可通过对插穗地上部分的枝芽遮阳、套袋、覆盖、喷雾等，减少插穗水分蒸腾。

2. 温度控制

木本植物最适生根的温度是20～25 ℃，早春扦插时的地温较低，一般达不到适温要求，往往需要加温催根；夏季和秋季扦插，地温较高，气温更高，需通过遮阳、喷水降温等使扦插温度适宜；冬季扦插时，气温和地温都很低，需在保护地内进行。

3. 施肥管理

插穗生根前不需要肥料，生根成活后，植株开始迅速生长，原先插穗内部的贮藏营养已耗尽，就必须对扦插苗进行追肥。嫩枝扦插，因带有叶片，扦插后每间隔5～7 d可用0.1%～0.3%浓度的氮、磷、钾复合肥喷洒叶面，对加速生根有一定效果。硬枝扦插，当新梢展叶后，也可采用上述方法进行叶面施肥，促进生根和生长。另外，稀释后的液肥可结合灌水灌入土壤，对促进吸收和生根具有一定效果。

4. 植株管理

扦插苗极易出现“假活”现象，为了保持插条的水分平衡，可适当摘除一些叶片。插条上如带有花芽或出现花蕾时，应及早摘除，避免消耗养料。另外，根据不同花卉及其用途，对已生长的植株进行定枝、绑梢、修剪、造型、防病、灭虫及防寒越冬管理。

拓展知识

月季扦插的“假活”现象

有些月季在扦插繁殖过程中，插穗扦插5～10 d，插穗腋芽萌动或抽叶，表面上看已经成活，但不久新发出来的枝叶就萎蔫而死亡了，这种现象称为“假活”。

避免月季扦插“假活”现象，应注意以下几方面：

(1)选择生长健壮、无病虫害、腋芽饱满且未萌动的插穗。插穗腋芽未萌动时营养最丰富，扦插后腋芽萌动与生根几乎同步进行，叶进行光合作用制造养料，根从基质中吸取营养，这样月季插穗健康成长不会出现“假活”现象。

(2)插穗和基质消毒很重要，不可忽视这个环节，潜伏在插穗上的病菌和虫卵很难用肉眼看见，所以采下的插穗必须进行消毒并通风，以免造成伤害，提高插穗成活率。消毒药剂使用浓度不宜过高，否则易发生药害。

(3)扦插基质温度要略高于空气温度，这样可以调节插穗内部的营养向下端转移，满足生根需要，促使插穗生根。

(4)保存好插穗上的母叶，防止脱落。叶片可进行光合作用制造营养，供插穗生根、发芽、展叶，这时插穗不会发生“假活”现象。

任务三　分生繁殖

微课 3-7
花卉分生繁殖

分生繁殖是将植物体上分生出来的幼小个体(如萌蘖、吸芽、珠芽)或植物特殊的营养器官(如走茎、鳞茎、球茎等)与母株分离或分割,另行栽植而形成独立的新个体的繁殖方法。其特点是能保持母株的遗传性状,繁殖方法简便,容易成活,成苗较快,但繁殖系数低。

根据分生繁殖所利用的营养器官不同,可将其分为以下几种类型。

一、分株法

将母株发生的根蘖、吸芽、走茎、匍匐茎等切割下来,另行栽植形成独立新植株的方法称为分株法。多用于丛生性强的灌木和萌蘖力强的宿根花卉。如君子兰、兰花、玉簪、鸢尾、文竹、虎耳草等花卉常用此方法进行繁殖。

1. 分株时间

可根据花卉种类选择不同的分株时间。一般夏秋开花的植株宜在春季土壤解冻、萌芽前进行分株;而春季开花的植株宜在秋季落叶后进行,如丛生福禄考、报春、芍药宜在秋季叶枯后分株。多数花卉品种结合换盆进行分株,如水塔花的根际多生吸芽,可于早春挖取栽植形成新的种苗;落地生根叶子边缘常生出很多带根的无性芽,可摘取进行繁殖;卷丹百合叶腋间生出很多珠芽,可摘取后栽植成新植株;吊兰自走茎上生出很多小植株,切下栽植即可成活。

2. 分株前准备工作

(1)选择健康、无病虫害母株。

(2)明确分株苗用途,直接露地栽植的,提前挖穴;盆栽的则应准备好营养钵或花盆,备好栽培土、碎瓦片、基质等。

(3)准备好刀、剪等分切工具。

(4)分株前保持栽培基质适当干燥,分株时方便操作。

3. 分株方法

(1)露地花卉　分株前将母株从地里挖出,尽可能多带根系,然后用刀、剪、斧等将整个植株分切成几个小丛,按繁殖种苗大小实际需要,每小丛带有 2～5 个芽和较多的根系,如溪荪、萱草、玉簪等。一些萌蘖力很强的灌木和藤本花卉,在母株四周萌发出许多幼小株丛,在分株时直接挖出分蘖苗单独栽植即可,如月季、凌霄、丁香等。

(2)盆栽花卉　分株繁殖多用于草本花卉,先把母株从盆内取出,抖掉部分泥土,顺着萌蘖根系的延伸方向,把盘结在一起的根割开,用刀、剪等把分蘖苗和母株割开,适当修剪根部上盆栽植,压实基质,浇透水,遮阴 3～5 d,可向叶面喷水保持空气湿度,新芽萌发后常规养护管理。如吊兰、葱兰、兰花、鸢尾等(图 3-11)。

(3)仙人掌类花卉　仙人掌类采用分株法繁殖的仅有几个种类,如松霞、绒毛球、白檀等易生仔球的。这些种类子球在母株上已长出根系,子球过于拥挤时掰开分成几丛,上盆栽植即可。

(4)多肉花卉　分株法是多肉花卉最简便、最安全的繁殖方法之一。具有莲座叶丛或群生状的多肉花卉均可以通过走茎、鳞茎、吸芽等变态器官进行分株繁殖,如龙舌兰、石莲花、芦荟、

兰花分株　　　　吊兰分株

图 3-11　盆栽花卉分株

金枝玉叶等。尤其是具有斑纹的品种，通过分株繁殖能够很好地保持品种的原有特性，如金边虎尾兰等。

二、分球法

大部分球根类花卉的地下部分生能力强，采用新长出的球根进行繁殖操作简单、开花早。分球的方法因不同球根类型而异，主要分为以下几类。

1. 球茎类

球茎类植物地下变态茎短缩肥大后近球状，形成贮存营养物质的卵形或球形繁殖器官，球茎上有节、退化叶片及侧芽，老球茎萌芽后在基部形成新球，新球旁侧产生子球。球茎可供繁殖，母球产生的新球和子球可直接分离后分别栽植；也可将大球切割成带 1～2 个芽点的小块，分别栽植。唐菖蒲、小苍兰的球根属于球茎，分生能力强，开花后老球茎干枯的同时能够分生出大小不等球茎，第二年分栽，大球茎当年即可开花，小球茎则需 2～3 年开花(图 3-12)。

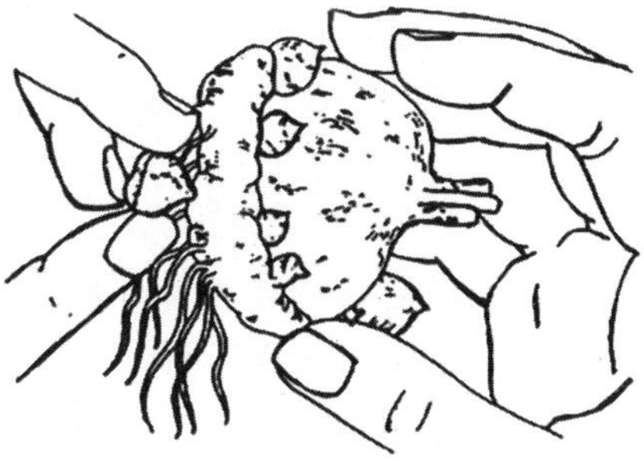

图 3-12　唐菖蒲球茎分株

2. 鳞茎类

鳞茎是指变态的地下茎具有短缩而扁平状的鳞茎盘，并包有肥厚肉质叶片的球茎。肥厚肉质叶片被称为鳞片。鳞茎的顶芽具有顶端优势，形成真叶和花序，腋芽则形成许多子鳞茎，子鳞茎从母球上掰下进行独立种植。如郁金香、朱顶红、风信子、水仙等。

3. 块茎类

地下变态茎肥大、外形不一，多近于块状，贮藏一定的营养物质，芽通常生于块茎的顶端，根系自块茎底部发生，块茎顶部常具有多个发芽点，块茎表面分布的一些芽眼可生侧芽。如球根秋海棠、晚香玉、大岩桐等(图 3-13)。

4. 根茎类

一些花卉具有肥大、粗长的根状地下茎，以贮藏营养物质。根茎与地上茎在结构上相似，具有节、节间、顶芽、腋芽、节上不定根等，并发出侧芽，切下栽植可形成新的植株。如马蹄莲、鸢尾、香蒲等(图 3-13)。

图 3-13　块茎类及根茎类分株

5. 块根类

地下变态的部分是膨大的根，芽和芽眼着生在接近地表的根和茎相连的根颈部。繁殖时，分割的每一部分根都必须带有根颈部分才能生根发芽。如大丽花、花毛茛等，分割时一旦破坏根颈处芽眼就不能发芽，达不到繁殖的目的。因此，这类植物的繁殖多采用整个块根栽植后催芽，然后采用脚芽进行扦插繁殖。

任务四　嫁接繁殖

嫁接繁殖是指将需要繁殖的植物营养器官的一部分，移接到另一植物体上，使之愈合形成一个新个体的方法。在新个体上发育成枝叶花果等器官的部分称为接穗，发育成根系的部分称为砧木。采用嫁接繁殖所得的苗木称为嫁接苗。嫁接苗由于借助了另一种植物的根，因此也称"它根苗"，可以通过改良接穗根系提高其适应性，同时又保持了自身的优良性状，还可通过选用适宜的矮化砧或乔化砧培育出不同株形的花卉，且成株快。但缺点是嫁接繁殖程序较为复杂，对技术水平要求较高，有时会在接口处形成瘤状体，影响其在生产上的应用。

嫁接繁殖主要用于不能或不易用播种、分生、扦插等方法繁殖的观赏植物，嫁接在木本花卉中使用比较广泛，如月季、山茶、桂花、梅花等常用此法繁殖，草本花卉如菊花、仙人掌等的繁殖也常用此方法。

一、嫁接时期

嫁接时间的选择与植物种类、嫁接方法和物候期等有关。一般来说，枝接宜在春季芽未萌动之前进行；芽接宜在夏、秋季砧木树皮易剥离时进行；草本和木本的嫩枝嫁接多在生长期进行。

1. 春季嫁接

春季是枝接的适宜时期，主要在 2～4 月。由于这时气温低，接穗水平平衡较好，嫁接时易成活，但愈合较慢。

2. 夏季嫁接

夏季是嫩枝嫁接和芽接的适宜时期。一般以 5～7 月为宜，以 5 中旬至 6 月中旬最适宜。

3. 秋季嫁接

北方 8 月中旬至 9 月初，这个时期新梢充实，养分多，芽多，形成层活动旺盛，是适合芽接的时期。

二、砧木和接穗的选择

1. 砧木的选择

砧木选择根系发达，适应性、抗逆性、抗病性强的品种。其主要特点是：

(1)与接穗有良好的亲和力。

(2)对接穗生长有良好影响。

(3)具有良好的适宜性及某些特殊性状(如矮化、抗病等)。

(4)繁殖系数大。

2. 接穗的采集

采穗母株要求品种正确、表现优良、观赏价值高并且性状稳定，接穗应选取生长旺盛、发育充实、无病虫害、粗细均匀的枝条，取枝条的中间部分。芽接采取当年生新梢作接穗，枝接一般采取一年生枝条作接穗。

三、嫁接繁殖方法与技术

1. 枝接

枝接是指用一段完整的枝做接穗嫁接于带有根的砧木茎上。常用的方法有：

(1)切接　操作简单，普遍用于大部分木本和草本花卉，适于砧木较接穗粗的情况。先将砧木去顶并削平，自一侧的形成层处由上向下做一个长 3～5 cm 的切口，使木质部、形成层及韧皮部均露出。接穗的一侧也削成同样等长的平面，另一侧基部削成短斜面。将接穗长面一侧的形成层对准砧木一侧的形成层，再用塑料膜带扎紧密封(图 3-14)。

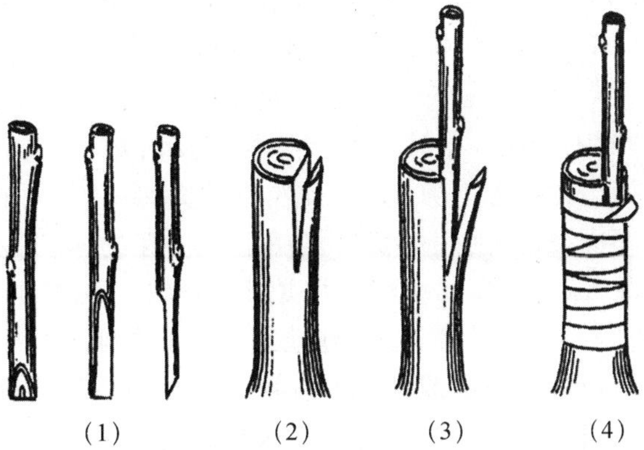

(1)接穗　(2)砧木　(3)嵌合　(4)绑缚

图 3-14　切接

(2)劈接　适于砧木粗大或高接。砧木去顶，过中心或偏一侧劈开一个长 5～8 cm 的切口。接穗长 8～10 cm，将基部两侧略带木质部削成长 4～6 cm 的楔形斜面。将接穗外侧的形成层与砧木一侧的形成层相对插入砧木中，用塑料膜带扎紧密封。高接的粗大砧木在劈口的两侧宜均插上接穗。劈接应在砧木发芽前进行，旺盛生长期的砧木韧皮部与木质部易分离，使操作不便，也不易愈合。菊花中大立菊嫁接，杜鹃、榕树、金橘的高头换接用此法(图 3-15)。

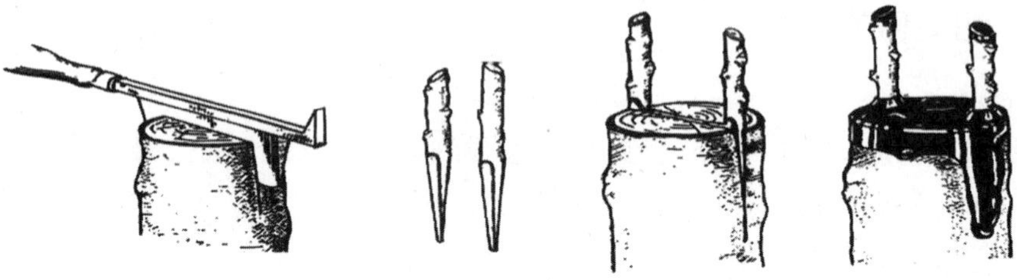

(1)　(2)　(3)　(4)

(1)砧木劈开　(2)接穗　(3)插入　(4)蜡封接口

图 3-15　切接

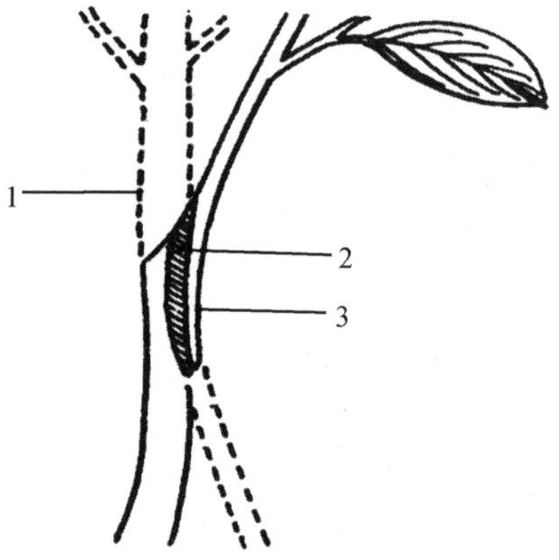

1. 砧木　2. 接穗　3. 愈合部

图 3-16　靠接

(3)靠接　是将两株植物的枝条相靠结合，使其愈合后再剪切分离的嫁接方法。在嫁接后，成活之前，仍有母株供给水分和养分。靠接在春季至秋季植物生长旺盛期进行为佳。由于靠接繁殖时接穗与砧木仍各自留有自己的根系，因此即使嫁接失败，也能保持正常生长而不伤植株。但靠接繁殖系数小且时间长，比较适用于其他方法嫁接不易成活或珍稀的植物种类，如小叶女贞靠接桂花、大叶榕靠接小叶榕、代代酸橙靠接佛手等(图 3-16)。

2. 芽接

芽接是用一个芽片作接穗的嫁接方法。芽接法节省材料，操作简单，容易掌握，愈合快，适宜芽接的时期长。常用的方法有：

(1)盾形芽接　又称“T”形芽接，在砧木和接穗均离皮时进行。剪取当年生新梢，用手或剪枝剪去除叶身，仅留叶柄。先在芽上方 0.5 cm 左右处横切一刀，再在芽的下方 1～2 cm 处斜向上切一刀，深达木质部边缘，推削到横切口。用手捏住芽的两侧，左右轻摇掰下芽片。芽片长为 1.5～2.5 cm，宽为 0.6～0.8 cm，不带木质部。将砧木在离地 3～5 cm 处切开“T”形切口，大小与芽片相同，然后一手用芽接刀拨开皮层，另一手拿芽片从上至下插入切口，芽片的上端对齐砧木的横切口，切忌留有空隙或与砧木皮层重叠。最后用薄膜把接口处绑紧，以利于保温保湿，同时使芽片的上切口与砧木的横切口更好地紧密接触，绑扎处注意需露出芽眼和叶柄(图 3-17)。

(2)嵌芽接　是带木质部芽接的一种方法，在砧木和接穗均不离皮时进行。先在接穗的芽上方 0.8～1.0 cm 处向下斜切一刀，长约 1.5 cm，再在芽下方 0.5～0.8 cm 处，呈 30°斜切到第一刀底部，取下带木质部的芽片，芽片长为 1.5～2.0 cm。按照芽片的大小，相应地在砧木

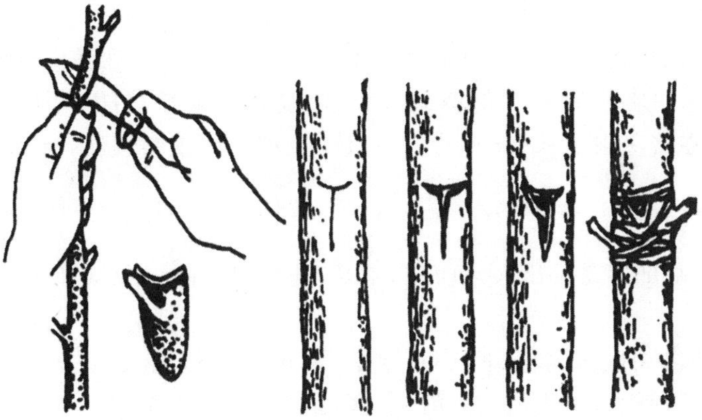

(1)削取芽片 (2)芽片正面 (3)砧木"T"形切口
(4)切口削皮 (5)插入芽片 (6)绑缚

图 3-17 盾形芽接

上由上向下切一切口,切口比芽片稍长,将芽片嵌入切口中,注意芽片上端必须微露出砧木皮层,以利于愈合。尽量使接穗形成层的下部和两侧与砧木对齐,若砧木和接穗的粗度不一致,至少一侧要对齐,最后用薄膜从上向下绑缚(图 3-18)。

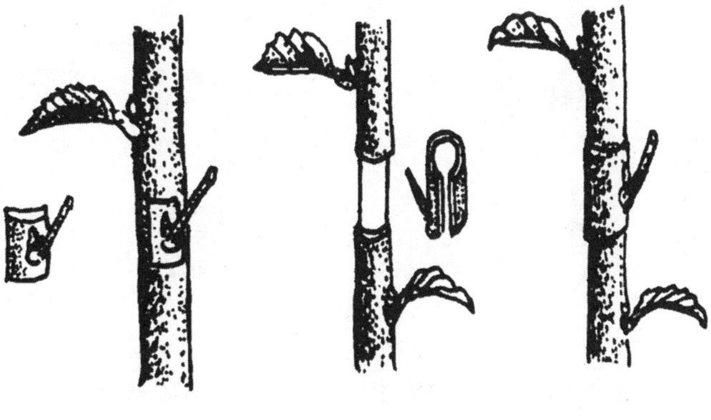

图 3-18 嵌芽接

四、嫁接后管理

1. 检查成活情况

芽接一般 15 d 左右即可检查成活情况。凡芽体和芽片呈新鲜状态,叶柄一触即落,表示叶柄产生离层,已嫁接成活;芽体变黑、叶柄不易掉落的,未成活。对未成活的应立即补接。

枝接未活的,要从砧木萌蘖条中选留一健壮枝进行培养,作为补接枝,其余的剪除。

2. 解除绑缚物

当确认嫁接已成活,接口愈合已牢固时,要及时解除绑缚物,避免绑缚物缢入皮层,影响生长。芽接一般 20 d 左右即可解除绑缚物,枝接最好在新梢长到 20 cm 以上时解除绑缚物。

3. 剪砧

芽接的接芽成活后，将接芽以上的砧木枝干剪掉，称为剪砧。夏秋季芽接的，为防止接芽当年萌发，难以越冬，应在翌春萌芽前剪砧。春季、夏季早期芽接的，可在接芽成活后立即剪砧。剪砧的剪口宜在接芽以上 0.5 cm 处。剪口向接芽背面稍微倾斜，有利于剪口愈合和接芽萌发生长。

4. 除萌蘖

剪砧后，从砧木基部容易发出大量萌蘖，须及时多次剪除，以免其和接芽争夺养分、水分。

5. 肥水管理

嫁接苗生长前期要加强肥水管理，中耕除草，使土壤疏松通气，促进苗木生长。为了使苗木组织充实，后期控制肥水，防止徒长，降低抗寒性。

拓展知识

仙人掌类植物的嫁接方法

仙人掌类植物的茎肥厚多汁，嫁接的方法不同于一般植物，常采用的嫁接方法主要有下列几种(图 3-19)，依砧木与接穗的形态选用。只要便于操作和固定，不管哪一种方法均易成活。

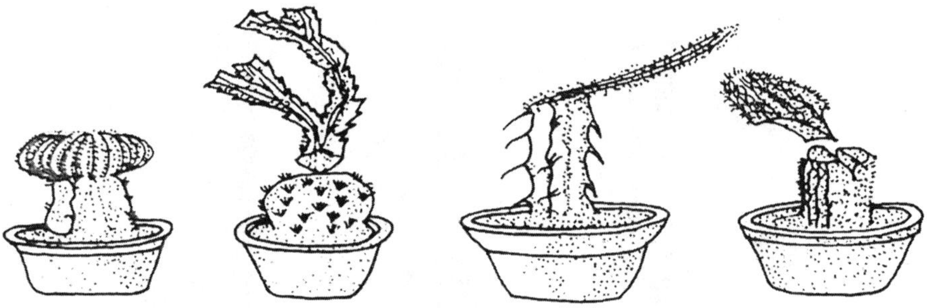

(1)　　(2)　　(3)　　(4)

(1)平接法　(2)劈接法　(3)斜接法　(4)插接法

图 3-19　仙人掌植物的嫁接方法

嫁接时期以 5～6 月植株开始生长后为宜。此时嫁接，接口不易腐烂，成活也快。夏季温湿度高时易腐烂，不宜嫁接。

(1)平接法　应用最广泛的一种方法，对球形、柱形的种类普遍适用，操作简单，易于成活。将砧木在适当高度处水平横切，为防止切后其断面凹陷，用刀将茎四周斜削，然后将接穗下部也进行水平横切，立即放置在砧木切面上，要注意使接穗与砧木维管束相接。如砧、穗维管束粗度一致，对齐即可；如粗度不同，千万不能放置成同心圆，即不能将接穗的维管束放在砧木大维管束中心，应偏于一侧，使两者相接，嫁接后用绳绑扎固定。

(2)劈接法　适用于接穗为扁平叶状的种类。先将砧木留适当高度横切，再通过中心或偏于一侧从上向下直切 1～2 cm 的切口。将接穗下端两面斜削成楔形，露出维管束，长度与砧木切口相等。然后将接穗插入砧木切口，使两者维管束对齐，最后用仙人掌长刺或竹针插入，使接穗固定。

(3)斜接法　适用于茎细而长的柱状仙人掌类。方法与平接相似,将砧木与接穗的切口均削成30°～40°的斜面,既增大砧木与接穗的愈合面,又更易于固定。

(4)插接法　与劈接相似的一种接法,但砧木不切开,而用窄的小刀从砧木的侧面或顶部插入,形成一嫁接口,再将削好的接穗插入接口中,用刺固定。用叶仙人掌属作砧木时,也可用插接法,只需将砧木短枝顶端的韧皮部削去,顶部削尖,插入接穗体的基部即成。

仙人掌类植物嫁接完毕后,宜将盆放在温暖湿润、无直射阳光处,约1周后即能成活,之后松绑。

任务五　组织培养

植物组织培养也称离体培养,是指在无菌和人工控制的环境条件下,将植物体的离体细胞、组织、器官或原生质体在人工培养基上培养成新植株的方法,是无性繁殖的重要方式之一。组织培养的幼苗也称组培苗或者无菌苗。组织培养的适用范围很广,原则上所有花卉均可进行组织培养,如草本花卉、木本花卉等。

组织培养的优点是:可以保持品种的优良性状;材料来源广泛,取材少,繁殖系数大;周期短、效率高;培养环境可人为控制,不受季节影响,可全年连续生产,便于工厂化育苗。

组织培养的缺点是:培养过程中会出现污染、褐化和玻璃化等问题,这些问题会给培养带来干扰并有可能导致培养失败,严重时会影响组培苗的质量和产量,造成直接或间接的经济损失。

一、组织培养实验室和仪器设备

(一)植物组织培养实验室

植物组织培养需在无菌环境中进行。植物组织培养实验室包括准备室、过渡室、无菌操作室、培养室等。

1. 准备室

准备室可分为试剂间、洗刷间和灭菌间。主要用于完成培养容器的洗刷、化学药品的称量、溶液的配制、化学试剂的贮藏、所需仪器设备的贮藏、培养基的消毒灭菌等准备工作。

2. 过渡室

过渡室也叫缓冲室,面积较小,1.5～3 m^2 即可,用于更换实验服,避免进出无菌操作室带入杂菌。室内安装紫外线灭菌灯,用来照射灭菌。

3. 无菌操作室

无菌操作室也叫无菌接种室,不宜过大,一般为7.0～10.0 m^2。要求地面平坦、墙壁光滑便于清洗和消毒。主要用于植物材料的消毒接种,试管苗的继代、生根等转接,存储灭菌培养基、无菌水等。在室内棚顶适当的位置吊装紫外灯,用来照射灭菌。配置超净工作台、推车,放置灭菌培养基。

4. 培养室

培养室是接种材料进行培养生长的场所,主要用于植物材料接种后培养、无菌苗继代培养与生根培养。培养室内配置培养架,面积大小可根据培养架的大小、数量及其他设备的实际情况而定。培养架上每层分别安装光源,一般需40 W LED照明灯管2根。培养室需要有空调和照明设备，温度要求一般在22～28 ℃。

（二）仪器、设备

1. 天平

主要用于试剂的称量，包括：精度0.01 g和0.1 g的电子天平，用于称取培养基中的大量元素、蔗糖、琼脂粉等；精度0.000 1 g的电子天平，用于称取微量元素、植物激素等。

2. 烘箱

主要用于玻璃器皿、植物材料的干燥灭菌。洗净后的玻璃器皿，可在烘箱内80～90 ℃烘干。植物材料需要干样，可在烘箱内80 ℃烘干备用。

3. 温箱和人工气候箱

用于植物原生质体和酶制剂的保温、植物材料暗培养。人工气候箱具有自动调控光照、温度和湿度的功能，可进行小型实验。

4. 灭菌锅

电加温，能够自动控制温度、压力和时间。

5. 超净工作台

用于无菌操作室内接种和无菌苗转接等无菌操作。超净工作台有单人操作、双人操作、水平风、垂直风等多种规格，装有过滤装置，可以把空气中大于0.3 μm的尘埃颗粒滤掉，通过风机交流，将空气过滤后达到无菌台面，阻止台面污染。

6. 其他

实验室中还有冰箱、空调、离心机、酸度计、定时开关、振荡器、摇床、显微镜、实体解剖镜、水浴锅等。

二、组织培养技术

（一）培养容器清洗和接种器械灭菌

培养容器应放入洗洁精或洗衣液中浸泡、清洗，清洗后用自来水冲洗干净，放入烘箱中烘干后备用；接种器械包括镊子、接种盘、解剖刀柄清洗后用牛皮纸或锡纸包好后，与培养基一起放入高压灭菌锅中灭菌20 min。

（二）培养基的配制与保存

培养基是培养物生长分化的基质，是植物组织培养成功的关键。培养基种类很多，常用的有MS、B5、N6、White等，在离体培养条件下，不同种类植物对营养的要求不同，甚至同一种植物不同部位的组织以及不同培养阶段对营养的要求也不尽相同，最常用的培养基是MS培养基，被广泛应用于植物的器官、组织、细胞和原生质体培养。因此，筛选合适的培养基是植物组织培养极其重要内容。

培养基对药品、糖、琼脂和水质有一定的要求，一般采用分析纯或化学纯试剂，以防含有有毒有害杂质而影响培养效果，但一般的生产性育苗可以用食用白糖代替分析纯蔗糖。药品称量、定容都要准确，选用蒸馏水或去离子水配制。

1. 母液配制与保存

对于常用培养基的主要成分如大量元素、微量元素、有机成分、铁盐、植物生长调节剂，可以按照各种成分的需要量扩大一定的倍数，配制成母液，这样可以避免每次称量操作烦琐以及称取量过少造成的误差，母液配制应用蒸馏水或者去离子水。母液配制完成后应贴好标签，注明名称、浓度、日期等信息，贮存在 2～4 ℃的冰箱内保存。

有些植物生长调节剂不溶于水，可加热并不断搅拌促使其溶解，必要时加入稀酸、稀碱、酒精等溶液促溶。常用的生长调节物质溶解方法如下：

(1)细胞分裂素类　常用的细胞分裂素有激动素(KT)、6-苄氨基嘌呤(6-BA)、玉米素(ZT)等，可先用少量 1 mol/L 盐酸溶解，用蒸馏水定容。

(2)生长素类　常用的生长素种类有萘乙酸(NAA)、吲哚丁酸(IBA)、吲哚乙酸(IAA)、2,4-二氯苯氧乙酸(2,4-D)等。一般可用少量 95%乙醇或 0.1 mol/L NaOH 等溶解，然后加蒸馏水定容。2,4-D 溶解于 95%的乙醇或 0.1 mol/L NaOH 中，用去离子水或蒸馏水定容，贮于棕色瓶中，低温保存。

主要植物生长调节物质及其性质见表 3-2。

表 3-2　常见植物生长调节物质及其主要性质

名称	化学式	分子量	溶解性质
吲哚乙酸(IAA)	$C_{10}H_9O_2N$	175.19	溶于醇、醚、丙酮，在碱性溶液中较稳定，遇热酸后失去活性
吲哚丁酸(IBA)	$C_{12}H_{13}O_3N$	203.24	溶于醇、丙酮、醚，不溶于水、氯仿
α-萘乙酸(NAA)	$C_{12}H_{10}O_2$	186.20	易溶于热水，微溶于冷水，溶于丙酮、醚、乙酸、苯
2,4-二氯苯氧乙酸(2,4-D)	$C_8H_6C_{12}O_3$	221.04	难溶于水，溶于醇、丙酮、乙醚等有机溶剂
赤霉素(GA_3)	$C_{19}H_{22}O_6$	346.4	难溶于水，不溶于石油醚、苯、氯仿而溶于醇类、丙酮、冰乙酸
激动素(KT)	$C_{10}H_9N_5O$	215.21	易溶于稀盐酸、稀氢氧化钠、微溶于冷水、乙醇、甲醇
6-苄氨基嘌呤(6-BA)	$C_{12}H_{11}N_5$	225.25	溶于稀碱稀酸，不溶于乙醇

2. 培养基配制

根据培养目的和培养物选择合适的基本培养基和植物生长调节剂的种类及浓度配比。以配制 1 L MS 培养基为例，容器中加入琼脂粉 6～8 g，蔗糖或白砂糖 30 g，适量的大量元素(A)、微量元素(B)、有机物(C)、铁盐、肌醇母液(或 MS 培养基粉 4.7～5.0 g)、蒸馏水，搅拌并加热至琼脂粉、蔗糖完全溶解，定容至 1 L，用 0.1～1 mol/L NaOH 或 0.1～1 mol/L HCl 调节 pH 至 5.8～6.0(根据培养物确定)。

3. 封装

配制好的培养基进行定量分装，应根据不同的培养阶段选择分装容器，分装量为分装容器容积的约 1/5。避免培养基洒到瓶口或外瓶壁上产生污染。分装好后，旋紧瓶盖，或用封口膜封口系好。

4. 灭菌及贮存

培养基封装好后放入高压灭菌锅中进行灭菌，121 ℃、1.1 kg/cm^2 灭菌 20 min。在此温度、压力下，可以很快地杀死各种真菌、细菌及其高度耐高温的芽孢。具体操作程序为：高压灭菌锅内添加适量水，将分装好的培养基放入高压灭菌锅内，盖好灭菌锅锅盖，旋紧锅盖控制阀，打开电源开关加热，打开排气阀，随着温度的升高，排除锅内的冷空气，再关闭气阀，当高压灭菌锅的温度达 121 ℃时，压力为 0.11 MPa 时，保持此压力灭菌 20 min。关闭电源开关后，待压力表指针恢复至 0 时，打开排气阀放气，取出培养基，放置于操作间内。灭菌温度不宜过高，避免有机成分分解。标注好配制日期放入接种室内自然冷却备用，放置时间不宜过长。含抗生素、玉米素、赤霉素等的培养基最好现用现配。

使用高压灭菌锅时应注意以下几点：

(1)使用前应仔细阅读使用说明书，严格按照要求操作。

(2)先在高压灭菌锅内加水，加水量应按说明书上要求确定。不可装得太满，否则会因压力与温度不对应，造成灭菌不彻底。

(3)增压前必须排出锅内冷空气，保证高压锅内升温均匀。在高压灭菌过程中，要保持压力恒定，不能随意延长灭菌时间和增加压力。压力过大或时间过长则培养基中的成分变质或效力降低，影响培养基的有效成分，同时也易使培养基的 pH 发生较大幅度的变化；压力过低或时间过短则灭菌不彻底，达不到灭菌的最佳效果。

(4)当压力逐步降到零，打开排气阀放气后，才能开启压力锅，避免产生危险。

(5)高压灭菌锅在工作的时候必须有人看守，如果出现异常情况，应采取应急措施，避免发生安全事故。

(三)组织培养方法

1. 外植体选择

外植体是由活体生物上切取下来的用于离体培养的器官、组织或细胞。在实际应用中，不同的植物种类、同一植物的不同器官甚至同一器官的不同生理状态，对外界的诱导反应能力和其本身的再分化能力都是不同的。因此，外植体的筛选主要从以下几个方面进行。

(1)母株　应选取生长健壮、无病虫害、洁净的植株，其再生能力强，组织培养容易获得成功。

(2)取材　应选择器官和组织上相对幼嫩的部分，同一植物的器官、组织的形态发生能力不同，可根据培养目的，从材料来源、器官或组织类型、外植体年龄等进行选择，一般是选择健壮植株的芽、茎、叶等器官作为外植体。选取的外植体材料要尽量干净、少带菌，如一年生组织比多年生组织灭菌容易，温室或培养室中植株作为外植体接种比露地材料灭菌容易。

(3)取材时间　离体培养时，外植体的取材时间特别重要，一般植物生长季是取材的最佳时期，接种后成活率高。以植物的茎、叶、芽作为外植体，宜在晴天午后或者是植物表面露水干后采集。

(4)外植体的大小　外植体太大容易污染，外植体太小接种后成活率低，一般选取外植体大小在 0.5～1.0 cm。

2. 外植体的消毒与接种

(1)外植体处理与消毒　外植体在接种前必须进行预处理，除去叶片，带茸毛、不容易清洗的材料要用软毛刷等轻轻刷洗，然后放在量杯中，加 2 滴洗涤剂，在流水下冲洗 2～4 h，冲洗时间视所选外植体材料洁净程度而定。

针对不同的外植体，选择适宜的消毒时间，可能要经过多次试验，才能筛选出合适的消毒时间，时间过短容易造成外植体污染，时间过长又容易造成外植体死亡或分化能力下降。具体操作方法如下：

将冲洗干净的外植体放入烧杯中，在超净工作台上用75%酒精消毒15～30 s，倒掉酒精，倒入消毒液进行消毒处理。常用的外植体消毒剂有0.1% $HgCl_2$ 溶液、10%～20%次氯酸钠溶液等，0.1% $HgCl_2$ 溶液消毒效果好，但有剧毒，容易造成环境污染，因此目前已经限制使用。具体浓度及消毒时间应根据培养材料而有所不同，消毒过程中不断摇晃烧杯或者使用振荡器来消除外植体表面气泡，以保证消毒液与外植体充分接触。倒出消毒液，用无菌水冲洗3～5次。

(2)外植体的接种　接种室、缓冲室应用紫外线灯消毒30 min，紫外线灯关闭30 min后方可进入接种室。操作人员在进入接种室前应洗净双手，换接种服，戴口罩，换拖鞋或穿鞋套，打开超净工作台，用75%的酒精将超净工作台的台面及内壁擦拭一遍。接种盘用酒精棉擦拭后，在酒精灯火焰下灼烧数秒，解剖刀和镊子等接种工具应在使用前后用酒精灯外焰灼烧30～50 s，放凉后备用。

在接种盘内放置1张无菌滤纸，用镊子取出消毒好的外植体，放置到无菌滤纸上吸干表面水分，用解剖刀将外植体切成合适大小，将培养基在近酒精灯火焰处打开瓶盖，培养瓶倾斜45 ℃，将切好的外植体用镊子接入培养基中，栽植深度以组培苗不倒为宜，操作过程中，操作人员的手、镊子不能碰到培养瓶瓶口或者外壁。接种完成后旋紧瓶盖或用封口膜封好并用橡皮筋扎紧，注明品种、接种日期等，送入培养室内进行培养(图3-20)。

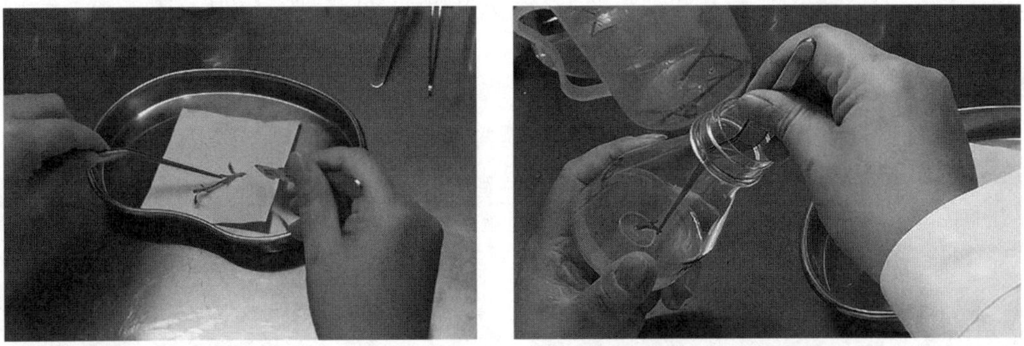

图3-20　外植体(石竹茎段)接种

3. 继代增殖培养

将接种诱导形成的不定芽转入增殖培养基进行培养，培养时间为3～6周，根据培养材料的生长情况来确定具体的培养时间，增殖培养可重复进行(图3-21)。

图3-21　继代增殖苗转接

对培养材料进行继代培养的主要目的是迅速增殖培养物，增加繁殖率，有利于工厂化育苗的进行。植物组织培养中，若不及时更换培养基则会出现以下情况：培养基营养丧失，对植物生长发育产生不利影响，造成生长衰退现象；培养容器被充满，不利于植物呼吸和导致植物生长受限；培养过程中积累大量代谢产物，对植物组织产生毒害作用，阻止其进一步生长。培养基及培养条件对继代培养影响很大，应针对不同种类、不同品种植物材料，配制不同的继代增殖培养基。

4. 壮苗和生根培养

若诱导形成的不定芽细弱，可转入壮苗培养基上进行培养，使组培苗粗壮，便于生根培养，培养时间为3～4周。

在培养材料增殖到一定数量后，将生长健壮的一部分无菌苗转入生根培养基中，培养时间为2～3周，当小苗基部长出3～5条1～2 cm的不定根后即可进行炼苗。

5. 无菌苗移栽

在无菌苗的组织培养生产和实践中，往往容易出现组培苗移栽不成功的情况，或者移栽的成活率过低，或者移栽后小苗生长差，甚至移栽后全部死亡。所以在移栽前要对无菌苗进行炼苗，使植株对外界环境的适应能力增强，以提高移栽成活率。

炼苗可在培养间或温室进行，逐渐打开瓶盖使无菌苗逐步适应外界的环境条件，1～3 d后取出生根苗，将附着的培养基清洗干净，避免伤根，栽入育苗盘基质中。选择透气性和排水性好的基质，常用的有珍珠岩、蛭石、河沙、草炭等，也可混合使用，基质使用前应用0.5 g/L多菌灵(80%可湿性粉剂)喷透，48 h后可用。移栽后室内温度保持在20～28 ℃，相对湿度在75%左右，遮阴5～7 d，逐步加强光照，使其慢慢适应自然环境(图3-22)。

图3-22　无菌苗移栽

拓展知识

菊花茎尖脱毒培养技术

自然界中，很多植物因受病毒侵染而发生病毒病。采用无性繁殖的植物，在繁殖过程中病毒可通过营养体进行传递，逐代积累，使病毒病的危害更为严重。病毒可危害植株生长，使植株株高严重不足、叶片和茎秆畸形、优良性状丢失，严重影响观赏价值，进而引起花卉产量和品质下降，给花卉产业生产造成巨大影响。为解决病毒病的危害，20 世纪 80 年代，人们就广泛采用了茎尖脱毒的方法，茎尖生长点(0.1～1 mm)区域通常没有或极少有病毒颗粒。脱毒植株生长势强，花朵大，色泽鲜艳，抗逆性强，产花数量多，能够保持品种的优良特性。菊花茎尖脱毒培养方法如下：

1. 外植体选择与制备

选择无病虫害的健康母株上盆，在温室等清洁环境内栽培。花蕾形成前剪取侧芽 3 cm 长顶端，去除叶片。

把剪好的外植体放入量杯，加少量中性洗涤液后用流水冲洗 30～60 min，再放入 5%次氯酸钠溶液，滴入 1～2 滴 Tween-20，消毒 15～20 min。在超净工作台中用无菌水清洗 3～4 次后备用。

2. 茎尖剥离与培养

在超净工作台上将外植体肉眼可见的叶柄切除，在实体解剖镜下用解剖刀、解剖针剥掉幼叶，至露出最后 2 个叶原基，用解剖刀切下茎尖生长点，大小为 0.3～0.5 mm，迅速置于 MS 培养基中。切得过大，脱毒率会下降，过小则成活率会下降。

3. 无菌苗培养

在 22～25 ℃、2 000 lx、每天光照 14 h 的条件下培养 5～7 周即可长成约 1 cm 长小苗，如果需要培养大量无菌苗，幼苗长到 3 cm 高以上时可在节间切割成数段，移栽至增殖培养基中进行继代培养。健壮小苗可直接转接到生根培养基中培养，或瓶外生根培养。

4. 驯化

生根长度 3～4 cm 的无菌小苗从瓶中取出，洗净琼脂，水温应接近于室温，避免伤根。把小苗栽于已消毒的蛭石中。移栽初期应注意逐步降低湿度、增加光照强度，之后常规管理，待小苗扎根，完成驯化。

技能训练一 万寿菊穴盘育苗技术

一、实训目的

通过实训，掌握万寿菊播种、穴盘育苗生产过程，保证播种苗成活率及在规定时间应用。

微课 3-8 万寿菊播种技术

二、材料于工具

1. 材料

万寿菊种子、基质、育苗盘、消毒剂。

2. 工具

喷壶、标签、遮阳网等。

三、方法步骤

1. 播前准备与处理

(1)根据万寿菊的开花周期和应用时间确定在 4～5 月播种，选择种实饱满、无病菌的种子。

(2)选择 72 孔或 128 孔或 256 孔穴盘，装入培养土，可用 100 倍漂白粉溶液消毒 8～10 h。

基质选择草炭、泥炭土，按 1∶1 比例混合装入穴盘中，用木条刮平，使用 0.3%～0.5%的高锰酸钾溶液消毒 24～48 h，喷水清洗后备用。

2. 穴盘播种

播种前将穴盘浇透水，种子点播，每穴 1 粒，覆土，轻压使种子与培养土紧密结合。

3. 播后管理

(1)将穴盘摆入苗床中，覆盖薄膜，用竹条支起小拱形架，上遮阳网。

(2)室温控制在 20～26 ℃，保持培养土湿润，待种子萌发后去掉薄膜。逐步撤去遮阳网。喷雾补水，防止浇水引起土壤表面板结而影响种子发芽。子叶长出后可施一次低浓度液肥。

(3)可根据生长需要换钵，当幼苗长出 4～5 片真叶时，可进行第一次摘心，侧芽长出 3～4 片真叶时可把顶芽摘掉。根据开花需求确定最后一次摘心时间。

(4)应控制浇水，掌握不干不浇的原则。生长期间增施一定量的磷肥和钾肥。

四、实训报告

(1)完成实训报告，记录播种育苗操作步骤及育苗过程(表 3-3)。

表 3-3　育苗过程记录

种名	播种日期	开始出芽日期	50%出芽日期	80%出芽日期	出现两对真叶日期	温度	湿度

(2)统计发芽率，分析发芽率高(低)的原因。

技能训练二　月季扦插繁殖技术

一、实训目的

通过实训，掌握月季硬枝扦插、嫩枝扦插繁殖的插穗选择与处理、扦插方法和插后养护技术，保证扦插成活率。

二、材料与工具

1. 材料

月季插穗、扦插基质、育苗盘、消毒剂。

2. 工具

枝剪、喷壶、标签等。

三、方法步骤

(1)时间和方法　4～9 月植株生长季进行。根据月季的特性，结合实际生产需要，分别采用硬枝扦插和嫩枝扦插两种方式。

(2)插穗的剪取与处理　在生长健壮、无病虫害、枝条充实的母株上选择适于作插穗的枝条，利用锋利枝剪剪下，然后按要求剪成适宜长度，剪口要光滑，利于愈伤生长和生根。对于硬枝扦插或难生根的品种可使用植物生长调节剂处理插穗。

(3)扦插　在已备好的育苗盘基质中扦插，按插穗大小和类型调整扦插深度和间距，插后轻压基质并浇透水。

(4)插后管理 根据扦插季节和插穗类型，从温度、水分及养分等方面制定扦插苗养护管理措施。

四、实训报告

填写表 3-4，记录扦插过程。

表 3-4 扦插育苗生长观察记录

观察日期	生长时间	苗高/cm	发叶情况		生根情况	
			开始发叶日期	发叶插条数	开始生根日期	生根插条数

技能训练三 百合分球繁殖技术

一、实训目的

掌握百合分球繁殖操作技术。

二、材料与工具

百合鳞茎等，铁锹、小铲、分生刀等。

三、方法步骤

1. 分球时期

分球繁殖一般在每年秋季或春季百合种植期进行。

2. 苗床准备

选择夏季凉爽(一般 7 月份平均气温不超过 22 ℃)、土质疏松肥沃、灌排方便的地方作百合鳞茎繁殖基地。一般宜选择高海拔冷凉山区、湖河水边或半岛地区。苗床要清除残根枯枝，精耕细作，并施入少量腐熟有机肥，苗床宽 100～200 cm，长度根据具体情况而定。

3. 分球方法

(1)鳞茎的自然繁殖 百合经过一年生长后，在地下形成了新的鳞茎，兰州百合的鳞茎是两两相连的，称为根茎型，卷丹的鳞茎是四个相连的，称为集聚型。对各种类型的鳞茎都可按其自然形态加以分割，进行繁殖。

这种自然分割繁殖的鳞茎体积大，只要条件适宜即能长成开花良好的新个体，但数量有限，所以不能作为繁殖种球的主要方法。

(2)子球繁殖 许多百合(如麝香百合)地下部或接近地面的茎节上会长出许多小子球，待其充分长大后，将其小心取下，单独种植，都可形成新的植株。一棵麝香百合具有几十个子球，可繁殖几十棵新株。子球长成的新植株虽然开花较自然分割的晚，但比较健壮。

四、实训报告

完成实训报告，分析百合分球繁殖的优缺点。

技能训练四　仙人掌类髓心嫁接技术

一、实训目的

掌握仙人掌类髓心嫁接技术。

二、材料与工具

仙人掌类砧木，仙人球、蟹爪莲等接穗；枝剪、芽接刀、绑绳、塑料袋等。

三、方法步骤

选取三棱剑、仙人掌等为砧木，选仙人球、蟹爪兰等为接穗。

(1)平接法　将三棱剑留根颈 10～20 cm 平截，斜削去几个棱角，将仙人球下部平切一刀，切面与砧木切口大小相近，髓心对齐平放在砧木上，用细绳绑紧固定，勿从上浇水。

(2)插接法　选仙人掌或大仙人球为砧木，上端切平，顺髓心向下切 1.5 cm，选接穗，削一 1.5 cm 长楔形面，插入砧木切口中，用细绳扎紧，上部套袋防水。

四、实训报告

调查嫁接成活率，分析操作过程中的问题并提出解决的措施。

自测训练

一、判断题

1. 花卉有性繁殖就是用花卉种子繁殖。　(　　)
2. 胚根已突破种皮的种子消毒时易受伤。　(　　)
3. 四季秋海棠的种子特别细小，播种不宜覆土。　(　　)
4. 种子繁殖的最大优点就是能有效地将品种的性状稳定地遗传下去。　(　　)
5. 大粒种子适宜撒播。　(　　)
6. 花卉扦插繁殖中，嫩枝扦插成活率高于硬枝扦插。　(　　)
7. 硬枝扦插的深度为插穗长的 1/3～1/2。　(　　)
8. 嫩枝扦插的适宜深度为插穗长的 1/3～1/2。　(　　)
9. 扦插时基质的温度应稍低于空气温度，才易成活。　(　　)
10. 嫩枝扦插时，必须去掉插条的全部叶片，以减少水分损失，提高成活率。　(　　)
11. 花卉分生繁殖属有性繁殖。　(　　)
12. 分株丛是将根部或茎部产生的带根萌蘖从母体上分割下来，形成新的独立植株的方法。　(　　)
13. 从叶丛基部抽生出来的节间长、横生的茎称为走茎。　(　　)
14. 植物从茎部发出横生地面的茎称为匍匐茎。　(　　)
15. 仙客来适于块茎繁殖。　(　　)
16. 花卉嫁接繁殖属有性繁殖。　(　　)
17. 一般幼龄树上的插穗比老龄树上的插穗容易生根。　(　　)
18. 生产上枝接一般在 3～4 月份，芽接一般在 6～9 月份。　(　　)
19. 靠接一般用于一般嫁接难以成活的园林花木。　(　　)

20. 砧木与接穗的亲和力是影响成活的主要因素。（　　）
21. 利用茎尖生长点进行组织培养可以培育“去毒苗”。（　　）
22. 组织培养的无菌化就是控制外部杂菌和内部杂菌的感染。（　　）
23. 培养基配制中铁盐贮备液必须贮存于透明的玻璃瓶中。（　　）
24. 消灭外植体表面所带的各种病菌，才能保证无菌培养。（　　）
25. 花药和花粉培养可获得单倍体植株。（　　）

二、选择题

1. 种子萌发的首要条件是（　　）。
   A. 适宜温度　B. 适当水分　C. 充足氧气　D. 成熟的活种子
2. 播种繁殖有很多优点，它的不足是（　　）。
   A. 苗木耐旱力差　B. 繁殖系数最小
   C. 优良品种的性状易变异　D. 不利于引种驯化
3. 绝大多数苗木适宜播种时期为（　　）。
   A. 春季　B. 夏季　C. 秋季　D. 冬季
4. 种皮坚硬的大粒种和休眠期长而又发芽困难的种子适宜播种时期为（　　）。
   A. 春季　B. 夏季　C. 秋季　D. 冬季
5. 种子在春夏成熟而又不耐贮藏或生活力较差的苗木适宜播种时期为（　　）。
   A. 春季　B. 夏季　C. 秋季　D. 冬季
6. 种子处理包括（　　）。
   A. 种子精选　B. 种子消毒　C. 种子催芽　D. 以上三者都是
7. 育苗工作中一项重要的技术措施是（　　）。
   A. 种子消毒　B. 种子精选　C. 种子催芽　D. 土壤消毒
8. 关系到育苗成败的关键技术措施是（　　）。
   A. 种子消毒　B. 种子精选　C. 种子催芽　D. 土壤消毒
9. 下列花卉中，不能用种子繁殖的是（　　）。
   A. 八仙花　B. 玉兰　C. 紫薇　D. 杜鹃花
10. 以下哪种繁殖方法不是营养繁殖？（　　）
    A. 播种　B. 嫁接　C. 扦插　D. 压条
11. 最常用的扦插基质是（　　）。
    A. 园土　B. 河沙　C. 腐叶土　D. 泥炭
12. 扦插生根的外界条件是温度、湿度、空气、光照和（　　）。
    A. 遮阴　B. 珍珠岩　C. 生根剂　D. 扦插基质
13. 扦插后应进行遮阴处理，其主要的目的为（　　）。
    A. 避免阳光中的紫外线抑制插穗生根　B. 降低插穗的蒸腾强度
    C. 插穗只能在阴暗处生根　D. 即便是“全光喷雾”也必须进行遮阴
14. 嫩枝扦插的适宜时期是（　　）。
    A. 春季　B. 夏季　C. 秋季　D. 生长季
15. 为了提高嫩枝扦插成活率，扦插上应保留（　　）。
    A. 全部叶子　B. 部分叶片　C. 不留叶片　D. 越多越好

16. 下列植物的营养器官中，(　　)可作为扦插繁殖的材料。
A. 根　B. 茎　C. 叶　D. 都可以
17. (　　)不属于扦插苗特点。
A. 保持品种优良特性　B. 增强抗性和适应性
C. 提前开花结实　D. 克服种子不易繁殖的现象
18. 金边虎皮兰，欲保持金边不消失需用(　　)繁殖。
A. 扦插　B. 分株　C. 压条　D. 有性繁殖
19. 百合主要得繁殖方法为(　　)
A. 扦插　B. 分球　C. 播种　D. 嫁接
20. 大丽花的繁殖常采用(　　)。
A. 播种繁殖　B. 分割根颈　C. 压条繁殖　D. 嫁接繁殖
21. 下列花卉为块根类球根花卉的是(　　)。
A. 大丽花　B. 金盏菊　C. 蝴蝶兰　D. 风信子
22. 鸢尾的分株繁殖每隔(　　)年进行一次。
A. 1～2　B. 2～4　C. 5～7　D. 6～8
23. 下列花卉属于球根花卉的是(　　)。
A. 菊花　B. 月季　C. 唐菖蒲　D. 石竹
24. 观赏凤梨可以采用的繁殖方法为(　　)。
A. 走茎繁殖　B. 吸芽繁殖　C. 分球繁殖　D. 株芽繁殖
25. 球根花卉栽植的深度一般为球高的(　　)倍。
A. 1～2 倍　B. 3 倍　C. 4～5 倍　D. 6 倍
26. 下列不属于分生繁殖特点的是(　　)。
A. 成活率高　B. 成苗快　C. 开花早　D. 繁殖系数高
27. 吊兰的繁殖常采用(　　)。
A. 吸芽繁殖　B. 走茎繁殖　C. 匍匐茎繁殖　D. 分球繁殖
28. 嫁接没有(　　)的作用。
A. 保持品种的优良特性　B. 增强接穗品种的抗性、适应性
C. 延长植株的寿命　D. 提早开花结果
29. 嫁接成活的生理基础是植物的(　　)。
A. 再生能力　B. 分化能力　C. 光合作用　D. A 和 B
30. 蟹爪兰接于仙人掌上，主要用(　　)。
A. 平接　B. 斜接　C. 楔接　D. 插接
31. 下列说法不正确的是(　　)。
A. 供嫁接用的枝或芽交接穗　B. 接受接穗的植株叫砧木
C. 以枝条为接穗的称为枝接　D. 以根为接穗的为根接
32. 重瓣品种的碧桃、梅花，主要用(　　)方法进行繁殖。
A. 播种　B. 扦插　C. 嫁接　D. 分株
33. 决定砧、穗之间亲和力大小的主要因素是(　　)
A. 亲缘关系

B. 树木的年龄

C. 组织结构的相似程度

D. 对营养物质的吸收、代谢及酶活性上的差异程度

34. 下列说法不正确的是(　　)

A. 嫁接主要限于双子叶植物　　B. 嫁接苗寿命较长

C. 嫁接费工、技术要求高　　D. 小苗的嫁接处易折断

35. 嫁接方法很多,常因(　　)的不同而选择不同方法。

A. 植物种类　　B. 嫁接时期　　C. 气候条件　　D. A,B和C

36. 嫁接一般根据接穗不同可分为(　　)。

A. 枝接和芽接　　B. 枝接和根接

C. 芽接和根接　　D. 枝接、芽接和根接

37. 枝接成活(　　)后可松绑。

A. 半个月　　B. 1个月　　C. 2个月　　D. 3个月

38. 植物组织培养的基本原理是建立在(　　)基础上的。

A. 植物细胞的光合性　　B. 植物细胞的分裂性

C. 植物细胞的全能性　　D. 植物细胞的分化性

39. 用组织培养获得"脱毒苗",培养材料一般采用(　　)分生组织。

A. 根尖　　B. 茎尖　　C. 芽　　D. 叶

40. 利用组织培养技术进行快繁,以月增殖率1∶10计,6个月内由一株试管苗起始,可繁殖(　　)株新个体。

A. 100　　B. 1 000　　C. 1 000 000　　D. 100 000 000

41. 利用茎端分生组织培养无病毒苗,外植体不大于(　　)。

A. 0.5 mm　　B. 1.0 mm　　C. 2 mm　　D. 3 mm

42. 利用茎端分生组织伸长的再生方式,每次只能产生(　　)个植株。

A. 1　　B. 2　　C. 3　　D. 4

43. 将胚从胚珠或种子中取出,置于培养基上培养的方法,称为(　　)培养。

A. 胚珠　　B. 子房　　C. 胚　　D. 胚乳

44. 培养室的温度应当是可控的,一般温度保持在(　　)。

A. 15～20 ℃　　B. 20～25 ℃　　C. 25～30 ℃　　D. 30 ℃以上

45. 采用振荡方式进行液体培养的主要目的是(　　)。

A. 提供营养　　B. 减少渗透压　　C. 提供水分　　D. 提供氧气

46. 如果外植体含酚类或其他物质,抑制外植体发育可在培养基中加入(　　)。

A. 6-BA　　B. 蔗糖　　C. 活性炭　　D. 氨基酸

项目四　露地花卉栽培

项目导读

露地栽培是指完全在自然气候条件下，不加任何保护的栽培形式，是花卉栽培生产中最基本的栽培方式。露地花卉种类繁多，色彩丰富，对本地自然环境的适应能力比较强，是园林绿化美化中布置花坛、花镜、花丛、绿篱等的最主要的植物材料。这类花卉中大多数种类的生长周期与露地自然条件的变化周期基本一致，既能直播，又能移栽，整个生长发育的过程都可以在露地完成，因此栽培管理方便、成本低。通过人为的栽培管理，可使其生长茁壮、姿美色艳，提高观赏效果。

知识目标

1. 了解露地花卉的特点。
2. 掌握露地花卉的栽培管理技术。

能力目标

1. 能根据订单要求制订合理的生产计划。
2. 能够独立完成一些常见露地花卉的繁殖与养护。
3. 能根据生态习性选择合适的露地花卉进行应用搭配。

任务一　露地花卉栽培管理

微课 4-1　露地花卉栽培概述

一、露地花卉栽培的特点

露地花卉是指主要指用于花坛、花境、花带及园林绿地的花卉，包括一、二年生花卉，宿根花卉，球根花卉，水生花卉，木本花卉等。花卉露地栽培是最基本的栽培方式，是将花卉完全在自然气候条件下，不加任何保护地直播于露地或育苗移栽到露地栽培的方式。

露地花卉种类繁多，各类花卉有不同的生态习性，表现为春夏季生长发育，秋冬季种子成熟和落叶休眠。对环境条件要求各异。露地花卉适应性强，能自行调节水、肥、温、气等栽培条件。管理粗放，栽培容易，在城市绿地应用中，既能直播又能移栽，利用率高，能长期展示观赏效果。

二、露地花卉的栽培管理

（一）整地做畦

整地是花卉播种或移栽前进行的一系列土壤耕作措施的总称，包括对土壤进行翻耕、耙平、去杂等一系列工作。做畦是指将一块地做成多个一定长度和宽度的栽培小区。

1. 整地的作用

(1)创造良好的土壤耕层结构和表面状态,改善土壤的理化性质,协调水分、养分、空气、热量等因素,提高土壤肥力,为播种和作物生长、田间管理提供良好条件。

(2)可使土壤疏松透气,以利于土壤保水和有机质的分解,有利于种子发芽和根系的生长。

(3)耕翻可将杂草翻到土壤下层,又可将土壤下层的病菌、害虫卵等翻到土表,具有一定的杀虫、杀菌和杀草的作用。

(4)结合整地施入有机肥料,能促进土壤形成团粒结构。

2. 整地时间

整地多在秋天进行,也可在播种或移栽前进行。一般春季使用的土地应在上一年的秋季翻耕,秋季使用的土地应在上茬花苗出圃后翻耕。耙地原则上应在栽种前进行。

整地应在土壤干湿适度时进行,一般在土壤田间持水量的40%～60%时整地最好。太干时土壤硬,翻耕费力费工,土块难以破碎;过湿时,易造成土壤板结,使土壤透气性变差。

3. 整地深度

整地深度根据观赏植物种类及土壤情况而定。一、二年生花卉生长期短,根系较浅,整地深度一般控制在20～30 cm。宿根花卉生长健壮,根系比一、二年生花卉强大,入土较深,抗旱及适应不良环境的能力强,整地深度应达30～40 cm,甚至40～50 cm,并应施入大量的有机肥,以长时期维持良好的土壤结构。球根花卉对整地、施肥、松土的要求较宿根花卉高。因此,栽培球根花卉的土壤应适当深耕30～50 cm,并通过施用有机肥料、掺和其他基质材料,以改善土壤结构。木本花卉一般为多年生,树大根深,因此在整地时翻耕的深度应深一些,一般不能少于30～40 cm,尤其是培育大苗时,翻耕深度更不能浅。此外,整地深度还要看土壤质地,沙土宜浅,黏土宜深。

花坛整地除按上述要求进行外,如果土壤过于瘠薄或土质不良,可将上层30～40 cm土壤换成新土或培养土。土壤使用多年后,常导致病虫害频繁发生,此时可将心土翻上,表土翻下,阳光暴晒,并在翻耕后施入一定量的堆肥或厩肥,补充无机养分,改良土质。

4. 做畦

做畦又称做床,做畦的类型常根据地区、地势、栽培目的、花卉种类和习性分为高畦、低畦两种(图4-1)。北方少雨干旱地区、喜湿怕燥类花卉,多做低畦,畦两面有畦埂高出,能保留雨水及便于灌溉。而南方多雨易涝或地下水位较高的地区、耐旱怕湿类花卉,一般做高畦,畦面高出地面,便于排水。

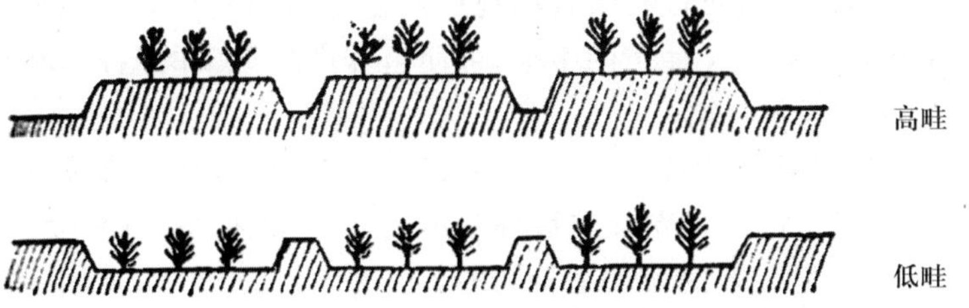

图4-1　畦(床)的形式

畦面宽度应该以地区及栽植的花卉种类而异,草本花卉及木本小苗,一般为1.0～1.5 m,如培育大苗用,畦面宽度可以加大到2.0～2.5 m。畦面长度根据所栽培的花卉数量和地形决定。

高畦的畦面要高出地面 20～30 cm，以便排水，并可扩大土壤与空气的接触面积，畦沟深 20～30 cm，畦沟宽 20～30 cm。低畦的畦面低于畦埂 20～30 cm，畦埂宽 30 cm 左右。

苗畦做好后打碎土块，耧平畦面，然后浇一次透水，待土壤半干时，最后整平畦面，供播种或移栽花苗用。

(二)播种与移栽

露地花卉的栽培方式有两种：一种是直播栽培，另一种是育苗移栽。

1. 直播栽培

直接在需要栽植的圃地里播种种子(或种球)，让其生长发育至开花的栽培方式称直播栽培。如新建草坪通常直接在草坪地上播种；某些直根性、不耐移栽的花卉如虞美人、花菱草、香豌豆、牵牛花等最好采用直播；球根花卉一般不需要事先育苗，而是直接将种球种植在花圃里。播后的管理工作主要有以下两方面。

(1)间苗　播种出苗后，幼苗拥挤，将过密的苗拨去，以扩大幼苗间距离，这项工作称为间苗，又称疏苗或匀苗。间苗可以扩大幼苗间的距离，改善拥挤状况，使幼苗间空气流通，日照充足，生长健壮，如果幼苗过于拥挤，不仅生长柔弱，且易引起病虫害。间苗也有去劣留优的作用。一般间苗时要去除下列几种苗：生长柔弱的苗、徒长的苗、畸形的苗、异种苗及异品种苗。间苗的原则是去密留稀、去弱留壮。

间苗工作通常在子叶出现后进行，不宜过迟，过迟易造成幼苗徒长，生长瘦弱。间苗需要分 2～3 次进行，第一次在子叶出齐以后，有 1～2 片真叶时，第二次间苗一般在有 3～4 片真叶的时候进行，最后一次间苗称为“定苗”。间苗时要小心，尽量不要牵动留下的幼苗，以免损伤根系。间苗后应及时浇水，使土壤与留下的小苗根系紧密接触。间下的幼苗，若为移植容易成活的种类，仍可栽植。

(2)补苗　补苗是指在过稀或缺株的地方补栽苗。在直播的情况下经常出现疏密不均的现象，因此，需要在间苗的同时对缺株的地方要进行补栽。补苗越早越好，不仅成活率高，而且与其他苗的长势容易一致。补苗宜在晴天下午 4 点以后或在阴天进行。补栽后需喷洒雾状水，增加土壤和空气湿度，以提高成活率。

2. 育苗移栽

先在育苗圃地播种培育花卉幼苗，长到成苗后，按照要求定植到园林绿地中的栽培方式称育苗移栽。露地花卉除去不宜移植而进行直播的花卉外，大都是先在苗床育苗，经分苗和移植后，最后定植于园林绿地。移栽可以扩大各类规格的苗株的株行距，使幼苗获得足够的营养、光照与空气；同时在移栽时切断了幼苗的主根，可使苗株产生更多的侧根，形成发达的根系，有利于其生长。

移栽又有两种情况：一是幼苗栽植后不再移栽，称为定植；二是栽植后经一定时期的生长，还要再行移栽，称为假植。此外，幼苗起苗后到栽植前，为防止根系干燥，会培上湿润土壤暂时放置，习惯上也称为假植，但二者的含义是不同的。

移栽可分为裸根移栽和带土坨移栽两类(图 4-2)。裸根移栽通常用于小苗及一些容易成活的大苗。带土坨移栽多用于大苗，少数根系稀少较难移栽的种类一般采用直播，不得已而移栽时也可用此法。现在露地一、二年生草花育苗多采用穴盘育种，幼苗在穴盘中生长一段时间后再行上钵，属于带土坨移栽。宿根花卉分株繁殖后的移栽，属于裸根移栽。

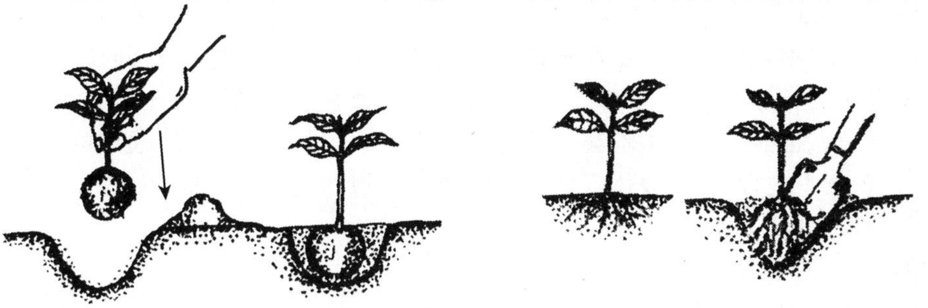

图 4-2 带土坨移栽和裸根移栽

移栽时期依苗的大小和应用时间而定,露地床播或冷床播种的幼苗,一般应在真叶生出5～6片时进行分苗,如果苗过大则不易恢复正常生长。较难移栽的花卉,应于苗很小时进行。宿根花卉移栽一般在春季植株刚开始恢复生长时进行,有利于成活。

移栽时间应选在无风的阴天或雨天来临之前最为理想,这样幼苗水分蒸腾量低,不会使植株水分失去平衡,造成萎蔫而影响成活。如果必须在炎热的天气栽种,则可于午后或傍晚日照不过于强烈时进行,并且在移栽时应边栽植边喷水,以保持湿润,防止萎蔫。待一畦全部栽植完后再行灌水。经过一次移栽的带土坨移栽苗,即使在炎热的天气也可进行移栽。移栽时土壤不宜过湿或过干,过湿会使土壤组织黏结,过干则不便于工作,也不能保持根的湿润状态。栽植株行距依花卉种类的不同而异,也决定于是假植或定植。如果是假植,栽植株行距较定植近,并且依据生长速度的快慢和留床时间的长短来定大小;如果是定植,栽植距离主要决定于花卉的种类或品种生长发育需要的营养面积。此外,肥沃土壤生长的植株比较旺盛,距离宜稍大。迟播和迟移的苗发育较差,距离宜较小。

移栽包括起苗和定植两个步骤。

(1)起苗　从圃地上把苗木挖掘起来叫起苗。起苗时土壤的干湿要得当,土壤过分干燥,易使幼苗萎蔫,土壤过分湿润时,不仅不便操作,且在栽植后土壤板结,不利于幼苗生长。如天旱土壤干燥,应在起苗前一天或数小时充分灌水。

起苗方式有裸根起苗和带土球起苗两种。裸根移栽的苗,用铁铲将苗带土掘出,然后轻轻抖落根群附着的土块,尽量避免伤根,即挖即栽,栽植前勿使根群暴露于强烈日光下或风口处,以免干根,影响成活。带土坨移植的苗,先用手铲将苗四周铲开,然后从侧下方将苗掘出,保持完整的土球,勿令破碎。在苗起出后,有时可摘除一部分叶片以减少蒸腾,保持植株水分的平衡。叶片摘除要适量,因为减少光合作用面积会影响新根的生长和幼苗以后的生长。在裸根能够成活的情况下,尽量不用带土球法移栽。

(2)定植　定植方法可分为沟植法与穴植法。沟植法是依一定的行距开沟栽植;穴植法是依一定的株行距掘穴或以移栽器打孔栽植。栽植深度与原种植深度一致,或再深1～2 cm。根出叶的苗不宜深栽,否则发芽部位埋入土中,容易腐烂。种植后要立即充分浇水。天旱时,要边种边浇水。在新根未生出前,也不可灌水过多,否则根部易腐烂。小苗组织柔弱,根系较小而地上部分蒸腾量大,移栽后数日应遮住强烈日光,以利于恢复生长。

定植时间原则上要在苗木的休眠期,春季是最适合植树的时候。一、二年生草花的定植没有严格的季节性,主要根据栽培目的选用适当苗期(幼苗期、小苗期或成苗期)的苗定植即可,只是要注意天气，以阴天或晴天傍晚进行为好，移栽后应立即浇水定根。在花坛等园林绿地中栽培，观花的一、二年生草花一般要在现蕾后才定植。球根花卉定植的时间要根据种类、品种和开花期要求而定，春天开花的如郁金香、风信子多在秋季定植，夏秋季开花的如美人蕉、大丽花多在春季定植。宿根花卉和木本花卉的定植期因休眠习性而异，有休眠期的落叶观赏植物一般是在春、秋两季进行，无明显休眠期的常绿观赏植物，原则上春、夏、秋都可移栽，但以春季发新叶前移栽最好，冬季移栽成活率低。

(三)灌溉

露地花卉虽然可以从天然降雨获得所需要的水分，但由于天然降雨不均匀，远不能满足花卉生长的需要。特别是缺雨季节，干旱对花卉的生长有很大的影响，因此灌溉工作是露地花卉栽培过程中的重要环节。

1. 灌溉用水

最好用无污染的河水，其次是池塘水，不含碱的井水(一般在10～15 m深的地下水)在生产中经常使用。

2. 灌溉方法

露地花卉灌溉的方法有漫灌、喷灌、滴灌等。我国北方干燥且地势平坦的地区，一般采用漫灌，用电力或畜力吸取井水，经水沟引入畦面。喷灌是依靠机械力将水压向水管，喷头接于水管上，水自喷头喷成细小的雨滴进行灌溉的方法，草坪及大面积栽培露地花卉时宜用喷灌。滴灌是利用低压管道系统，使灌溉水呈点滴状，缓慢而经常不断地浸润植株根系附近的土壤，此法节约用水，使用滴灌时，株行间土面仍为干燥状态，因此可抑制杂草生长，减少除草用工和除草剂的消耗；缺点是投资大，管道和滴头容易堵塞，在接近冻结气温时不能使用。因此大面积栽培露地花卉很少使用滴灌。

3. 灌水量及灌溉的次数

灌水量及灌水次数，常依季节、土质及露地花卉种类不同而异。夏季及春季气温较高，水分蒸发量大，应有较多次的灌水，灌水量大些。秋季大多数露地花卉停止生长，应减少灌水量及次数。一、二年生花卉及球根花卉根系浅，容易干旱，灌溉次数应较宿根花卉为多。沙土及沙质壤土透水性强，其灌溉次数应比其他较为黏重的土质为多。

4. 灌溉时间

每天的灌水时间因季节而异。夏季灌溉应在清晨和傍晚时进行，这个时间水温与土温相差较小，对花卉的根系有保护作用，傍晚灌溉更好，因夜间水分下渗到土层中，可以避免日间水分的迅速蒸发。冬季灌溉应在中午前后进行，因冬季早晚气温较低。

(四)施肥

露地花卉生长发育所需的营养元素绝大部分来自土壤，在人工栽培的条件下，施肥是补充营养的主要方式，因此肥料的种类、施用量及施用时期等对花木正常生长影响极大。

1. 肥料的种类

露地花卉栽培肥料通常分为有机肥和无机肥两大类。

有机肥主要有人粪尿、畜禽粪及各种饼粕，如豆饼、麻酱渣、棉籽饼等，它们含有丰富的氮、磷、钾及微量元素。施用有机肥一定要经过发酵，生肥容易损伤花卉根系。

无机肥(俗称“化肥”)，无机肥分为氮肥(如尿素、碳酸铵、碳酸氢铵、氨水、氯化铵、硝酸钙等)、磷肥(如过磷酸钙、钙镁磷肥多用作基肥添加剂，肥效比较慢；磷酸二氢钾、磷酸铵为高浓度速效肥，且含氮和钾肥，可用作追肥）和钾肥（主要有氯化钾、硫酸钾、磷酸二氢钾、硝酸钾等，均为速效性肥料，可作追肥施用）。施用化肥后要立即灌水。

2. 施用量

施用量因露地花卉种类、土质及肥料的种类不同而异。一般植株矮小的露地花卉宜少施，植株高大的露地花卉宜多施。同一种露地花卉不同的生育时期施肥的成分和量都不相同，如一、二年生花卉，苗期氮肥可稍多一些，但在生殖生长期，磷、钾肥应逐渐增多。

3. 施肥的方法

(1)基肥　以有机肥为主，在播种或移植前结合耕地进行施肥。基肥对改良土壤的物理性质具有重要作用。

(2)追肥　指在花苗生长季节追施的肥料，以补充基肥的不足，满足花苗不同生长发育时期对营养成分的需求。

追肥的施用方法依肥料种类及植株生长情况而定，植株较大时施肥应距根系远些，施用粪干或豆饼时，可采用沟施或穴施。施用人粪尿或化学肥料时，常随水冲施，化学肥料也可按株点施，或按行条施，施后灌水。

(3)根外追肥　是把营养溶液直接喷洒在叶面上使植物吸收的一种追肥方法。使用的化肥通常有尿素、过磷酸钙、硫酸亚铁、磷酸二氢钾以及其他微量元素等。喷施浓度一般在0.1%～0.5%。根外追肥应选择清晨及傍晚或阴天进行，以保证喷洒均匀和有充裕的吸收时间。露地花卉进入开花期之后，不宜进行根外追肥。

4. 施肥时期及次数

一般施肥次数在3～4次/年，第一次在春季开始生长后追肥，第二次在开花前追肥，第三次在花后追肥，第四次在秋季叶枯后，应在株旁补以有机肥。一般开花期不能追肥，速效肥应在需要时施用，而有机肥等迟效肥宜提早施用。

(五)中耕除草

中耕能疏松表土，减少水分的蒸发，增加土温，改善土壤表层的理化性状，促进土壤内的空气流通和土壤中有益微生物的繁殖和活动，为露地花卉根系的生长和养分的吸收创造良好的环境。通常在中耕的同时可除去杂草。

中耕深度以不伤及植株根系为宜，一般为3～5 cm。幼苗期应浅，以后逐渐加深。近根处宜浅，远根处宜深。根系分布较浅的观赏植物应浅耕，反之，中耕可较深。除草是一项长期的工作，应本着“除早、除小、除了”的原则进行，即杂草发生之初，尽早进行；杂草开花结实之前必须清除；多年生杂草必须将其地下部分全部掘出；不仅要把苗畦上的杂草除光，还要把步道及四周的杂草除光。

近年来化学除草剂得到普遍应用，其成本低、效用大，有的除草剂还有选择性灭草的能力。目前生产的除草剂主要有除草醚、灭草灵、西马津、二甲四氯、莠去津、五氯酚钠、敌草隆、敌稗等。除草剂一般都具有选择性，如茅草枯可防除单子叶杂草；西马津、莠去津能防除一年生杂草；敌草隆可防除一般杂草及灌木等。但使用化学除草剂要准确掌握各种药剂的作用和性能、使用浓度、残效期、是否污染环境等，否则会造成严重的后果。

(六)整形修剪

整形修剪是指通过各种措施使花卉保持株形美观、奇特，枝叶紧凑及着花（或着果）繁密的栽培技术环节，也是花卉生产的一项日常工作。

整形是对植株实行修剪措施，使其形成一定形状。常见露地花卉的整形方式有单干式、多干式、丛生式、悬崖式和攀缘式等。单干式，只留一个主干，如标本菊的整形。多干式，留2～4个主枝，如大丽花的整形。丛生式，适合此种整形的花卉较多，如一串红、波斯菊、金鱼草、美女樱和矮牵牛等。悬崖式，全株枝条向下、向一个方向伸展，多用于小菊品种整形。攀缘式，多用于蔓性花卉，如牵牛、茑萝、铁线莲等，这些植株应引缚在一定形式的支架上。

修剪是指对花卉植株局部或某一器官实施具体的修理，通过修剪可以起到除劣促新、协调生长、控制开花、更新复壮等作用，并使花卉植株保持一定的形态。

按花卉修剪的时期可分为休眠期修剪和生长期修剪。休眠期修剪多用于落叶花灌木和宿根花卉，如月季多在落叶后萌发前将地上部分剪去，仅留其基部；而宿根花卉则在开花之后剪去地上部分，仅留宿根。生长期为促进新枝生长、多开花，则宜在生长季节或开花后轻度修剪。有的仅将花枝剪去，使下部萌发新枝开花。

修剪的方法主要包括摘心、除芽、折梢、曲枝、去蕾和修剪等。

1. 摘心

摘心是指摘除枝梢顶芽，以促进分枝生长，增加花朵数目。一、二年生草花和宿根花卉多采用摘心，特别是分枝力不强的花卉，如一串红、大波斯菊、荷兰菊等。摘心还可以控制植株高度，增加分枝，使株丛低矮紧凑。如万寿菊、波斯菊生长期长，为了控制高度，于生长初期摘心。但地栽以顶花为主的花卉和自然分枝力强的种类则不宜摘心，如鸡冠花、观赏向日葵、凤仙花、三色堇和麦秆菊等。摘心还有延迟花期的作用。

2. 抹芽、去蕾

有的花卉，为了促使其长高，减少花朵的数目，使营养供给顶花，而摘除过多的腋芽和侧蕾，称抹芽、去蕾，使留下的花朵充实而美丽。如芍药、菊花和大丽花的修剪多采用此法。

3. 支柱与绑扎

一、二年生花卉中有些株形高大，上部枝叶花朵过于沉重，尤其遇风易倒伏；还有一些藤本花卉，均需进行支柱与绑扎才利于观赏。一般有3种方式：

(1)用单根竹竿支撑株高花大的花卉，如蜀葵、重瓣向日葵、孔雀草等。

(2)藤本植物于播种或种子萌发后，在栽植床上放置木本植物的枝丫，让花卉长大攀缘其上，并将其覆盖。

(3)在生长高大花卉的周围四角插立支柱，并用绳索连起来以扶持群体。

4. 剪除残花与花葶

对于连续开花期长的花卉，如一串红、金鱼草、石竹类等，花后应及时摘除残花、剪除花葶，不使其结实，同时加强水肥管理以保持植株生长健壮、花开繁密、花大色艳，还有延长花期的作用。

(七)防寒越冬

原产于热带、亚热带的耐寒性差的露地花卉，当在北方地区露地栽培时，冬季的低温对其会造成极大的危害。因此越冬前应合理施肥，促使枝梢老熟，增强树势，提高树体自身的抗寒力。同时应提前做好防寒准备，采取适当的保护措施。防寒越冬的主要措施有以下几种：

1. 培土法

覆土压埋植物的茎部或地上部分进行防寒，待到春季萌芽前再将培土扒开，使其继续生长。冬季地上部分枯萎的耐寒性较差的宿根球根花卉可采用此法，如大丽花、美人蕉等。

2. 覆盖法

在霜冻到来前，在根盘或畦面上覆盖干草、落叶、马粪、草帘等，直到翌年春季晚霜过后除去。一些宿根球根花卉，如芍药、美人蕉、大丽花、郁金香，二年生草花如石竹、雏菊等适用此法。

3. 灌水法

花卉的整个生命过程都离不开水。虽然冬季蒸发量小，需水量相对较少，但却影响其抗寒能力和翌年的生长发育。因此，应在11月初，对多年生露地花卉及树木尤其是新栽植的树木灌一次水，也就是"防冻水"。防冻水的主要作用是防寒，因为水的比热大，白天温度较高时可吸收大量热能，但温度上升却不多，不会使根系土壤温度剧烈上升，晚上降温结冰时，可散出大量的凝结热，提高根系周围的土温，因此，使根系的温度处于较稳定的范围内，不会受冻。

4. 涂白法

常用于露地花木类的茎干，用石灰加石硫合剂对树干涂白，可以减少向阳面皮部因昼夜温差过大而引起的伤害，并能杀死一些越冬害虫。树干涂白后，减少了早春树体对太阳热能的吸收，降低了树温提升速度，可以延迟树木发芽2～3 d，从而有效防止树体遭遇早春回寒的霜冻。

5. 设风障

在圃地的西北或东、西、北三个方向设立风障，以提高小气候的温度。对一些耐寒力较强而怕寒风或刚栽种的花木，可采用设风障的方法，用苇席、树棍、玉米秸秆、葵花秸秆、高粱秸秆等材料搭设风障，如淮河以北地区栽种、繁育的雪松、龙柏等可采取这种方法防寒。

6. 包扎保温材料

对一些较大的观赏花木，因树体较大，无法压埋或覆盖，可用包扎细草绳、包草、包纸以及蒙盖塑料薄膜等方法进行防寒保护。此法多用于一些耐寒性不强的花木如玉兰等，或秋季新种植的树木。

除以上方法外，还经常采用熏烟、浅耕、密植、减少氮肥、增施磷钾肥等田间管理方法来增加露地花卉抗寒力，或利用冷床（阳畦）、温床越冬以保护露地花卉。

任务二　常见一、二年生花卉露地栽培

一、二年生花卉在绿地中栽种的历史并不长，但它以其独特的优点越来越受到人们的关注。主要的优点有：①生长周期短，可迅速为园林提供色彩变化；②株形整齐、开花一致、群体效果好；③种类繁多、品种丰富、观赏期较长，通过不同种类、品种搭配可做到周年有花；④繁殖、栽培简单，投资少，成本低。

一、二年生花卉多为喜光植物，要求排水良好且肥沃疏松的土壤。通常一年生花卉喜温而不耐寒；二年生花卉则较耐寒，喜冷凉而不耐酷热。其花期可以通过调节播种期、光照处理、加施生长调节剂或其他栽培管理技术来进行调节。

一、二年生花卉多采用播种繁殖，在苗床或育苗盘上撒播。现多用穴盘育苗，可增加出苗率，改善苗的质量，提高劳动生产率。也有部分种类可扦插繁殖，如一串红、矮牵牛、半支莲、万寿菊和彩叶草等。

一、二年生花卉为花坛的主要材料，或在花境中依不同花色成群栽植。也可植于窗台花池、门廊栽培箱、吊篮等处，还适合盆栽和切花栽培。

一、矮牵牛

矮牵牛学名碧冬茄，但生产上多称矮牵牛，多年生草本花卉。在我国华北为一年生花卉，在华南常做多年生栽培。因其花朵似牵牛，植株矮小而得名。矮牵牛原产南美，在欧美及日本等地区广泛栽培。矮牵牛花朵较大，色彩丰富，夏季开花不断，已成为重要的盆栽和花坛植物。单瓣品种适应性较强，更适宜布置花坛。大花重瓣品种多用于盆栽造型。垂吊品种还可作为窗台、门廊的垂直美化材料。

(一)形态特征

株高 15～45 cm，全株被有白色黏毛。茎直立稍呈匍匐状。叶卵形全缘，几乎无柄，互生，嫩叶略对生。花单生叶腋及顶生；花萼 5 裂，裂片披针形；花冠漏斗状；花瓣变化多，有重瓣、半重瓣、单瓣及花瓣边缘皱褶或呈波状锯齿等各式变化。花色丰富，有纯白、粉红、桃红、玫瑰红、紫红、深红、紫色、雪青、红白相间，以及具有各种条纹、网纹、放射纹等镶嵌间色。花期 4～10 月。

(二)生态习性

矮牵牛是经过杂交培育而得到的新类型。性喜温暖，不耐寒，耐暑热。生长适温为 15～20 ℃，冬季温度在 4～10 ℃，如低于 4 ℃，植株生长停止，能经受－2 ℃低温。但夏季高温 35 ℃时，矮牵牛仍能正常生长，对温度的适应性较强。忌雨涝积水，喜疏松、排水良好的微酸性沙质壤土，要求阳光充足、通风良好，天气阴凉则花少叶茂。花期长，只要气温维持在 15～25 ℃，并满足阳光及肥水条件，就可以全年开花不断。

(三)繁殖方法

常用播种繁殖和扦插繁殖。矮牵牛种子细小，多用盆播法。在播种时可在种子中掺少量细沙，使播种均匀，然后播入浅盆内，播后可不覆土，需盖薄膜或玻璃保温。发芽适温 20～22 ℃，播后 5～7 d 出苗。华南地区常年均可播种，但在冬季播种应进行保温。如在 1 月上旬播种，5 月上旬开花；4 月上中旬播种，7 月上旬即可开花；7 月上旬播种，9 月上旬开花。

重瓣和大花品种一般不易结实，可采用扦插繁殖。春、夏、秋三季均可，以春、秋季为佳。一般在 4～5 月和 8～9 月进行。夏季温度高、湿度大，插条易腐烂，成活率较低。插条选择带顶芽的嫩枝，长 8～10 cm，剪除下部叶片，插入基质中，温度保持在 25 ℃左右，15 d 即可发根。

(四)栽培管理

矮牵牛性喜干怕湿，水分不宜过多，夏季高温季节，可在早、晚浇水，保持盆土湿润。梅雨季节雨水多，盆土过湿，对矮牵牛生长十分不利，茎叶容易徒长。花期雨水多，则花朵褪色，易腐烂。盆内长期积水，往往引起根部腐烂，整株萎蔫死亡。

生长期间施肥不宜过多，以免植株徒长倒伏。一般每半月施肥 1 次，以腐熟饼肥为主。花期增施 2～3 次过磷酸钙。如在幼苗期喷施 0.25%～4%的比久溶液，可使花朵紧密美观，并提早开花。矮牵牛在夏季高温多湿条件下，植株易倒伏，注意修剪整枝，摘除残花，达到花繁叶茂。

矮牵牛属长日照植物。生长期要求阳光充足，大部分品种在正常阳光下，从播种至开花需 100 d 左右，如果光照不足或阴雨天过多，则往往开花延迟，且开花少。

二、一串红

一串红又名爆竹红、西洋红、墙下红，为多年生草本花卉，常做一、二年生栽培。一串红因其花为红色并成串生长而得名；同时，每个花枝又像一挂爆竹，故又叫爆竹红；可在庭院种植，又叫墙下红；原产巴西，又叫西洋红。现我国各地广泛栽培。一串红花色鲜艳，花期长，常用于布置花坛、花境或花台，或作花丛和花群的镶边。也可盆栽。

(一)形态特征

一串红在华南露地栽培可多年生长，呈亚灌木状，株高 30～80 cm。茎四棱形，幼时绿色，后期呈紫褐色，基部半木质化。叶卵形或三角状卵形，长 5～8 cm，先端渐尖，边缘有锯齿，叶柄较长。轮伞状花序，密集成串着生，每序着花 4～16 朵；花筒状，端部唇形；花萼钟状，和花冠同为红色。花期 7～10 月。种子卵形，黑褐色，千粒重 2.8 g，寿命 1～4 年。

常见园艺栽培品种有一串白、一串紫、一串粉等。另外还有矮生一串红。

(二)生态习性

性喜温暖湿润气候和阳光充足环境，耐半阴，不耐寒，也不耐热，生长适温 20～25 ℃，15 ℃以下种子很难发芽，温度超过 30 ℃，植株生长发育受阻，花、叶变小。长期在 5 ℃低温下，易受冻害。对土壤要求不严，在疏松而肥沃的沙质壤土中生长良好。

(三)繁殖方法

一串红常用播种和扦插繁殖。

(1)播种繁殖　华南地区一般以春秋播种为宜，北方则在春季播种。应提前在保护地育苗。播后 7 d 左右发芽，待小苗长至 3～5 片真叶时可移栽。一串红种子成熟后会自然脱落，当花由红转白时，把花枝轻轻剪下晒干脱粒。

(2)扦插繁殖　可结合摘心进行，春、秋均可，华南地区多在 4～5 月。北方由于生长期短，很少采用扦插繁殖。扦插宜采用 10～12 cm 的嫩枝，扦插于基质中，遮阴养护，20 d 左右可生根。

(四)栽培管理

一串红生长期间浇水要掌握“干透浇透”的原则。过湿则通气不良，影响新根萌发。在生长旺季，可酌情增加浇水次数和水量，空气相对湿度以 60%～70%为宜。平时不喜多水，否则易发生黄叶、落叶现象，造成株大而稀疏、开花较少。

一串红在生长旺季每隔 15 d 左右追施 1 次有机液肥，促使其开花茂盛并延长花期。

一串红是喜光性花卉，栽培场所必须阳光充足。若光照不足，植株易徒长，茎叶细长，叶色淡绿，如长时间光线差，叶片变黄脱落。开花植株摆放在光线较差的场所，往往花朵不鲜艳，容易脱落。

当一串红幼苗长出 3～4 片真叶时，开始留 2 片叶摘心，促使萌发侧枝。侧枝长出 3～4 片叶时摘心，开花前 25～30 d 停止摘心。每增加 1 次摘心延迟开花 10 d 左右，故可通过摘心控制花期。

三、四季秋海棠

四季秋海棠又名四季海棠，为多年生草本植物，在北方露地作一年生栽培。原产南美巴西，我国从 1912 年开始栽培，20 世纪 30 年代从美国引种，在上海、南京一带有栽培。而规模性生产从 20 世纪 90 年代才开始。四季秋海棠是秋海棠植物中最常见和栽培最普遍的种类。姿态优美，叶色娇嫩光亮，花朵成簇，四季开放，且稍带清香，在国际上应用十分广泛，除盆栽观赏以外，又是花坛、吊盆、栽植槽、窗箱和室内布置景点的材料。

（一）形态特征

茎直立，多分枝，肉质，光滑。叶互生，有光泽，卵形，边缘有锯齿；叶有绿、紫红和深褐等色。花腋生，数朵成簇；花有单瓣和重瓣；花色有红、白、粉红。栽培品种繁多，株形有高、矮两种，常见品种有绿叶系和铜叶系。

（二）生态习性

喜温暖、湿润和阳光充足的环境。生长适温 18～20 ℃，冬季温度不低于 5 ℃，否则生长缓慢，易受冻害；夏季温度超过 32 ℃，茎叶生长较差。但耐热品种前奏曲、鸡尾酒和安琪等系列在高温下仍能正常生长。

（三）繁殖方法

常用播种、扦插、分株繁殖。播种繁殖以春、秋季为宜。四季秋海棠种子细小，每克种子有 70 000 粒左右，隔年种子发芽率显著下降。发芽适温为 20～22 ℃，播后不覆土，压平即可，7～10 d 发芽。秋播，温室越冬，翌春开花。一般播种后 130～150 d 开花。

扦插繁殖，春、秋季进行最好，剪取长 10 cm 的顶端嫩枝作插条，插壤用细沙或膨胀珍珠岩，插穗一半插入插壤中，保持较高的空气湿度和 20～22 ℃室温，插后 16～20 d 生根。若用 0.05%吲哚丁酸处理 2 s，可促进插穗生根。

分株繁殖，在春季换盆时进行，将母株切开，直接盆栽，放半阴处养护恢复。

（四）栽培管理

盆栽四季秋海棠需盆土干燥后再浇灌，如长期保持盆土潮湿，容易造成根腐，引起立枯病。夏季注意防雨，若长期受到雨淋，容易造成花茎与叶片腐烂。

四季秋海棠须根生长旺盛，生长期要注意施肥管理，每年春季需换盆，加入肥沃疏松的腐叶土。每半个月追稀薄液肥 1 次，花芽形成期，增施 1～2 次磷钾肥，而肥料不足时，植株矮小，叶片发红。

四季秋海棠在夏季不耐阳光直射，应遮阴。在冬天喜欢充足的阳光，光照不足，则生长柔弱，植株细长，叶色和花色变淡，光线过强，叶片萎缩，出现焦斑，但四季秋海棠幼苗期或开花期如从弱光地区转移到强光地区需要一个适应过程。

当四季秋海棠苗高 10 cm 时应打顶摘心，压低株形，促使萌发新枝。同时，摘心后 10～15 d，喷 0.05%～0.1%矮壮素 2～3 次，可控制植株高度在 10～15 cm。一般植株栽培 2 年后生长渐弱，株形不整，即需更替。

四、三色堇

三色堇又名蝴蝶花、猫儿脸、鬼脸花，为多年生草本，常作二年生花卉栽培。原产欧洲，现各地广泛栽培。三色堇植株矮生，花色丰富，是春季花坛的主要花卉材料，用它布置花坛、花境，覆盖地面，均能形成独特的早春景观。

（一）形态特征

株高 15～25 cm，全株光滑，分枝多。叶互生，基生叶卵圆形，有叶柄；茎生叶披针形，具钝圆状锯齿，或呈羽状深裂，托叶宿存。花梗细长，单花生于花梗顶端；花瓣 5 片，上面 1 片先端短钝，下面的花瓣向后伸展，状似蝴蝶，花径 4～5 cm；花色绚丽，每花有黄、白、蓝三色，花瓣中央还有一个深色的“眼”状斑纹；花萼 5 片，宿存。蒴果椭圆形，呈三瓣裂；种子倒卵形。花期通常为 4～6 月，南方可在 1～2 月开花。果熟期 5～7 月，种子千粒重 1.16 g，种子寿命 2 年。常见园艺栽培种有大花型、中花型、小花型。

(二)生态习性

性喜凉爽的气候，较耐寒而不耐暑热。在昼温 15～25 ℃、夜温 3～5 ℃的条件下发育良好。昼温若连续在 30 ℃以上，则花芽消失，或不形成花瓣。对光照反应比较敏感，若光照充足，日照时间长，则茎叶生长繁盛，开花提早；如光照不足，日照时间短，则开花不佳或延迟开花。要求肥沃湿润的沙质壤土，土壤瘠薄则生长发育不良。

(三)繁殖方法

三色堇可用播种或扦插繁殖，多用播种繁殖。通常进行秋播，发芽适温 15～20 ℃，7～10 d 发芽出苗，从播种至开花需 100～110 d。8～9 月播种育苗，可供春季花坛栽植，南方可供春节观花。

扦插繁殖可在夏初剪取嫩枝扦插，但较少使用。

(四)栽培管理

三色堇生长期要求水分充足，经常保持土壤湿润，同时注意排水防涝。冬季则适当控制浇水。三色堇喜肥，生长期间应做到薄肥勤施。冬季不施肥，春暖后结合浇水施稀薄液肥。

三色堇属阳性花卉，对光照反应比较敏感，栽培场所应光照充足，如光照不足，则开花少或开花延迟。

五、百日菊

百日菊又名百日草，为菊科百日菊属植物。原产墨西哥、美国和南美。百日菊花朵硕大，色彩丰富，花型别致，花期又长，是园林中常见的夏季盆栽草花，并可用于花坛、花境的布置。

(一)形态特征

株高 50～90 cm，茎直立而粗壮。叶对生，全缘，卵形至长椭圆形，基部抱茎。头状花序单生枝端，梗甚长，花径 4～10 cm；舌状花倒卵形，有白、黄、红、紫等色；管状花黄橙色，边缘 5 裂。瘦果。花期 6～9 月，果熟期 8～10 月。

百日草品种类型很多，常见的园艺栽培种主要有：大花重瓣型，花径达 12 cm 以上，极重瓣；纽扣型，花径仅 2～3 cm，极重瓣，全花呈圆球形；低矮型，株高仅 15～40 cm。

(二)生态习性

性喜温暖和阳光充足。对温度比较敏感，生长适温为 20～25 ℃；低于 13 ℃则停止生长，茎叶开始枯黄；幼苗期要求温度在 15 ℃以上，低于 15 ℃生长受阻。要求肥沃而排水良好的土壤，若土壤瘠薄，过于干旱，则花少，花色不艳，且花径小。

(三)繁殖方法

常用播种和扦插繁殖。播种繁殖于 3～4 月进行。发芽适温 21～25 ℃，播后 7～10 d 发芽，发芽率为 60%。播种至开花因品种不同需 45～75 d。

扦插繁殖于 6～7 月进行。剪取 10 cm 长的侧枝，插入沙床，插后 15～20 d 生根。由于扦插苗生长不整齐，费工，多不采用。

(四)栽培管理

百日菊属耐干旱性草本，在夏季多雨水或土壤排水不良情况下生长不良，植株细长，节间伸长，花朵变小。可通过控制浇水来调节植株高度。幼苗期每半月施肥 1 次，花蕾形成前增施 2 次磷钾肥，氮肥不宜过多，以免植株徒长。

百日菊属阳性花卉，栽培场所应光照充足，光照不足则容易导致徒长，开花少且花色不艳。

百日菊定植成活后，留下两对真叶摘心，以促腋芽生长，使植株粗壮矮化。如在摘心后腋芽长至 3 cm 左右时用 0.5%的比久喷洒，矮化效果显著。花后不留种的需及时摘除残花，减少养分消耗，促使叶腋间萌发新侧枝而多抽花蕾。

六、金鱼草

金鱼草又名龙头花、龙口花、狮子花，为多年生草本花卉，常做一、二年生栽培。因其花冠筒状唇形，基部膨大成囊状如金鱼而得名。原产地中海沿岸，现世界各地广泛栽培。金鱼草为优良的花坛、花带和花境材料，高型品种可作切花和背景材料，矮型品种可盆栽观赏和作花坛镶边。

（一）形态特征

株高 20～70 cm。茎直立，基部有时木质化，茎中上部被腺毛，基部有时分枝。下部的叶常对生，上部的叶常互生，具短柄；叶片披针形至长圆状披针形，长 2～6 cm，无毛，先端尖，基部楔形，全缘。总状花序顶生，密被腺毛；花梗短；萼片 5 深裂，钝或急尖；花冠筒状唇形，基部膨大成囊状，上唇直立，2 裂，下唇 3 浅裂，在中部向上唇隆起，封闭喉部，使花冠呈假面状；花色有白、淡红、深红、肉色、深黄、浅黄、黄橙等色。花期 5～6 月为主。蒴果卵形，种子细小，千粒重 0.12 g，寿命 3～4 年。

常见有高型、中型和矮型品种，还有重瓣和四倍体品种等。

（二）生态习性

金鱼草喜阳光，也耐半阴。较耐寒，不耐热，生长适温，9 月至翌年 3 月为 7～10 ℃，3～9 月为 13～16 ℃，幼苗在 5 ℃条件下通过春化阶段。高温对金鱼草生长发育不利，开花适温为 15～16 ℃，有些品种温度超过 15 ℃时不出现分枝，影响株形。对水分比较敏感，土壤需保持湿润。土壤宜用肥沃、疏松和排水良好的微酸性沙质壤土。

（三）繁殖方法

主要用播种繁殖，也可以扦插繁殖。长江以南地区可秋播，以 9～10 月为好。播种土壤用泥炭土或腐叶土、培养土和细沙的混合土壤，通过高温消毒后，装入播种盘。金鱼草每克种子为 6 300～7 000 粒，播后不覆盖，将种子轻压一下即可，发芽适温为 21 ℃，浇水后盖上塑料薄膜，放半阴处，切忌阳光暴晒。约 7 d 可发芽，发芽后幼苗生长温度为 10 ℃，出苗后 6 周可移栽。金鱼草易自然杂交，为了保证品种纯正，留种母株需隔离采种。许多重瓣和杂种一代金鱼草很难收到种子。

重瓣品种可以扦插繁殖，插穗选用当年播种健壮小苗的腋芽或剪取当年生健壮小苗的顶芽（结合摘心）。也可在花谢后选择健壮的植株，剪去老枝，地上部保留 2～3 cm 主茎，剪后施以氮为主的复合肥，待发出芽后剪取扦插。插穗长度为 3～4 个节，去掉下部叶片，保留上部 1～2 片叶。插后 8～9 d 就可生根。

（四）栽培管理

金鱼草定植后要浇 1 次透水，以后视天气情况而定，防止土壤过干或过湿。在养护管理过程中，浇水必须掌握“见干见湿”的原则，隔 2 d 左右喷 1 次水。雨后要注意排涝。施肥应注意氮、磷、钾的配合。金鱼草具有根瘤菌，本身有固氮作用，一般情况下不用施氮肥，适量增加磷、钾肥即可。在生长期内，施 2 次以氮肥为主的稀薄饼肥水或液肥，促使枝叶生长，但注意施肥不能过多，否则引起徒长，影响开花。出现花蕾时，用2%磷酸二氢钾溶液喷洒更佳，有利于花色鲜艳。

金鱼草为喜光性草本，阳光充足条件下，植株矮生，紧凑，生长整齐，高度一致，开花整齐，花色鲜艳。半阴条件下，植株生长偏高，花序伸长，花色较淡。金鱼草对光照时间长短不敏感。

当幼苗长至10 cm左右时，可以做摘心处理，以降低植株高度，植株长到20 cm时再摘心1次，增加侧枝数量，增加花朵。修剪时剪去病弱枝、枯老枝和过密枝条，每次开完花后，剪去开过花的枝条，促使其萌发新枝条继续开花。

用作切花的不宜摘心，而要剥除侧芽，使养分集中在主枝上，但随着花枝生长要及时用细竹绑扎，使其挺直。

七、半支莲

半支莲又名太阳花、松叶牡丹、龙须牡丹、死不了等，为一年生肉质草本花卉。见阳光花开，早、晚、阴天闭合，故有太阳花、午时花之名。原产南美巴西，我国各地均有栽培。半支莲不仅花色丰富、色彩鲜艳，景观效果极其优秀；且生长强健，管理非常粗放，自播繁衍能力强，能够达到多年观赏的效果，是非常优秀的景观花种，宜作为花坛的镶边或盆栽。

(一)形态特征

半支莲高10～15 cm，茎细而圆，平卧或斜生，节上有丛毛。叶散生或略集生，圆柱形，长1～2.5 cm。花顶生，直径2.5～4 cm，基部有叶状苞片；花瓣颜色鲜艳，有白、深、黄、红、紫等色；6～7月开花。蒴果成熟时盖裂，种子小巧玲珑，棕黑色。园艺品种很多，有单瓣、半重瓣、重瓣之分，还有许多复色和杂色。

(二)生态习性

半支莲喜温暖、阳光充足而干燥的环境，不耐寒，阴暗潮湿之处生长不良。极耐瘠薄，一般土壤均能适应，能自播繁殖。

(三)繁殖方法

播种或扦插繁殖。春、夏、秋均可播种。当气温20 ℃以上时种子萌发，播后10 d左右发芽。覆土宜薄，不盖土也能生长。幼苗分栽，株行距5 cm×6 cm。需施液肥数次。在15 ℃以上条件下20余天即可开花。果实成熟即开裂，种子易散落，需及时采收。

扦插繁殖常用于重瓣品种，在夏季将剪下的枝梢作插穗，萎蔫的茎也可利用，插活后即出现花蕾。移栽植株无须带土。

(四)栽培管理

半支莲生长期不必经常浇水，以干燥为好，盛夏有阵雨时注意及时排水。半支莲对肥料没有特殊要求，可半月施一次磷酸二氢钾，就能达到花大色艳、花开不断的效果。

半支莲属强阳性植物，栽培地点必须光照充足，晴天午间盛开，其他时间光照弱时，花朵常闭合或不能充分开放。近年已经育出了全日性开花的品种，这些品种对日照没有要求。

八、石竹

石竹是中国传统名花之一，又名中国石竹、洛阳花，为多年生草本花卉，做一、二年生栽培。原产中国东北、华北、长江流域，分布很广，除华南较热地区外，几乎全国各地均有分布。石竹株形低矮，茎秆似竹，叶丛青翠，自然花期5～9月，温室盆栽可以花开四季。花朵繁茂，此起彼伏，观赏期较长。花色五彩缤纷，可用于花坛、花境、花台或盆栽，也可用于岩石园和草坪边缘点缀。大面积成片栽植时可作景观地被材料。

（一）形态特征

株高 30～40 cm，直立簇生。茎有节，多分枝；叶对生，条形或线状披针形。花萼筒圆形，花单朵或数朵簇生于茎顶，形成聚伞花序，花径 2～3 cm；单瓣 5 枚或重瓣，先端锯齿状，花瓣阳面中下部组成美丽环纹，微具香气。花色有紫红、大红、粉红、紫红、纯白、红色、杂色等；花期 4～10 月，集中于 4～5 月。蒴果矩圆形或长圆形；种子扁圆形，黑褐色，千粒重 0.9 g，寿命 3～5 年。

（二）生态习性

喜阳光充足、高燥、通风及凉爽湿润气候。耐寒，不耐酷暑，夏季多生长不良或枯萎，栽培时应注意遮阴降温。要求肥沃、疏松、排水良好及含石灰质的壤土或沙质壤土，忌水涝，好肥。

（三）繁殖方法

常用播种、扦插和分株繁殖。一般采取秋播，在 9～10 月进行。种子发芽最适温度为 21～22 ℃。播种于露地苗床，保持土壤湿润，播后 5 d 即可出芽，10 d 左右即出苗，苗期生长适温 10～20 ℃。当苗长出 4～5 片叶时可移植，翌春开花。

扦插繁殖在 10 月至翌年 2 月下旬到 3 月进行，枝叶茂盛期剪取 5～6 cm 长嫩枝作插条，插后 15～20 d 生主根。

分株繁殖多在花后利用老株进行，可在秋季或早春进行，如于 4 月分株，夏季注意排水，9 月份以后加强肥水管理，10 月初再次开花。

（四）栽培管理

石竹栽培时应保持盆土湿润，浇水应做到“见干见湿”，过湿易烂根。夏季雨水过多，注意排水，冬季宜少浇水。盆栽石竹要求施足基肥，生长旺季，追施 1 次有机液肥，促使开花茂盛并延长花期。

生长期间宜放置在向阳、通风良好处养护，夏季阳光过于强烈，适当遮阴。苗长至 15 cm 高时摘除顶芽，促其分枝，以后注意适当摘除腋芽，不然分枝多会使养分分散而开花小，适当摘除腋芽使养分集中，可促使花大而色艳。开花前应及时去掉一些叶腋花蕾，主要保证顶部花蕾开花。

九、羽衣甘蓝

羽衣甘蓝又名叶牡丹、花包菜，为二年生草本花卉。原产西欧，我国中、南部广泛栽培。羽衣甘蓝由于品种不同，叶色丰富多变，叶形也不尽相同，颜色多变，整个植株形如牡丹，所以被形象地称为“叶牡丹”，是著名的冬季露地草本观叶植物，用于布置冬季花坛、花境，也可盆栽观赏。

（一）形态特征

株高 20～40 cm，抽薹开花时花序可高达 1 m，无分枝。叶矩圆，倒卵形，宽大，集生茎基部，被有白粉；叶柄粗而有翼。总状花序着生茎顶，花淡黄色。长角果圆柱形，种子球形。花期 4 月。

常见园艺栽培种：红叶系，顶生叶紫红、淡紫红或雪青色，茎紫红色；白叶系，顶生叶乳白、淡黄或黄色，茎绿色。

(二)生态习性

性喜光,喜冷凉气候,极耐寒,经锻炼的幼苗能耐-12 ℃的短时低温,可忍受多次短暂的霜冻。耐热性也很强,能在夏季35 ℃高温中生长。生长势强,栽培容易,生长适温15～25 ℃。对水分需求量较大,干旱缺水时叶片生长缓慢,但不耐涝。对土壤适应性较强,而以腐殖质丰富、肥沃的沙质壤土或黏质壤土最宜。在肥水充足和冷凉气候下生长迅速,品质好。在钙质丰富、pH为5.5～6.8的土壤中生长最旺盛。

(三)繁殖方法

播种繁殖。秋季8～9月播种,5～7 d可发芽出苗,出苗整齐。4～5片叶时移栽。

(四)栽培管理

羽衣甘蓝全生育期需水较多,但也不能积水,浇水以见干见湿为宜,雨季应注意排水防涝,叶簇生长期不能缺水,应保持土壤湿润。

羽衣甘蓝喜肥,在施足基肥的基础上,应适当进行追肥。前中期是追肥的重点时期,可每7～10 d施1次氮、磷、钾液肥,促其生长茂盛。

羽衣甘蓝较耐阴,但在充足的光照条件下叶片生长快速,品质好,因此,栽培场所宜阳光充足。

十、五色苋

五色苋别名红绿草、锦绣苋、模样苋,为一、二年生花卉。以观叶为主,原产南美巴西,我国园林中常见栽培。植株矮小,分枝力强,耐修剪,叶色鲜艳,适用于模纹花坛,形成浮雕式或立体图样。

(一)形态特征

茎直立或斜生,分枝较多,株高15～40 cm。叶对生,全缘,窄匙形;叶面绿色或具各色彩纹。花序头状,簇生于叶腋,花小型,白色。胞果。

常见栽培品种有3种:

(1)黄叶五色草　叶黄色而有光泽。

(2)花叶五色草　叶具各色斑纹。

(3)小叶黑　叶绿褐色至茶褐色。

(二)生态习性

喜温暖而不耐寒,宜在15 ℃以上越冬。宜阳光充足,喜高燥,不耐干旱和水涝。土壤以沙质、湿润及排水良好为好,盛夏生长迅速,入秋后叶色艳丽。

(三)繁殖方法

五色苋主要在春夏季扦插繁殖。扦插的适宜温度为20～25 ℃,相对湿度为70%～80%。一般取健壮的嫩枝顶部2节为插穗,保持适宜条件,7～10 d即可生根,2周即可移栽上盆或定植。夏季扦插宜略遮阴。

(四)栽培管理

五色苋生长季节应适量浇水,保持土壤湿润,其喜欢略微湿润的气候环境,要求生长环境的空气相对湿度在50%～70%。用于模纹花坛时,需要经常浇水喷雾。

五色苋一般不需要施肥,为促其生长,也可追施0.2%的磷酸铵。若施肥过多,叶色暗淡。

在炎热的夏季遮掉大约30%的阳光。在春、秋、冬三季,由于温度不是很高,就要给予直射阳光的照射，特别是冬季管理要注意阳光充足。生长季节，当气温 20 ℃以上时，五色苋生长加速，可进行多次摘心或修剪，使之保持半圆形的矮壮、密集的枝丛。若用于模纹花坛，注意刈平。

十一、其他一、二年生观赏植物

其他一、二年生观赏植物见表 4-1。

表 4-1　其他一、二年生观赏植物

中文名	生态习性	繁殖方法	主要用途
月见草	喜阳光充足，高燥	播种	花坛、花境、盆栽
万寿菊	喜阳喜光，不耐寒，对土壤要求不严	播种、扦插	花坛、花境、盆栽
鸡冠花	喜温暖、干燥和阳光充足的环境	播种	花坛、花境、盆栽
美女樱	喜阳光，不耐阴，较耐寒，不耐旱	播种、扦插	花坛、盆栽
金盏菊	喜阳光充足，能耐－9 ℃低温，怕炎热天气	播种	花坛、盆栽
彩叶草	适应性强，喜温性植物，不耐寒，喜光	播种、扦插	花坛、花境、盆栽
虞美人	耐寒，怕暑热，喜阳光充足，不耐移栽	播种	花境、花海、切花、林缘
醉蝶花	喜光、喜温暖干燥环境，略耐阴，不耐寒	播种	花坛、花境、路边、林缘
花烟草	喜温暖、向阳、肥沃疏松的土壤，耐旱，不耐寒	播种	花坛、草坪、庭院、盆栽
香雪球	阳性，半耐寒，要求排水良好	播种	花坛
波斯菊	性强健，喜温暖向阳，耐干旱，瘠薄土壤	播种	花坛、花境、盆栽
旱金莲	喜光，喜温暖湿润，不耐寒，性强健	播种	花坛、盆栽
紫茉莉	阳性，耐半阴，不耐寒，适应性广	播种	花坛
茑萝	喜光，喜温暖，耐瘠薄，直根性	播种	垂直绿化、盆栽
千日红	喜温暖，耐阳光，性强健，适生于疏松肥沃排水良好的土壤中	播种	花坛、干花
银边翠	喜光，不耐寒	播种	花坛、花境、切花
雁来红	喜强光，喜高温，耐旱耐碱	播种	花坛、盆栽
马鞭草	喜光、喜干燥、喜湿润，喜肥、怕涝	播种	花坛、花境
鼠尾草	阳性、喜温暖、耐旱，不耐涝，喜中性或微碱性土壤	播种	花坛、花境、盆栽、群植
长春花	喜温暖、稍干燥和阳光充足环境，耐瘠薄	播种	盆栽、花坛和岩石园，也可切花
翠菊	喜温暖、湿润和阳光充足环境，怕高温多湿和通风不良	播种	盆栽、花坛，也可切花
麦秆菊	不耐寒、怕暑热，喜阳，喜肥沃、湿润、排水良好的土壤	播种	花坛、自然丛植，天然干花
夏堇	喜光，能耐阴，较耐热，不耐寒	播种	阳台、花坛、花台
雏菊	性强健，较耐寒，喜冷凉气候，忌炎热	播种	花坛、花境的边缘，也可盆栽

任务三 常见宿根花卉露地栽培

宿根花卉是指个体寿命超过两年，包括地下部器官形态未变态成球状或块状的常绿草本和地上部分开花后枯萎，以芽、根蘖或地下部分越冬或越夏的多年生草本花卉。

微课 4-2
宿根花卉栽培

宿根花卉依耐寒力及休眠习性不同可分为耐寒性宿根花卉和常绿性宿根花卉。耐寒性宿根花卉一般原产于温带的寒冷地区，大多数种类耐寒力甚强，可露地越冬，此类在冬季有完全休眠的习性，地上部的茎叶秋冬全部枯死，地下部进入休眠，到春季气候转暖时，地上部再萌发生长继续开花。常绿性宿根花卉多原产于温带的温暖地区，耐寒力弱，冬季停止生长，保持常绿的叶片，呈半休眠状态。

宿根花卉具有以下优点：①种类繁多；②适应性强，耐旱、耐寒、耐瘠薄土壤；③繁殖容易，栽培简单；④养护简单，病虫害少，管理较粗放；⑤生产成本低；⑥群体功能强，环境效益大。正是由于宿根花卉具有以上特点和优点，因而世界各国普遍加强了对宿根花卉的研究，使宿根花卉在园林中得到了越来越广泛的应用。

一、芍药

芍药又名将离、离草、婪尾春，为芍药科芍药属多年生草本花卉。古人评花认为，牡丹第一，芍药第二，称牡丹为花王，芍药为花相。因为它开花较迟，故又称为“殿春”。原产我国北部，我国栽培芍药已有 2 000 多年的历史，古代扬州栽培最盛。芍药花大艳丽，品种丰富，在园林中常成片种植，花开时十分壮观，是花坛的主要花卉。或沿着小径、路旁做带形栽植，或在林地边缘栽培，并配以矮生、匍匐性花卉。有时单株或两三株栽植以欣赏其特殊花色。还可以构成专类芍药园。芍药又是重要的切花，或插瓶，或做花篮。

(一)形态特征

多年生宿根草本，高 1 m 左右。具纺锤形的块根，并于地下茎产生新芽，新芽于早春抽出地面。初出叶红色，茎基部常有鳞片状变形叶，中部复叶二回三出，小叶矩形或披针形，枝梢部分渐小或成单叶。花单生枝顶，花大且美，有芳香；花瓣白、粉、红、紫或红色；单瓣、复瓣或重瓣。花期 4～5 月。

(二)生态习性

芍药在阳光充足处生长最好，性耐寒，在我国北方可以露地越冬。土质以深厚的壤土最适宜，以湿润土壤生长最好，但排水必须良好。冬季积水很容易使芍药肉质根腐烂，所以低洼地、盐碱地均不宜栽培。芍药性喜肥，圃地要深翻并施入足量的腐熟厩肥。

(三)繁殖方法

芍药的繁殖有播种、扦插和分株法。

通常以分株繁殖为主。分株期以 9 月下旬至 10 月上旬为宜，将根株掘出，震落浮土，用刀切开，使每个根丛具 2～3 个芽，最好具 3～5 个芽，然后将分株根丛栽植在准备好的圃地中。如果分株根丛较大(具 3～5 个芽)，第 2 年可能有花，但形小，不如摘除使植株生长良好。根丛小的(具 2～3 个芽)，第 2 年生长不良或不开花，一般要培养 2～5 年。

播种繁殖以种子成熟后采下即播种为宜，越迟播发芽率越低。芍药种子有上胚轴休眠现象，播种后当年秋天生根，翌年春暖后芽才出土。幼苗生长缓慢，有的芽3～4年才可开花，还有到第5～6年才开花的。

扦插法可用根插或茎插。秋季分株时可收集断根，切成5～10 cm的段，埋插在10～15 cm深的土中。茎插法在开花前2周左右，取茎的中间部分，由两节构成插穗，插入温床沙土中约5 cm深，要求遮阴并经常浇水，一个半月至两个月后即能发根，并形成休眠芽。

(四)栽培管理

芍药喜旱怕涝，一般不需要灌溉，严重干旱时，宜在傍晚灌透1次水。多雨季节，及时清沟排水，减少根病。

芍药种植第二年起每年追肥3次。第1次于3月下旬到4月上旬，施淡有机肥(人粪尿)；第2次于4月下旬，每亩施有机肥500 kg；第3次在10～11月，以厩肥为主，每亩施150～200 kg。第三年3月下旬每667 m^2 施有机肥750 kg、腐熟饼肥50 kg、过磷酸钙25 kg；4月下旬每667 m^2 施有机肥1 000 kg；11月间施厩肥1 500～2 000 kg。第四年收获前追肥2次，3月下旬每667 m^2 施有机肥1 000 kg，加硫酸铵10 kg、过磷酸钙25 kg；4月下旬，除磷肥外，按上述施肥量再施1次。每次施肥，宜于植株两侧开穴施入。

芍药栽培地点要阳光充足，炎热夏天适当遮阳，否则叶片容易焦边。

在芍药生长期间为了使养分集中供主蕾生长，每年春季芍药现蕾时及时将侧蕾摘除，可使花大而美丽。

二、鸢尾

鸢尾，别名蝴蝶花、蝴蝶兰、铁扁担，为多年生宿根花卉。原产几乎整个温带地区，我国园林栽培甚广，法国人视鸢尾花为国花。鸢尾叶片碧绿青翠，花色丰富，花型奇特，宛若翩翩彩蝶，是庭园中的重要花卉之一，也是优美的盆花、切花和花坛用花，也可用作地被植物，有些种类为优良的鲜切花材料。

(一)形态特征

株高30～50 cm，根状茎匍匐多节，粗而节间短，浅黄色。叶为渐尖状剑形，长30～45 cm，宽2～4 cm；质薄，淡绿色，呈二纵列交互排列，基部互相包叠。花梗从叶丛抽出，总状花序1～2枝，每枝有花2～3朵；花蝶形，花冠蓝紫色或紫白色，花径约10 cm；外3枚较大，圆形下垂；内3枚较小，倒圆形；外花被有深紫斑点，中央面有一行鸡冠状白色带紫纹突起；雄蕊3枚，与外轮花被对生；花柱扁平如花瓣状，覆盖着雄蕊。花期4～6月，果期6～8月，蒴果长椭圆形。

变种有白花鸢尾，花白色，外花被片基部有浅黄色斑纹。

(二)生态习性

耐寒性较强，喜阳光充足，气候凉爽，也耐半阴环境。要求适度湿润、排水良好、富含腐殖质的土壤。

(三)繁殖方法

鸢尾多采用分株、播种法繁殖。分株一般在春季花后或秋季进行均可，一般种植2～4年后分栽1次。分割根茎时，注意每块应具有2～3个不定芽。待伤口晾干后即可栽培。

一般种子于秋天成熟后应立即播种，实生苗需要2～3年才能开花。栽植距离45～60 cm，栽植深度7～8 cm为宜。也可以进行促成栽培。

(四)栽培管理

盆栽鸢尾夏季每天浇水1次,但在种子成熟阶段少浇水,以利于种子成熟。生长期每半个月施肥1次,前期以氮肥为主,后期以磷、钾肥为主。氮肥不宜过多,以免植株徒长而延迟开花。生长期间经常进行中耕除草、浇水管理。花后及时剪除花葶,以免争夺养分。在冬季较寒冷地区,株丛上应覆盖防寒物。

三、萱草

萱草,又称黄花菜、谖草、金针、宜男草等,为多年生花卉。原主产我国,在我国有几千年栽培历史。1930年以后,美国一些植物园、园艺爱好者收集中、日等国所产萱草属植物,进行杂交育种,现品种已在万种以上,是百合科花卉中品种最多的一类。萱草花色鲜艳,栽培容易,且春季萌发早,绿叶成丛极为美观。绿地中多丛植或于花境、路旁栽植。萱草类耐半阴,又可作疏林地被植物。

(一)形态特征

具短根状茎,肉质。叶基生,宽线形,对排成两列,宽2～3 cm,长可达50 cm以上;背面有龙骨状突起,嫩绿色。花葶细长坚挺,高60～100 cm,着花6～10朵,呈顶生聚伞花序;花大,漏斗形,直径10 cm左右;花被裂片长圆形,下部合成花被筒,上部开展而反卷,边缘波状,橘黄至橘红色。花期在6月上旬至7月中旬,每花仅开一天。蒴果,背裂,内有亮黑色种子数粒。果实很少能发育,制种时常需人工授粉。

(二)生态习性

萱草性强健,耐寒,华北可露地越冬。适应性强,喜湿润,也耐旱,喜阳光又耐半阴。对土壤选择性不强,耐瘠薄和盐碱性。但以富含腐殖质、排水良好的湿润土壤为宜。

(三)繁殖方法

萱草常分株和播种繁殖。春秋以分株繁殖为主,每丛带2～3个芽,施以腐熟的堆肥,若春季分株,夏季就可开花,通常3～5年分株一次。

播种繁殖春秋均可。春播时,前一年秋季将种子沙藏,播后发芽迅速而整齐。秋播时,9～10月露地播种,翌春发芽。实生苗一般2年开花。现多倍体萱草需经人工授粉才能结种子,采种后立即播于浅盆中,遮阴,保持一定湿度,40～60 d出芽,出芽率可达60%～80%。6月份待小苗长出几片叶子后移栽露地,行株距20 cm×15 cm,翌年7～8月开花。

(四)栽培管理

萱草虽适应性强,在干旱、贫瘠土壤中均能生长,但生育期(生长开始至开花前)如遇干旱应适当灌水,否则开花小而少,雨涝则注意排水。种植时施足基肥(以腐熟的牛粪或猪粪为宜),花前及花期需追肥2～3次,以磷钾肥为主,也可喷施0.2%的磷酸二氢钾,促使花朵肥大,并可达到延长花期的效果,入冬前施一次腐熟有机肥。

萱草栽培地点要阳光充足,炎热夏天适当遮阳,否则叶片容易焦边。为了使养分集中供萱草主蕾生长,每年春季现蕾时及时将侧蕾摘除,使花美而大。

四、荷包牡丹

荷包牡丹,又称兔儿牡丹,罂粟科荷花牡丹属多年生草本花卉。原产我国河北和东北地区。荷包牡丹叶丛美丽,花朵玲珑,色彩绚丽,形似荷包。宜用于布置花境、花坛,也可以盆栽,还可以点缀岩石园或在林下大面积种植或在草地边缘湿润处丛植，景观效果极好。

（一）形态特征

地下有粗壮的根状茎，株高 30～60 cm。叶对生，有长柄，三出羽状复叶，小叶倒卵形，有缺刻，基部楔形，似牡丹的叶。总状花序，有小花数朵至 10 余朵，着生于枝顶下弯呈拱状生长的细长总梗的一侧；花瓣 4 片，交叉排列为内外两层，外层两花瓣粉红色或玫红色，联合成心脏形，基部膨大为囊状，似荷包，故名荷包牡丹；内层两花瓣粉白色，细长，从外瓣内伸出，包被在雄、雌蕊外，形似铃，故别名铃儿草。花期 4～6 月，花后结细长的圆形蒴果，种子细小，先端有冠毛。

（二）生态习性

荷包牡丹喜光，可耐半阴。性强健，耐寒而不耐夏季高温。喜湿润，不耐干旱。喜富含有机质的壤土，在沙土及黏土中生长不良。

（三）繁殖方法

常用播种、分株或扦插繁殖。播种繁殖，种子成熟后，随采随播，但实生苗要 3 年才开花，家庭繁殖一般不用，生产上为大量繁殖或是培育杂交新品种才采用。

分株法，早春二月，当新芽萌动而新叶未展出之前，将植株从盆中脱出，抖掉根部泥土，用利刀将根部周围蘖生的嫩茎带须根切下，两三株植于一盆，覆土高于旧土痕 2～3 cm，浇水，置阴处，长新叶后按常规管理，当年可开花。分株要注意两点：一要适时，如老株的新叶已展开再分株，易伤根系，成活率低，深秋休眠期也可分株，但成活率不高；二要相隔 2～3 年才能分一次，不能年年分株。

扦插法，花谢后剪去花序，7～10 d 后剪取下部有腋芽的健壮枝条 10～15 cm，切口蘸硫黄粉或草木灰，插于素土中，浇水后置阴凉处，常向插穗喷水，但要控制浇水，微润不干即可，月余可生根，翌春带土上盆定植，管理得好当年可开花。

（四）栽培管理

荷包牡丹具肉质根，稍耐旱，怕积水，因此要根据天气、盆土的墒情和植株的生长情况等因素适量浇水，坚持“不干不浇，见干即浇，浇必浇透，不可渍水”的原则。春秋和夏初生长期的晴天，每日或间日浇一次，阴天 3～5 d 浇一次，常保持盆土半墒，对其生长有利，过湿易烂根，过干则生长不良、叶黄。盛夏和冬季休眠期，盆土要相对干一些，微润即可。

荷包牡丹喜肥，上盆定植或翻盆换土时，宜在培养土中加适量骨粉或腐熟的有机肥或氮磷钾复合肥，生长期每 10～15 d 施一次稀薄的氮磷钾液肥，使其叶茂花繁，花蕾显色后停止施肥，休眠期不施肥。

荷包牡丹喜散射光充足的半阴环境，比较耐寒，而怕盛夏酷暑高温，怕强光暴晒，因此宜置于庭院的大树下、葡萄架下、高大建筑物的背阴面、东向或北向阳台。夏季休眠期要置于通风良好的阴处，不能见直射光，并常向附近地面洒水，提高空气湿度，降低温度。

五、玉簪

玉簪，又名玉春棒、白鹤花、白萼，为百合科玉簪属多年生草本。原产中国，1789 年传入欧洲，我国园林绿化中应用广泛。玉簪是较好的阴生植物，在园林中可植于林下作地被植物，或植于岩石园或建筑物北侧，也可盆栽观赏，或取其叶片作为插花作品的配叶，或切花。其色美如玉，芳香，沁人心脾。

(一)形态特征

株高 30～50 cm。叶基生成丛,卵形至心状卵形,基部心形,叶脉呈弧状。总状花序顶生,高于叶丛,花为白色,管状漏斗形,浓香。花期 6～8 月。同属植物有开淡紫、堇紫色花的紫萼及狭叶玉簪、波叶玉簪等。

(二)生态习性

玉簪性强健,耐寒冷,喜温暖气候,但夏季高温、闷热(35 ℃以上,空气相对湿度在 80%以上)的环境不利于它的生长。对冬季温度要求很严,当环境温度在 10 ℃以下即停止生长,在霜冻出现时不能安全越冬。性喜阴湿环境,不耐强烈日光照射。要求土层深厚、排水良好且肥沃的沙质壤土。

(三)繁殖方法

玉簪的繁殖有播种和分株法,以分株为主。分株繁殖最好是在早春 2～3 月土壤解冻后进行,把母株从花盆内取出,用锋利的小刀把它剖开成两株或两株以上,分出来的每一株都要带有相当的根系,并对其叶片进行适当地修剪,以利于成活。把分割下来的小株在百菌清 1 500 倍液中浸泡 5 min 后取出晾干,即可上盆。也可在上盆后马上用百菌清灌根。分株装盆后灌根或浇一次透水。在分株后的 3～4 周内要节制浇水,以免烂根,还要注意太阳光过强时,最好放在荫棚内养护。

播种繁殖,用温水浸种 12～24 h,直到种子吸水膨胀后,将种子按 3 cm×3 cm 的间距点播到基质中。播后覆盖基质,覆盖厚度为种粒的 2～3 倍。播后将播种基质淋湿,以后当盆土略干时再淋水。幼苗出土后,要及时把薄膜揭开,并在每天上午 9:30 之前,或者在下午 3:30 之后让幼苗接受太阳光照,否则幼苗会生长得非常柔弱;大多数种子出齐后,需要适当间苗;当大部分幼苗长出了 3 片或 3 片以上的叶子后就可以移栽上盆。

(四)栽培管理

玉簪喜欢略湿润的气候环境,要求生长环境的空气相对湿度在 50%～70%。保持土壤湿润,夏天可以叶面喷水,提高空气湿度,遵循“见干见湿,干要干透,不干不浇,浇就浇透”的原则。

玉簪要求“淡肥勤施、量少次多、营养齐全”,在施肥过后,要保持叶片和花朵干洁。

在春、秋、冬三季,由于温度不是很高,应给予充足的阳光照射,以利于进行光合作用和形成花芽、开花、结实,但忌阳光直射。在夏季的高温时节(白天温度在 35 ℃以上),放在直射阳光下养护,就会生长十分缓慢或进入半休眠的状态,并且叶片也会受到灼伤而慢慢地变黄、脱落。因此,在炎热的夏季要遮掉大约 50%的阳光。

六、荷兰菊

荷兰菊,又名柳叶菊,为宿根花卉。原产北美,我国各地园林多有栽培。荷兰菊适于盆栽室内观赏和布置花坛、花境等,更适合作花篮、插花的配花。以多彩荷兰菊为主花瓶插,点缀餐桌、窗台,可增添浪漫色彩。

(一)形态特征

株高 50～150 cm,全株被粗毛,须根较多。茎丛生,多分枝;叶呈线状披针形,近全缘。头状花序伞房状着生,花较小,舌状花 1～3 轮;花蓝紫色或白色。花期为 8～10 月。

(二)生态习性

荷兰菊耐寒性强,在我国东北地区可露地越冬。喜温暖湿润和阳光充足的环境,也耐炎热。宜肥沃、排水良好的沙质壤土或腐叶土。花期 8～10 月。

(三)繁殖方法

常用播种、扦插和分株繁殖。通常 4 月春播,播后 12～14 d 发芽。扦插在春、夏季进行,剪取嫩茎作插条,插后 18～20 d 生根。分株在春、秋季均可进行,一般每 3 年分株 1 次。

(四)栽培管理

荷兰菊栽培时应保持土壤湿润,干旱时要及时浇水。入冬前浇冻水 1 次,即可安全越冬。翌年由根部重新萌芽,长成新株。栽种荷兰菊之前应施足基肥,生长期每 2 周追施 1 次稀薄饼肥,促使其生长旺盛、开花繁茂。在栽培中发现病虫害要及时喷施药剂。

荷兰菊是耐修剪植物,生长期间通过摘心和修剪可促使花朵繁密和控制植株高度。

七、其他宿根观赏植物

其他宿根观赏植物的名称、生态习性、繁殖方法及园林用途见表 4-2。

表 4-2 其他宿根观赏植物

名称	生态习性	繁殖方法	园林用途
蓍草	耐寒,喜光,耐半阴	播种、分株	宜花境、花坛栽种或作切花
乌头	耐寒,耐半阴	播种、分株	可用于花境、林下栽植,也可作切花
华北楼斗菜	耐寒,喜半阴	春秋播种	宜花境、花坛栽植
银莲花	耐寒,喜半阴,	播种、分株	林下栽种
射干	耐寒,喜光,耐半阴	播种、分株	宜花境丛植或作切花
丛生风铃草	耐寒,喜光,喜凉爽	播种	宜花境、花坛丛植
大瓣铁线莲	耐寒,喜冷凉和半阴,蔓性	扦插、压条、嫁接、播种	园林篱垣种植,可作切花
大花飞燕草	耐寒,喜光,忌炎热,耐半阴	播种、分株、扦插	宜花境、花坛栽种或作切花
松果菊	耐寒,喜光,喜肥	播种、分株、自播性强	宜花境栽种或作切花
羽扇豆	半耐寒,喜光,忌炎热多雨	播种、扦插	宜花境、花坛栽种或作切花
白头翁	耐寒,喜凉爽,耐旱,喜光	播种	宜花境、花坛栽种或作地被
石碱花	耐寒,耐旱	播种、分株、扦插	宜花境、花坛栽种
细叶水蔓菁	耐寒,喜光,喜冷凉	播种、分株	宜花境栽植
火炬花	喜温暖湿润阳光充足的环境,也耐半阴,要求土层深厚	分株、播种	宜花境、切花
毛地黄	喜光照,凉爽环境,耐半阴,耐寒耐旱	播种	花境、岩石园或盆栽

任务四　常见球根花卉露地栽培

球根花卉是指植株地下部分的茎或根变态、膨大并贮藏大量养分的一类多年生草本植物。球根花卉的种类和园艺栽培品种极其繁多，原产地涉及温带、亚热带和部分热带地区，因此生长习性各不相同。一般来说，球根花卉宜阳光充足、温度适宜，对土壤条件要求较高，喜疏松肥沃、排水良好的沙质壤土或壤土，最忌潮湿或积水。

微课 4-3　球根花卉栽培(一)

微课 4-4　球根花卉栽培(二)

许多球根花卉可用无性繁殖材料如子鳞茎、子球等进行繁殖，所以，收集与贮藏无性繁殖材料对球根花卉生产显得格外重要。有些球根花卉如葱兰、石蒜、美人蕉等，它们的鳞茎、根茎等可以在土壤中越夏或越冬，往往生长2～3年才起掘、分栽。多数球根花卉的球根，常在植株生长停止、叶片有1/3～1/2变黄时起掘采收。采收过迟时，地上部分全部枯落，采收时容易遗漏或损伤球根；采收过早时，球根尚不充实，会影响贮藏效果和翌年的生长发育。采收应选晴天进行，便于及时晾晒；若阴雨天采收，球根潮湿地堆在一起，会造成损失。另外，采收要选土壤适度湿润时进行，土壤过干，采收时球根与土不易脱离，且子球常常散失；土壤过湿，不便采收操作和球土分离，大大影响采收效率。采收中要严格管理制度，不同的品种要分别采收，填附标签，分别晾晒、分别贮藏，防止人为地造成品种混杂。要严格执行采收操作规程，减少球根损伤。

球根采收后，去掉浮土，表面晾干，去除伤球和病球，进行大小分拣然后贮藏。分拣不仅利于贮藏，而且统一规格也便于应用。一些贮藏中对通风要求不高，但需保持适度湿润的种类，如美人蕉、大丽花等，可混入湿润沙土堆藏；一些要求通风干燥贮藏条件的种类，如唐菖蒲、郁金香、风信子和水仙等，宜摊放在底部有粗铁丝网的球根贮藏箱内，不可摊放太厚。球根贮藏室冬季温度应保持在5 ℃左右，不可低于0 ℃或高于10 ℃；夏季贮藏室要保持凉爽干燥，防止病、虫、鼠害发生，经常检查和翻动，将腐烂、伤、病球根及时剔出。

球根类花卉种类丰富，适应性强，栽培容易，管理简便，加之球根种源交流便利，适合园林布置，广泛应用于花坛、花境、岩石园，或作地被、基础栽植等，也是商品切花和盆花的良好材料。

一、大丽花

大丽花又叫大丽菊、天竺牡丹、大理花等，为多年生草本。原产墨西哥高原地区，是墨西哥的国花，世界各国广泛栽培。绚丽多姿的大丽花象征大方、富丽、大吉大利，是庭院中的常客，世界著名的观赏花卉。适宜花坛、花境或庭前丛植，矮生品种可作盆栽。花朵用于制作切花、花篮、花环等。

(一)形态特征

具肥大的纺锤状肉质块根，株高40～200 cm。叶对生，1～3回羽状分裂。头状花序，总梗长伸直立；花色及花型多变，花色有红、黄、橙、紫、淡红和白色等单色，还有多种更为绚丽的色彩。花期因品种而异，夏秋二季开花。瘦果黑色，有的品种不结实。

同属植物约15种，常见栽培观赏的原种有红大丽花、卷瓣大丽花、光滑大丽花等，经过长期选育，其花型、花色、植株高矮变化甚大。当今有 1.4 万多个园艺品种，按花型大致可分为单轮型、领饰型、托挂型、牡丹型、蟹爪型、蜂窝型、装饰型、睡莲型、仙人掌型、菊型、球型等 11 型；按其株高可分为高型（200 cm 左右）、中型（10～150 cm）、矮型（80～90 cm）、极矮型（20～40 cm）等 4 型。

（二）生态习性

性喜阳光和温暖而通风的环境，既不耐寒又忌酷暑。在 10～32 ℃都能生长，以 15～25 ℃最适宜，32 ℃以上生长停滞，夏季宜干燥而凉爽的气候条件，并且每年要有一段时间的低温，以满足其休眠。我国辽宁、吉林等地夏季气温条件颇适合大丽花生长，而南方因夏季高温多雨，其生长不及北方，但秋冬大丽花生长正常，花大色艳。忌黏重土壤，以富含腐殖质、排水良好的沙质壤土为宜，盆栽时盆土尤其要注意排水和通气。

（三）繁殖方法

以分根和扦插繁殖为主，育种用种子繁殖。

分根繁殖最为常用，因大丽花仅于根颈部能发芽，在分割时必须带有部分根颈，否则不能萌发新株。常采用预先埋根法进行催芽，待根颈上的不定芽萌发后再分割栽植。分根法简便易行，成活率高，苗壮，但繁殖系数有限。

扦插繁殖也是大丽花的主要繁殖方法，繁殖系数大，一般于早春进行，夏秋也可，以 3～4 月在温室或温床内扦插成活率最高。插穗取自经催芽的块根，待新芽基部一对叶片展开时，即可从基部剥取扦插。也可留新芽基部一节以上剪取，以后随生长再取腋芽处之嫩芽，这样可获得更多的插穗。春插苗经夏秋充分生长，当年即可开花。6～8 月初可自生长植株取芽进行夏插，但成活率不及春插，9～10 月扦插成活率低于春季，但比夏插要高。扦插基质以沙质壤土加少量腐叶土或泥炭为宜。

种子繁殖仅限于生产花坛品种和育种时应用。大丽花夏季多因湿热而结实不良，故种子多采自秋凉后成熟者。重瓣品种不易获得种子，须进行人工辅助授粉。播种一般于播种箱内进行，温度 20 ℃左右，4～5 d 即萌芽出土，待真叶长出后再定植，1～2 年后开花。

（四）栽培管理

大丽花喜水但忌积水，既怕涝又怕干旱，浇水要掌握“干透浇透”的原则，一般生长前期的小苗阶段，晴天可每日浇一次，以保持土壤稍湿润为度，太干太湿均不合适。生长后期，枝叶茂盛，消耗水分较多，中午或傍晚适当增加浇水量。夏季连续阴天后突然暴晴，应及时向地面和叶片喷洒清水来降温，否则叶片将发生焦边和枯黄。伏天无雨时，除每天浇水外，也应喷水降温。

从幼苗开始一般每 10～15 d 追施一次稀薄液肥，现蕾后每 7～10 d 施一次，到花蕾透色时停止浇肥水。气温高时不宜施肥。施肥量要根据植株生长情况而定。凡叶片色浅而瘠薄的，为缺肥；肥料过量，则叶片边缘发焦或叶尖发黄；叶片厚而色深浓绿，则是施肥合适的表现。施肥的浓度要求一次比一次大，这样能使茎秆粗壮。

盆栽大丽花应放在阳光充足的地方，每日光照要求在 6 h 以上，这样植株茁壮，花朵硕大而丰满。若每天日照少于 4 h，则茎叶分枝和花蕾形成会受到一定影响，特别是阴雨寡照时开花不畅，茎叶生长不良，且易患病。

盆栽大丽花的整形要根据品种灵活掌握。一般大型品种采用独本整形，中型品种采用 4 本整形。独本整形即保留顶芽，除去全部侧芽，使营养集中，形成植株低矮、大花型的独本大丽花。4本大丽花是将苗摘心，保留基部两节，使之形成4个侧枝，可成4干4花的盆栽大丽花。大丽花不耐寒，11月间，当枝叶枯萎后，要将地上部分剪除或掘出块根越冬。

大丽花的茎既空又脆，容易被风吹倒折断，应及时插竹扶持，插竹还可以避免枝条生长弯曲，提高盆栽观赏价值。当植株长高至30 cm以上时，应在每一枝条旁边插一小竹，并用麻皮丝(或细线绳)绑扎固定；随着植株长高，还应及时换上更长的插竹，最后插的小竹要顶在花蕾的下部。

二、大花美人蕉

大花美人蕉别名红艳蕉，属多年生根茎类花卉。原产美洲热带和亚热带，我国各地广为栽培。叶片翠绿、花朵艳丽、抗污染、花期长、易栽培，宜作花境背景或在花坛中心栽植，也可成丛或带状种植在林缘、草地边缘。矮生品种可盆栽或作阳面斜坡地被植物。

(一)形态特征

地下具肥壮多节的根状茎，地上假茎直立无分枝，株高1～1.5 m，全身被白粉。叶大型，互生，呈长椭圆形；叶柄鞘状。顶生总状花序，常数朵至十数朵簇生在一起；萼片3枚，绿色，较小；花被3片，柔软，基部直立，先端向外翻；花色丰富，有乳白、米黄、亮黄、橙黄、橘红、粉红、大红、红紫等多种，并有复色斑纹；雄蕊多瓣化成花瓣，其中一枚常外翻成舌状，其他的呈旋卷状。蒴果椭圆形，外被软刺，种子圆球形，黑色。花期6～10月。

大花美人蕉除按花色分成不同品种外，其叶色有粉绿、亮绿或古铜色，也有红绿镶嵌或黄绿镶嵌的花叶品种。矮生种株高仅50～60 cm，高生种株高可达2～3 m。

(二)生态习性

性喜阳光充足和温暖湿润的环境条件，不耐寒，在华南亚热带地区为常绿植物，新老植株自然更迭，四季生长开花，无休眠。长江流域，凡土壤不结冻的地区，冬季落叶后根茎可在土层中越冬，但宜加覆盖物防寒保护。北方需将根茎放在0 ℃以上的室内贮藏。对土壤要求不严，但在土层深厚而疏松肥沃、通透性能良好的沙质壤土中生长较好。

(三)繁殖方法

通常以分割根茎繁殖为主，可每年分割一次，一棵母株可分成4～5株，每株必须带1个以上的顶芽，从根茎的分枝部分切开。在北方为了使其提早开花，多在3月初将冬藏的根茎分割，每3～4株用素沙上盆假植，放在温室内催芽，经常保持盆土湿润，室温在18 ℃以上，4月中旬根茎萌发，5月上旬成苗即可脱盆整坨定植于花坛。

也可播种繁殖。美人蕉的种皮坚硬并带一层不透水的物质，播种前可用砂纸搓磨把表皮磨薄，放30 ℃的温水中浸泡一昼夜，然后在高温下室内盆播。早春2月播种，苗高10 cm时带土坨分苗移栽，上盆或下地，当年即可开花。

实生苗常常发生变异，可在开花后进行优选，往往可得到一些性状优良的新个体，再用无性繁殖方法保存下来。

(四)栽培管理

大花美人蕉栽培期间浇水应根据季节、天气而灵活掌握，春天植株解除休眠，部分叶芽正常生长，水分消耗量也随之增加，浇水时间以每天浇水1次。夏天植株生长旺盛，需每日早晚浇水1次，至6月梅雨季节，则每日浇水1次，遇大雨时应及时排涝，7月份适当增加浇水量，必要时用水喷洒叶面，以降低温度，增加湿度。秋天气温虽有下降，但空气仍十分干燥，蒸发量很大，也要经常浇水，保持土面湿润，10 月以后，气温逐日下降，浇水量则应酌情减少，以增加抗寒能力。进入冬天，大花美人蕉生长缓慢，甚至停止生长，水分消耗极少。每日浇水 1 次，浇水一般在下午 2 时左右进行为好。

大花美人蕉喜肥，栽植时施足基肥。春天嫩芽开始萌动时施用第一次有机肥，以鸡粪为主的有机肥肥效长，疏松土壤效果好，但肥效较慢，为加快加强肥效，可混施一次复合肥和一次尿素。进入生长、开花期的植株，需要不断追肥，能有效地促进花的生长，加深花色，使叶大、叶色油绿。冬季进入休眠期，应注意对磷、钾肥的补充和加放草木灰，以便增强植株抗寒能力。

大花美人蕉生长期以光照充足地方为好。3～10 月是美人蕉生长、开花旺盛的季节，由于新芽分蘖极为旺盛，容易出现植株过密，需要修割，以达到植株形状完整、开花丰满适度。一般修割是根据不同的季节和植株生长情况灵活操作。根据实践经验，开花植株数控制在 10～15 株/m^2，以便全年开花不断。

三、郁金香

郁金香别名洋荷花、草麝香等，为多年生草本，属于鳞茎类花卉。原产地中海南北沿岸及中亚和伊朗、土耳其，16 世纪传入欧洲，现已普遍在世界各地种植，其中以荷兰栽培最多，是荷兰的国花。郁金香花朵似荷花，花色繁多，是重要的春季球根花卉，适宜盆栽或点缀庭院、室内装饰等，增添欢乐气氛。矮壮品种宜布置春季花坛，鲜艳夺目；高茎品种适于切花或配置花境，也可丛植于草坪边缘。

(一)形态特征

鳞茎扁圆锥形或扁卵圆形，长约 2 cm，具棕褐色皮膜，外被淡黄色纤维状皮膜。茎叶光滑，具白粉。叶 3～5 枚，长椭圆状披针形或卵状披针形，长 10～21 cm，宽 1～6.5 cm ，全缘并呈波状。花葶长 35～55 cm，花单生茎顶，杯状，基部常黑紫色；花瓣 6 片，倒卵形；花期一般为 3～5 月。蒴果 3 室，室背开裂，种子多数，扁平。

郁金香品种多达 8 000 余种，花型有杯型、碗型、卵型、球型、钟型、漏斗型、百合花型等，有单瓣也有重瓣。花色有白、粉红、洋红、紫、褐、黄、橙等，深浅不一，单色或复色，花期有早、中、晚之别。

(二)生态习性

郁金香原产地属于地中海气候，形成郁金香适应冬季湿冷和夏季干热的特点，其特性为夏季休眠、秋冬生根并萌发新芽，但不出土，需经冬季低温后第二年 2 月上旬(温度在 5 ℃以上)开始伸展生长形成茎叶，3～4 月开花，生长开花适温为 15～20 ℃。花芽分化是在夏季贮藏期间进行的，分化适温为 20～25 ℃，最高不得超过 28 ℃。郁金香属长日照花卉，性喜向阳、避风，冬季温暖湿润，夏季凉爽干燥的气候。8 ℃以上即可正常生长，一般可耐－14 ℃低温。耐寒性很强，在严寒地区如有厚雪覆盖，鳞茎就可在露地越冬，但怕酷暑，如果夏天来得早，盛夏又很炎热，则鳞茎休眠后难以度夏。要求腐殖质丰富、疏松肥沃、排水良好的微酸性沙质壤土，忌碱土和连作。

(三)繁殖方法

常用分球繁殖，以分离小鳞茎法为主。秋季 9～10 月分栽小球。母球为一年生，花后在鳞茎基部发育成 1～3 个翌年能开花的新鳞茎和 2～6 个小球，母球干枯。母球鳞叶内生出一个新球及数个子球，发生子球的多少因品种不同而异，与栽培条件也有关，新球与子球的膨大常在开花后一个月的时间内完成。可于6月上旬将休眠鳞茎挖起，去泥，贮藏于干燥、通风和20～22 ℃条件下，有利于鳞茎花芽分化。分离出大鳞茎上的子球放在5～10 ℃的通风处贮存，秋季9～10月栽种，栽培地应施入充足的腐叶土和适量的磷、钾肥作基肥。植球后覆土5～7 cm即可。

（四）栽培管理

郁金香种植后应浇透水，使土壤和种球能够充分紧密接触，有利于生根，出芽后应适当控水，待叶渐伸长，可在叶面喷水，增加空气湿度，抽薹期和现蕾期要保证充足的水分供应，以促使花朵充分发育，开花后，适当控水。其根系生长最忌积水，栽培地一定要排水通畅。

栽植前进行翻耕整地，深耕后宜施用腐熟的有机肥料和其他的磷钾肥，由于基质中富含有机肥，生长前期不再追肥，但是如果氮不足而使叶色变淡或植株生长不够粗壮，则可施易吸收的氮肥如尿素、硝酸铵等，量不可多，否则会造成徒长，甚至影响植株对铁的吸收而造成缺铁症，一般在现蕾至开花每10 d喷浓度为2‰～3‰的磷酸二氢钾溶液一次，以促其花大色艳，花茎结实直立。

充足的光照对郁金香的生长是必需的，光照不足，将造成植株生长不良，叶色变浅及花期缩短。但郁金香上盆后半个多月时间内，应适当遮光，以利于种球发新根。另外，发芽时，花芽的伸长受光照的抑制，遮光后，能够促进花芽的伸长，防止前期营养生长过快、徒长。出苗后应增加光照，促进植株拔节，形成花蕾并促进着色。后期花蕾完全着色后，应防止阳光直射，延长开花时间。

四、风信子

风信子为多年生鳞茎类草本花卉。起源于东南欧、非洲南部、地中海东部沿岸及土耳其小亚细亚一带，已在世界各地广泛栽培。风信子植株低矮整齐，花型端庄，花色丰富，花姿美丽，在光洁鲜嫩的绿叶衬托下，恬静典雅，是早春开花的著名球根花卉之一，也是重要的盆花种类。适于布置花坛、花境和花槽，也可作切花、盆栽或水养观赏。

（一）形态特征

鳞茎卵形，有膜质外皮，膜质外皮与花色具有一定的关系。叶4～8枚，狭披针形，肉质，上有凹沟，绿色，有光泽。花葶肉质，略高于叶；总状花序顶生，花5～20朵，横向或下倾，钟状；花被筒长，基部膨大，裂片长圆形、反卷；花有紫、白、红、黄、粉、蓝等色。蒴果多数。有重瓣、大花、早花和多倍体等品种。

（二）生态习性

喜冬季温暖湿润、夏季凉爽稍干燥、阳光充足或半阴的环境。喜肥，宜肥沃、排水良好的沙质壤土，忌过湿或黏重的土壤。风信子鳞茎有夏季休眠习性，秋冬生根，早春萌发新芽，3月开花，6月上旬植株枯萎。在生长过程中，鳞茎在2～6 ℃低温时根系生长最好。芽萌动适温为5～10 ℃，叶片生长适温为10～12 ℃，现蕾开花期以15～18 ℃最有利。鳞茎的贮藏温度为20～28 ℃，最适为25 ℃，对花芽分化最为理想。

（三）繁殖方法

风信子一般采用分球和播种繁殖。以分球繁殖为主。母球栽植1年后分生1～2个子球，可用于分球繁殖，需3年才能开花。风信子在每年9～10月栽种，不宜种得太迟。种子繁殖，秋播，翌年2月才发芽，实生苗培养4～5年开花。

(四)栽培管理

在风信子栽培过程中,水分的供应必须足以保持盆内土壤的正常水分标准。不能提供过多的水,但也不能让盆土过干,土壤湿度应保持在田间持水量的60%~70%,过高,根系呼吸受抑制易腐烂,过低,则地上部分萎蔫,甚至死亡;空气相对湿度应保持在80%左右,并可通过喷雾、地面洒水增加湿度,也可用通风换气等办法降低湿度。

施足基肥,穴内施入腐熟的堆肥,堆肥上盖一层土再栽入球根,上面覆土,春天施追肥。

风信子只需5 000 lx以上光照就可保持正常生理活动。光照过弱,会导致植株瘦弱、茎过长、花苞小、花早谢、叶发黄等情况发生,在温室生产可用白炽灯在距离1 m左右处补光;但光照过强也会引起叶片和花瓣灼伤或花期缩短。

五、石蒜

石蒜,别名彼岸花、蟑螂花、龙爪花、红花石蒜、老鸦蒜等,为鳞茎类花卉。原产我国及日本,我国长江流域及西南有野生。石蒜在我国有较长的栽培历史,夏末秋初花茎破土而出,花色红艳,花姿奇特,盛开时于山谷坡地团团簇簇。石蒜冬季叶色深绿,多于草地、林下、庭院成片种植。

(一)形态特征

鳞茎椭球形。叶基生,晚秋叶从鳞茎抽出,至春枯萎,狭条形,深绿色,中央具一条淡绿色条纹。夏秋之交,花茎破土而出。花5~7朵,呈顶生伞形花序,鲜红色;花瓣反卷如龙爪;雌、雄蕊很长,伸出花冠外并与花冠同色。花型有百合花型、萱草型、龙爪型等多种。蒴果多数。

同属中常见的植物还有忽地笑(花黄色)、中国石蒜(花鲜黄色)、玫瑰石蒜(花玫瑰红色)、乳白石蒜(花白色)等。

(二)生态习性

石蒜在自然界多野生于山林阴湿处及河岸边,因此喜阴湿环境,耐寒性强,也耐干旱,以疏松、偏酸性、肥沃的腐殖质土栽培最好。有夏季休眠习性。

(三)繁殖方法

适于分球和播种繁殖,以分球为主。春、秋两季用鳞茎繁殖。既春季叶刚枯萎后或秋季花后将鳞茎挖起分栽。鳞茎不宜每年采收,一般4~5年掘起分栽一次。石蒜自然结实率不高,种子成熟度差,播种繁殖发芽不整齐。实生苗需5~6年才能开花。

(四)栽培管理

石蒜夏季休眠期浇水要少,春秋季需经常保持盆土湿润。越冬期间严格控制浇水。施足基肥,生长季节每半月追施1次稀薄饼肥水。越冬停止施肥。

石蒜喜半阴,夏季避免阳光直射,春秋季置半阴处养护。

六、花毛茛

花毛茛又称芹菜花、波斯毛茛、陆莲花等,为多年生草本,因叶形很像芹菜叶,故称“芹菜花”。原产亚洲西南部至欧洲东南部,世界各地多有栽培。花毛茛花大而美丽,常于树下、草坪中丛植,或栽植于花坛、花带、林缘等处,同时,也适宜作切花或盆栽。

(一)形态特征

块根纺锤形,常数个聚生于根颈部。株高20~40 cm,茎单生,或少数分枝,有毛。基生叶阔卵形，具长柄；茎生叶无柄，为2回3出羽状复叶。花单生或数朵顶生，花瓣平展，每轮8枚，错落叠层；花径3～4 cm；花期4～5月。栽培品种很多，有重瓣、半重瓣，花色有白、粉、黄、红、紫等。花毛茛有盆栽种和切花种之分。

（二）生态习性

花毛茛喜凉爽及半阴环境，忌炎热，适宜的生长温度白天20 ℃左右，夜间7～10 ℃。既怕湿又怕旱，宜种植于排水良好、肥沃疏松的中性或偏碱性土壤。6月后块根进入休眠期。

（三）繁殖方法

分球和播种繁殖。分球繁殖，9～10月将块根带根茎掰开，以3～4个块根为一株栽植，覆土不宜过深，埋住块根即可。于秋季露地播种，温度不宜超过20 ℃，在10 ℃左右，约20 d便可发芽。小苗移栽后，转至冷床或塑料大棚内培养，翌年初春即能开花。

（四）栽培管理

栽培期间保持盆土湿润而不积水，冬季移入0 ℃以上的冷室内越冬，不必浇太多的水。春季植株生长旺盛，应经常浇水，以保持盆土湿润。开花前施2～3次腐熟的稀薄液肥，可促使开花繁茂，花后若不需留种，应及时剪去残花，并追施1～2次液肥，以促使块根的生长和发育。

花毛茛忌强光直射。盆栽应放疏阴清爽环境。6～7月植株进入休眠期，地上部分逐渐枯萎，可将块根从土中挖出，晾干后放在通风干燥处或沙藏度夏。

七、唐菖蒲

唐菖蒲别名菖兰、剑兰、十样锦。为多年生草本球茎花卉。原产于非洲好望角、地中海沿岸及西亚一带，现今各个地区都有栽培。唐菖蒲花色丰富，优美大方，观赏价值较高。不仅可以用作花坛、草坪和地被植物等的优质绿化材料，还是世界著名切花之一，世界各国广泛应用。

（一）形态特征

多年生草本。球茎扁圆形。株高60～150 cm。叶剑形，排成2裂。穗状花序顶生，有花8～20朵，有红、黄、粉、紫、蓝、白等多种颜色。花期7～8月。

（二）生态习性

唐菖蒲喜温暖怕炎热，不耐寒。夏季冷凉地区生长最好。生长适温白天20～25 ℃、夜间10～15 ℃，喜阳光充足。唐菖蒲是典型的长日照植物，必须在每天14 h以上光照条件下才能进行花芽分化。但花芽分化后短日照有利于形成花蕾和提早开花。要求土层深厚，疏松肥沃的微酸性沙质壤土，pH 5.5～6.5为宜。喜肥，增施鳞肥可提高花的质量。钾肥对提高球茎的品质和子球的数量有促进作用。

（三）繁殖方法

以分球繁殖为主。将每年新生的球茎按大小分开种植。大球用于观赏和切花栽培，小球需培养1～2年后才能开花。此外还可用切球、播种和组培法繁殖。

（四）栽培管理

栽种前要精细整地，施足底肥并加入适量的磷肥和钾肥。播种期4～5月。一般开沟坐水点播。株行距20 cm×30 cm。覆土深度是球茎高度的2倍。1～2 d后稍加镇压。视土壤干湿情况适时浇水，保持土壤湿润。抽莛后尤其不能缺水。开花后适当减少浇水以延长花期。

生长期间应追肥 3 次。施肥要适量，氮肥不可过多。生产球茎时，当花蕾现色时摘去花蕾，留下花茎，以利于球茎生长。秋后叶片有 1/3 枯黄时及时掘出球茎，分级、晾晒后放在 0 ℃以上室内保存。一般放在特制的木架上，以利于空气流通。

八、百合

百合别名野百合、布朗百合。为多年生鳞茎花卉。原产我国，各地普遍栽培。最宜大片纯植或丛植于疏林下、草坪边、亭台畔以及建筑基础，也可作花坛、花境及岩石园材料或盆栽观赏。其鳞茎可食用，还可入药。花具芳香，可提制芳香浸膏。

（一）形态特征

百合无皮鳞茎球形，白色。茎直立，高 60～100 cm。叶互生。花 1～4 朵，顶生，乳白色，直径约 14 cm，芳香。花期 5～6 月。

（二）生态习性

百合喜阳光及半阴环境，喜夏季冷凉湿润气候，要求疏松肥沃、腐殖质丰富、排水良好的沙质壤土。耐寒，忌炎热。忌连作。

（三）繁殖方法

以分球繁殖为主。百合母球周围和地上茎基部及埋于土中的茎节处都可产生新鳞茎，将其分离后都可作为繁殖材料。为促使其多产生新鳞茎，可采取深栽或切除花蕾的方法。此外还可用扦插鳞片、扦插地上茎段、利用珠芽播种和组培法等途径繁殖。

（四）栽培管理

百合种植选土层深厚、疏松肥沃和半阴环境栽培。9～10 月栽植，剪除底根，株行距 20 cm×30 cm，开沟坐底水，覆土深度约为 20 cm。寒冷地区冬季覆盖防寒。日常管理要注意浇水，保持土壤湿润，中耕除草，防治病虫害。每年秋季施一次基肥。3～4 年分栽一次。

九、其他球根观赏植物

其他球根观赏植物的名称、生态习性、繁殖方法及园林用途见表 4-3。

表 4-3 其他球根观赏植物

名称	生态习性	繁殖方法	园林用途
火把莲（火炬花）	花期夏季，不耐寒，喜温，喜光，忌涝	秋季分栽根茎，春季播种	用于花境、庭院布置
铃兰	喜凉爽湿润及半阴环境，耐严寒。喜疏松肥沃、富含腐殖质酸性或微酸性壤土及沙质壤土	分株繁殖	林缘、地被、盆栽、切花
花葱	春夏开花，喜凉爽，半阴	春节分栽小鳞茎	布置花境或作盆栽、切花
卷丹	性喜冷凉、喜日光充足，耐寒、不耐热，不择土壤	分珠芽、分鳞茎、鳞片插	花坛、花境，也可作为切花或盆栽观赏
六出花	5～7 月盛花，较耐寒，适温 20 ℃，喜光	播种或秋季分株	新型切花或园林丛植

任务五　常见水生花卉露地栽培

水生花卉泛指生长于水中或沼泽地、湿地中的观赏价值高的植物，其与其他花卉明显不同的习性是对水分的要求和依赖远远大于其他各类植物，构成了其独特的习性。

一、荷花

荷花别名莲、芙蓉、芙渠、藕。为睡莲科莲属多年生植物。原产于亚洲热带和温带地区，我国栽培历史久远，早在周朝就有栽培记载。荷花是良好的美化水面、点缀亭榭或盆栽观赏的材料，也是重要的经济植物。

（一）形态特征

荷花为多年生挺水植物。根茎（藕）肥大多节，横生于水底泥中。叶盾状圆形，表面深绿色，背面被蜡质白粉，灰绿色，全缘并呈波状。叶柄圆柱形，密生倒刺。花单生于花梗顶端，高托于水面之上，有单瓣、复瓣、重瓣及重台等花型。花色有白、粉、深红、淡紫色或间色等变化。雄蕊多数，雌蕊离生，埋藏于倒圆锥状海绵质花托内，花托表面具多数散生蜂窝状孔洞，受精后逐渐膨大，称为“莲蓬”，每一孔洞内生一小坚果（莲子）。花期 6～9 月，每日晨开暮闭。果熟期 9～10 月。依据用途不同而分为藕莲、子莲和花莲三个系统；依据花瓣的多少、雌雄蕊瓣化程度以及花色分为单瓣型、复瓣型、千层型、佛座型、重台型、多花型等。

（二）生态习性

荷花为强光性植物。性喜温暖多湿，宜静水，忌水淹过荷叶。不耐寒，生长适温 20～30 ℃。喜光照充足。

（三）繁殖方法

通常以分株繁殖为主。为培育新品种也可播种繁殖。

分株繁殖，清明前后挑选生长健壮的根茎，每 2～3 节切成一段作为种藕，每段必须带顶芽和保留尾节。用手指保护顶芽，以 20°～30°斜插入缸、盆中或池塘内。

播种繁殖，播种前，种子应加处理。挑选充分成熟的莲子，进行浸种或刻伤处理，以利于吸水萌发，否则因莲壳坚硬，水分不易渗透到种子内而不易发芽。通常可用清水浸没种子，每天换一次水，待莲子长出 2～3 片幼叶时便可播种。莲子生命力极强，无论随采随播或经长期贮藏后播种，均能发芽生长。

（四）栽培管理

池栽荷花前先将池水放干，翻耕池土，施入基肥，然后灌入数厘米深的水，将种藕顶芽一律朝向池心栽植。栽后稍加镇压，以防灌水后浮起。灌水深度应按不同生育期逐渐加深，初栽水深 10～20 cm，夏季加深至 60～80 cm，至秋冬冻冰前放足池水，保持深度 1 m 以上，以免池底泥土结冰，根茎可在冰下不冰冻的泥土中安全越冬。栽种后每隔 2～3 年重新分栽一次。

池栽时，一般不施追肥。盆、缸栽植时，若基肥充足，也不必施追肥。生长期发现荷叶瘦弱发黄时，应施追肥。不同栽培类型、不同品种对养分的要求不同，花莲、子莲类的品种喜含磷钾较多的肥料，而藕莲类品种则喜含氮较多的肥料。

二、睡莲

睡莲别名子午莲、水芹花、水浮莲。为多年生水生花卉。原产我国，栽培普遍，是水面绿化的主要材料，可点缀于平静的水池、湖面或盆栽观花，也可作切花。

(一)形态特征

睡莲为多年生浮叶型水生草本植物，根状茎肥厚，直立或匍匐。叶二型，浮水叶浮生于水面，基部深裂成马蹄形或心脏形，叶缘波状全缘或有齿；沉水叶薄膜质，柔弱。花单生，花有大小与颜色之分，浮水或挺水开花；萼片 4 枚，花瓣、雄蕊多。果实为浆果，在水中成熟，不规律开裂；种子深绿或黑褐色。花期 7～8 月。全世界睡莲属植物有 58 种，中国有 5 种。

(二)生态习性

睡莲喜强光，喜温暖及通风良好的环境。要求水质清洁、水面平静。适宜水深 30～60 cm。耐肥力强，在腐殖质丰富的黏土中生长良好。在江南地区不加保护即可安全越冬。北方需在冻层以下越冬。盆栽要放在 0 ℃以上冷室内贮藏。

(三)繁殖方法

一般用分株繁殖。春季将根状茎掘出，切割后分栽。也可春季播种繁殖。种子需泡在水中贮藏。

(四)栽培管理

温暖地区可栽于池塘，施入基肥，灌水。从春至夏水要逐渐加深至 60 cm 左右。秋后将水放掉保留一层浅水。北方冬季要灌水 1 m 以上，使根茎在冰层以下越冬。2～3 年分栽一次。园林中的小型水面多将睡莲栽于盆或缸中。

三、王莲

王莲为多年生或一年生大型浮叶草本。原产南美洲，不少国家的植物园和公园已有引种，我国北京、华南及云南的植物园和各地园林机构也已引种成功。王莲叶奇花大，漂浮水面，十分壮观，能美化水体，受人喜爱。种子含丰富的淀粉，可供食用。

(一)形态特征

王莲有直立的根状短茎和发达的不定须根。叶浮于水面，圆盘形，叶面光滑，边缘直立，成年叶直径达 1.8～2.2 m。花两性，直径可达 30 cm，有萼片 4 枚，背面多粗刺，花瓣长圆状披针形。花期夏秋季，开花时花蕾伸出水面，第一天傍晚开放，花瓣白色，香气浓郁，次日晨闭合，下午重复开放，呈粉红色，花瓣反卷，第三天上午呈红色，沉入水中。果实球形，种子多数，形似玉米，有“水中玉米”之称。

(二)生态习性

王莲性喜温暖、空气湿度大、阳光充足和水体清洁的环境。通常要求水温 30～35 ℃。室内水池栽培时，室温需 25～30 ℃，若低于 20 ℃便停止生长。空气相对湿度以 80%为宜。王莲喜肥，尤以有机基肥为宜。

(三)繁殖方法

多用播种繁殖。种子采收后需在清水中贮藏，一般于 12 月至翌年 2 月将种子放入浅盆，再浸入 30～35 ℃水池中，距水面 5～10 cm 深，经 10～21 d 便可发芽。待锥形叶和根长出后移栽上盆。

(四)栽培管理

盆土宜用草皮土或沙土，将根埋入土中，务必将生长点露出土面，然后使盆浸入水池内距水面下 2～3 cm 处。幼苗生长很快，每 3～4 d 可生长一片新叶。随着植株生长，逐次换盆，每次的盆径比原盆大 2～3 cm，并逐渐调整距水面的深度，由最初 2～3 cm 至 15 cm。后期换盆时应加入少量的基肥。幼苗期需光照充足，冬季光照不足，尚需补充灯光照明，否则叶片易腐烂。6 月初即可开花。夏季气温太高时应注意通风和遮阴，直至秋末。花后 2 个月左右种子成熟。

四、千屈菜

千屈菜别名水枝柳、水柳、对叶莲。为多年生挺水植物。原产于欧亚大陆的温带，广布全球，我国南北各地均有野生。千屈菜株丛整齐清秀，花色淡雅，花期长，最宜水边丛植或水池栽植，也可用作花境背景材料和盆栽观赏。

(一)形态特征

千屈菜株高 1 m 以上。地下根茎粗硬，木质化，地上茎直立，四棱形，多分枝，基部木质化。单叶对生或轮生，披针形，全缘，基部广心形。穗状花序顶生，小花多数密集，紫红色。萼筒长管状，萼裂间各具附属体。花瓣 6 片。蒴果全包于宿存萼内。花期 7～9 月。

常见种类有紫花千屈菜、大花千屈菜、大花桃红千屈菜、毛叶千屈菜。

(二)生态习性

千屈菜性喜强光和潮湿以及通风良好的环境。通常在浅水中生长最好，但也可露地旱栽。耐寒性强，在我国南北各地均可露地越冬。对土壤要求不严，但以表土深厚、含大量腐殖质的壤土为好。

(三)繁殖方法

可用播种、扦插、分株等方法繁殖，但以分株为主，早春或秋季均可分栽。将母株丛挖起，切取数芽为一丛，另行栽植即可。扦插可于夏季进行，嫩枝盆插或地床插，及时遮阴并放置于荫蔽处，30 d 左右可生根。播种繁殖宜在春季盆播或床播，盆播时将播种盆下部浸入另一水盆内，在 15～20 ℃下经 10 d 左右即可发芽。

(四)栽培管理

千屈菜露地栽培或水池、水边栽植，养护管理简便，仅需冬天剪除枯枝，任其自然过冬。盆栽时，应选用肥沃壤土并施足基肥。在花穗抽出前经常保持盆土湿润而不积水为宜，待花将开放前可逐渐使盆面积水，并保持水深 5～10 cm，这样可使花穗多而长，开花繁茂。生长期间应将盆放置阳光充足、通风良好处，冬天将枯枝剪除，放入冷室越冬。

五、凤眼莲

凤眼莲别名水葫芦、水浮莲。为多年生水生漂浮植物。原产南美洲。现分布于我国长江流域及华南。凤眼莲可栽植于浅水池或进行盆栽、缸养，观花观叶总相宜，同时具有净化水质的功能。

(一)形态特征

凤眼莲须根发达，悬垂水中，茎极短缩。叶由此丛生而直伸，叶倒卵状圆形或卵圆形。鲜绿色有光泽，质厚，叶柄长 10～20 cm，中下部膨胀，为呈葫芦状的海绵质气囊。总状花序，花为浅蓝色，呈多棱喇叭状，花瓣上生有黄色斑点。花期 7 月。

(二)生态习性

适应性很强，在池塘、水沟和低洼的渍水田中均可生长，但最喜气候温暖、阳光充足的环境，具有一定的耐寒性，北方冬季不能露地越冬，需保护防寒才能越冬。

（三）繁殖方法

分株繁殖。将匍匐的小枝分割栽植，或以母株丛直接进行分株繁殖。

（四）栽培管理

风眼莲喜生长在水浅且土质肥沃的池塘里，水深以 30 cm 左右为宜。我国多采用母株防寒越冬，春季放养于池塘中，高温季节繁殖迅速。其栽培管理同其他水生花卉。

技能训练一　整地做床技术

一、实训目的

熟悉露地花卉栽培整地要求，掌握整地做床操作步骤及标准。

二、材料与工具

铁锹、土筐、有机肥、耙子、喷壶、米尺等。

三、方法步骤

做高床和平床两种，分组完成。

(1)深翻土地 30 cm 深，清除杂物，打碎大土块，施入有机肥，拌匀。

(2)高床　长度 10 m、宽 1.2 m、高度 20 cm，耙平待种。

(3)平床　长度 10 m、宽 12 m，畦面与畦埂平整，耙平待种。

四、实训报告

设计一串红、鸡冠花、翠菊露地栽培畦面。

技能训练二　美人蕉根茎的贮藏技术

一、实训目的

学习美人蕉根茎挖掘及保存方法。

二、材料与工具

美人蕉植株，锹、镰。

三、方法步骤

(1)初霜后先用镰刀割除美人蕉的地上部分。

(2)用锹挖掘出美人蕉根茎。注意要在距根 30 cm 处下锹，不要挖伤根茎。

(3)抖掉根部泥土，放阳光下晾晒 2～3 d。

(4)室内存放，用干沙覆盖。最好单层堆放，冬季保持室温在 5～7 ℃及以上，不用喷水。

四、实训报告

完成实训报告，记录美人蕉根茎贮藏的操作过程。

自测训练

一、判断题

1. 一串红在我国是应用最广的花坛花卉，尤其是“国庆”花坛。它的花期控制的主要手段是摘心。 ( )

2. 草本花卉的中耕、除草宜在浇水、施肥后进行。 ( )

3. 露地花卉根据其耐寒程度不同，可分为耐寒性花卉、半耐寒性花卉和不耐寒性花卉。 ( )

4. 花坛花卉中早春开花的种类大多为二年生花卉，这类花卉生长至开花往往要一年以上。 ( )

5. 美人蕉的种子坚硬，播种繁殖需要用水浸种处理。 ( )

6. 万寿菊、孔雀草是一年生花卉，喜短日照。 ( )

7. 菊花是一种短日照花卉，花分化需每天 12 h 以下的日照长度。 ( )

8. 大花萱草的花只开一天，因为其花形似百合，又有“一天百合”之称。 ( )

9. 玉簪又名紫萼，是一种耐阴地被植物，除观赏花朵外，叶片也可以观赏，特别是花叶变种。 ( )

10. 球根鸢尾是指地下部分具根状茎的鸢尾，主要用于花境、地被。 ( )

11. 芍药的主要繁殖手段是春季开花前分株。 ( )

12. 矮牵牛虽没有重瓣品种的花，但花色、品种丰富，是一种应用很广的花坛花卉。 ( )

13. 羽衣甘蓝是一种二年生花卉，主要用于冬季花坛布置，但因其品种类型丰富，也可用作切花。 ( )

14. 郁金香宜秋植球根，夏季休眠时球根的贮存温度不宜超过 25℃。 ( )

15. 晚香玉是百合科春植球根花卉，目前主要用作切花。 ( )

16. 采用良好的种子是一、二年生花卉育苗的关键之一。 ( )

17. 美人蕉是美人蕉科的多年生草本花卉，耐高温，观赏的是雄蕊。 ( )

18. 万寿菊、孔雀草用途相同，但二者的形态有明显差别。 ( )

19. 金鱼草是玄参科的秋播春花类花卉，可以用作切花，也可以用于花坛布置。 ( )

20. 荷兰菊常用于花坛布置，其主要繁殖手段是春季播种。 ( )

二、选择题

1. 一、二年生花卉指在( )内完成生活史的为草本观赏植物。

A. 1 年　　B. 2 年　　C. 1 年或 2 年　　D. 1 个生长季

2. 下列( )组花卉为春播秋花类(又称一年生花卉)。

A. 鸡冠花、凤仙、百日草、太阳花　　B. 金鱼草、雏菊、金盏菊、三色堇

C. 百日草、太阳花、金盏菊、三色堇　　D. 鸡冠花、凤仙、金鱼草、雏菊

3. 秋播春花类(又称二年生花卉)是指在( )播种，以幼苗越冬，一般来年春季开花、结果，遇夏热植株枯死的二年生草本观赏植物。

A. 春季　　B. 秋季　　C. 春季或秋季　　D. 初霜前

4. 阳光充足，开花时要有阳光照射；阴天或夜间花冠闭合。这是(　　)的开花习性。

A. 太阳花、向日葵、冰花、勋章花　B. 月见草、虞美人、花菱草、美女樱

C. 冰花、勋章花、月见草、花菱草　D. 红花酢浆草、向日葵、冰花、勋章花

5. 一串红为我国最常用的花坛花卉，下列(　　)与其形态特征不符。

A. 方茎直立，光滑

B. 叶对生，卵形，边缘有锯齿

C. 花冠唇形，萼筒和花冠异色，花红色，变种有白色、粉色、紫色

D. 小坚果

6. 一串红在我国是主要的花坛、摆花材料，尤其为“国庆”用花。传统栽培中花期控制的主要手段为(　　)。

A. 品种选择　B. 摘心　C. 光照调节　D. 播种时期的调节

7. 一、二年生花卉传统栽培中播种季节主要在(　　)。

A. 春季、秋季　B. 生长季　C. 温室播种　D. 春季

8. 多年生草本花卉中，地下具有肉质、膨大的变态(　　)，并以此贮藏养分、度过休眠期的花卉，统称球根花卉。

A. 茎　B. 根　C. 球　D. 茎或根

9. 多年生草本花卉是指个体生命在三年或三年以上的草本观赏植物，整个生活史中能多次开花、结果，栽培中的主要类型有(　　)。

A. 根系正常无变态的宿根花卉种类

B. 地下部分具有肉质，肥大的变态根或变态茎的球根花卉

C. A 和 B，以及木本名花类

D. A 和 B，以及部分多年生水生花卉和多肉植物

10. 晚香玉的耐寒性较(　　)栽培。

A. 强，常做春植球根　B. 强，常做秋植球根

C. 弱，常做秋植球根　D. 弱，常做春植球根

11. 鸡冠花同三色苋、千日红同属苋科，下列(　　)条件不适合鸡冠花。

A. 阳光充足，强阳性

B. 耐寒，不适合夏热，生长适温 24 ℃

C. 土壤不必太肥，以免徒长，要求排水良好

D. 春季播种繁殖为主，一般不用扦插繁殖

12. 宿根花卉的播种繁殖也是春、秋皆可，同一、二年生花卉比育苗时间(　　)。

A. 宜早不宜晚　B. 宜晚不宜早　C. 没有区别　D. 灵活性大

13. 大花萱草的花色有黄、橙，变种有橙红、玫红、朱红等，(　　)是其开花良好的必要条件之一。

A. 阳光充足　B. 夏季冷凉　C. 秋季繁殖　D. 冬季防寒

14. 玉簪与大花萱草习性上最大的差别在于(　　)。

A 对阳光的要求　B. 对温度的要求　C. 对水分的要求　D. 对土壤的要求

15. 宿根类鸢尾中(　　)的品种最丰富。

A. 马蔺　B. 德国鸢尾　C. 蝴蝶兰　D. 鸢尾

16. 宿根鸢尾和水生鸢尾的繁殖方法是在秋季或早春，在南方以秋季进行(　　)为主。

A. 分株　　B. 分球　　C. 播种　　D. A 和 B

17. 晚香玉是一种球根花卉，地下部分为(　　)。

A. 鳞块茎，目前其主要用途为切花

B. 鳞茎，目前其主要用途为盆栽

C. 鳞茎，目前其主要用途为切花

D. 鳞块茎，目前其主要用途为盆栽

18. 郁金香夏季休眠，种球贮存期间的温度不宜高于(　　)。

A. 15 ℃　　B. 18 ℃　　C. 25 ℃　　D. 35 ℃

19. (　　)最适宜水养观赏。

A. 藏红花，唐菖蒲，郁金香　　B. 藏红花，香雪兰，风信子

C. 藏红花，风信子，水仙　　D. 藏红花，水仙，百合

项目五　设施盆花栽培

项目导读

盆花就是将花卉栽植于花盆中的生产栽培方式，又称为盆栽花卉。盆花便于搬动，可根据庭院绿化和室内装饰的需要随意移动，随时布置装饰，易于庭院布置和室内观赏。盆花植株完整，观赏期长，既可观花，又可赏叶，且品种丰富多彩，可谓“奇花异卉、多姿多态、姹紫嫣红、有色有香”。经人为调节，可以达到四季有花、花开不断的观赏效果，满足市场周年需求。同时盆花栽培能及时调节市场，东西南北相互调用，提高市场占有率。当然，盆花也有自己的缺点，盆花大多要在人为控制条件下生长，所以需要一定的园艺设施，同时，花卉经盆栽后，根系局限在狭小的盆内，营养面积有限，因此这类花卉的栽培技术比较复杂。

【知识目标】

1. 熟悉盆栽花卉栽培基础知识。
2. 熟悉各类盆栽花卉的品种类型和生态习性。
3. 掌握各种盆花的种苗繁殖技术。
4. 掌握各种盆栽花卉的栽培养护技术要点。

【能力目标】

1. 能根据订单要求或现有设备制订合理的盆栽花卉生产计划。
2. 能熟练操作各种繁殖方法，并保证成活。
3. 能够独立完成一些常见盆栽花卉的日常养护工作。

任务一　盆栽花卉栽培管理

盆栽花卉大多是原产热带、亚热带温暖地区的植物。由于它们不能完全适应引种栽培地区的自然条件，尤其是我国北方冬季的寒冷气候，需要在设施内养护。故其栽培管理技术与露地花卉相比要更加复杂，要求有更高的栽培技术。

微课 5-1　盆栽花卉管理措施(一)

一、盆栽花卉的选择

盆栽花卉的选择一般是根据生产设施、技术水平和市场需求而定，还要考虑下列因素：

(1)从应用方面看　花卉要优美，株高相对适中，能与花盆相协调，同时能适应多种场合的装饰应用。

(2)从花卉习性看　抗性和适应性要强，并且对温度、光照和水分等环境条件要求不特别严格。

(3)从养护要求看　应选择对养护要求较低、管理措施较为简单的花卉种类。

二、设施内的环境与调控

盆栽花卉大多数需要栽培养护设施，通过人工调控可以基本满足花卉对光照、温度、湿度和通风条件的不同要求。

1. 光照

不同花卉对光照有不同的要求。在设施内可以通过加防晒网或苇帘等措施进行调节，以满足花卉对光照强弱的不同要求。北方冬季光线较弱，除少数喜阴植物要适当遮阳外，大多不用遮阳。夏季光照强烈，大多数热带、亚热带花卉不能忍受强光照射，因此必须遮阳。根据对光照强弱的不同要求选用50%～90%遮阳度的防晒网进行遮阳。即使是喜光的多浆植物和仙人掌类植物，也要适当遮阳。例如，北京地区加盖防晒网的时间是3月下旬至9月下旬，具体时间要根据当时气候条件确定。许多盆栽花卉夏季要移到室外养护，同样要根据对光照的不同要求进行遮阳。遮阳还兼有降温作用。

2. 温度

温度是植物生长发育的最主要的条件之一。设施内温度的控制，主要是通过自然光照、人为加温、通风和遮阳等综合措施实现的。设施内的温度控制要根据不同花卉对温度的不同要求确定，首先要符合自然规律。如一年中春秋季室温要高于冬季室温。一天中的气温，中午应最高，凌晨最低。要防止夜温高于昼温和温度的骤然升降。此外，还应根据不同盆花的需要分别放入低温、中温或高温温室设施。北京地区温室设施加温的时间一般为11月初至翌年3月底。加温方式有炉火加温、暖气加温等。另外，还必须用蒙盖塑料布和盖蒲席、盖保温被等方法进行保温，以达到所需温度和节约燃料。

3. 湿度

为了满足花卉对空气湿度的要求，可在设施内地面、植物摆放台及墙壁、盆壁上喷水，以增加水分的蒸发量。对要求湿度较高的植物种类，室内还应增设水池，以增大室内湿度。有条件时应设置喷雾装置，以自动调节湿度。当湿度过大不利于植物生长时要用通风、加温方法降低湿度。

4. 通风

新鲜空气对植物生长十分必要。通风既可以调节温度和湿度，弥补室内 CO_2 或 O_2 的不足，又可以减少病虫害的发生。因此通风换气是设施管理中每天都不可缺少的工作。夏天应将温室所有的门窗及通风口全部打开，昼夜不关。春秋季夜温较低时，白天打开门窗，夜间则关闭。冬季除阴天、雪天气温太低可不开窗外，应于每天上午11时至下午3时开顶窗通风换气。

三、培养土的制备与消毒

培养土是盆花赖以生存的物质基础，它是固定盆栽植物的介质，也是盆花吸收水分和养分进行生长的基础。盆栽花卉种类繁多、习性各异，对栽培土的要求各不相同，为栽培好各类花卉必须配制适应各类花卉需要的培养土。

一般盆栽花卉要求培养土：①疏松、透气，能满足根系呼吸的需要；②水分渗透性好，不会积水；③能固持水分和养分，不断供应花卉生长发育；④酸碱度适应栽培花卉的生态要求；⑤不允许有害微生物和其他有害物质的滋生和混入。同时要求具备上述条件的培养土干燥时土面不开裂,潮湿时不紧密板结。故在生产上可根据不同花卉的要求及不同材料的性质进行配制。

(一)培养土的种类

配制培养土的材料很多,最常见的培养土材料有下列几种。

(1)园土　取自菜园、果园等地表的土壤,含有一定的腐殖质,并有较好的物理性能,常作为培养土的基本材料。

(2)腐叶土　利用阔叶树的叶片、杂草等掺入园土,加水和人、畜粪尿发酵而成,腐殖质含量高,保水性强,通透性好,呈酸性,是配制培养土的主要材料之一。

(3)针叶土(松针土)　由松、柏等针叶树的落叶堆积腐熟而成。以云杉属、冷杉属的落叶形成的针叶土最好。堆积一年后即可应用。pH 3.5～4,适合栽植杜鹃、兰花、山茶等花卉。

(4)泥炭土　由泥炭藓炭化而成,因形成的阶段不同,分为黑泥炭和褐泥炭两种。黑泥炭含有较多的矿物质,有机质较少,pH 6.5～7,呈微酸性或中性;褐泥炭含有丰富的有机质,pH 6～6.5,呈酸性。

(5)山泥　是一种天然腐殖质土,土质疏松,呈酸性。腐殖质含量以腐熟黄山泥为多。山泥是栽培酸性花卉的主要土壤材料。也可单独使用,种植茶花、杜鹃等喜酸性花卉。

(6)砻糠灰　主要是稻谷壳、麦壳、草烧的灰,也称为草木灰,富含钾肥,可作为培养土配制材料,使之排水良好、土壤疏松、略偏碱性。

(7)厩肥土　以牛、马、猪、羊、鸡、鸭、鸽粪加上草泥土堆积,待腐熟发酵后成厩肥土,富含腐殖质及养分,须经暴晒、过筛后使用。

(8)河沙　是旧河道中的冲积土,不含杂质,透气透水性能良好,无肥力。不需消毒就可作为扦插木本花卉的基质。

(9)锯木屑　用锯木屑堆制发酵后,与土壤配制,使培养土疏松,保水性能良好,是近些年来新发展的培养土材料。

此外,还有苔藓、骨粉、沙、塘泥、河泥、草皮土、珍珠岩、蛭石等,均是配制培养土的好材料。

(二)培养土的配制

微课 5-2　培养土的配制与消毒

盆花种类不同,其适宜的培养土也不同,即使同一种花卉,不同的生长发育阶段,对培养土的质地和肥沃程度要求也不相同。例如,播种和弱小的幼苗移植,必须用疏松的培养土,不加肥分或只有微少的肥分。大苗及成长的植株,则要求较致密的土质和较多的肥分。

单一培养土虽然能够用于盆花生产,但由于各种原因一般较少采用。通常采用的盆栽培养土是选择两种或两种以上材料,按一定比例配合而成的复合培养土。常用复合培养土的配方有下列几种,可根据不同的生产要求进行配制。

1. 一般盆花的常规培养土配制

(1)疏松培养土　腐叶土 6 份、田园土 2 份、河沙 2 份。

(2)中性培养土　腐叶土 4 份、田园土 4 份、河沙 2 份。

(3)黏性培养土　腐叶土 2 份、田园土 6 份、河沙 2 份。

2. 各类花卉培养土配制

(1)普通盆栽培养土　腐叶土 4 份,田园土 4 份,河沙或蛭石 2 份,三者混合制成普通盆栽培养土。再加入 1～2 成干燥腐熟有机肥就成为加肥的培养土,适合较喜肥的盆花。

(2)酸性培养土　由山泥或松针土 4 份、河沙 1 份混合而成。

(3)木本花卉上盆用土　由 2 份蛭石(河沙)、2 份壤土、2 份泥炭、1 份腐叶土、0.5 份干燥腐熟厩肥混合而成。

(4)仙人掌和多肉植物栽培用土　由 2 份蛭石(河沙)、2 份壤土、1 份细碎盆粒、0.5 份腐叶土、适量骨粉和石灰混合而成。

(三)培养土消毒

为了保证盆花的健壮,必须对盆栽培养土进行消毒。消毒的方法有化学消毒和物理消毒两类。

1. 化学消毒

常用氯化苦或福尔马林溶液进行消毒。

(1)氯化苦药液消毒　氯化苦是一种高效的剧毒熏蒸剂,它既可杀菌,又能杀虫。

消毒时将培养土一层层堆放,每层 20～30 cm,每堆一层每平方米均匀地撒布氯化苦 50 mL,最高堆 3～4 层,堆好后再用塑料薄膜严密覆盖。在气温 20 ℃以上保持 10 d,然后揭去薄膜,并且将培养土翻动多次,使氯化苦充分散尽,否则会对花卉造成危害。

(2)福尔马林液消毒　在培养土上喷、拌 40% 福尔马林溶液,每立方米拌入 400～500 mL。然后用塑料薄膜严密覆盖,密闭 24 h 后揭去薄膜,待药物挥发散尽后使用。

2. 物理消毒

主要有蒸汽消毒和日光消毒两种方式。

(1)高温蒸汽消毒　把培养土放在水泥地上,将高温蒸汽通入,再用塑料膜覆盖进行消毒。多数病原微生物在 60 ℃时经 30 min 死亡,如在 80 ℃时只需 10 min 就死亡。故一般培养土在 95～100 ℃下消毒 10 min 即可完成。

(2)日光消毒　就是将培养土摊晒在烈日下,利用太阳的热量将病原微生物杀死。

四、盆栽基本方法

(一)选盆

应按照盆栽花卉不同的生长发育时期来选择不同规格的花盆。在幼苗期一般选用苗盘;待幼苗长至具有 3～5 枚叶时选用直径为 8～10 cm 的盆上盆;以后每次换盆时应选择直径比原来的盆大 3～5 cm 的花盆,直至苗木长成后,需要限制其生长时,则可采用同样大小的盆进行换盆。

(二)上盆

这是指将花卉幼苗栽植到花盆或将地栽花卉移入花盆的操作。花卉上盆前,首先要选择与花苗大小相称的花盆。一般栽培花卉以瓦盆为好,若盆土物理性能好的,也可以选用塑料盆等其他类型的花盆。另外,如是旧盆,应预先浸洗,除去泥土和苔藓,干后再用;如为新盆,也应先行浸泡,以溶淋盐类。具体操作过程如下。

微课 5-3　花卉上盆

1. 填盆孔

上盆时,若用瓦盆,须将盆底排水孔用碎盆片或瓦片盖住,以免基质从排水孔流出,以利于排水。盖住盆孔后,若花盆较大可以先在盆底垫一些基质粗粒以及一些煤渣、粗沙等;小盆可以直接填培养土。若用塑料盆,因其盆底孔较小,不必放碎瓦片,可以直接栽苗,或者铺一层基质粗粒。

2. 装盆

栽苗时，盆中先加少量培养土，如要栽植喜肥花卉可在其上放入适量腐熟干燥有机肥，再盖上一层培养土，然后将花苗放入盆的中央，扶正，沿盆周加土。当土加到盆的一半时，将花苗轻轻上提，使根系自然舒展，然后再继续填土，直至培养土填满花盆时，轻轻震动花盆，使土下沉，再用手轻压植株四周和盆边的培养土，使根系与土紧密相接。注意用力不可过猛，以免损伤根系。

花苗栽好后，盆土离盆缘应保留 2～3 cm 的距离(称“留沿口”)，以便日后灌水施肥之用。

3. 上盆后的管理

栽植后，分两次把水浇透，第一遍水不要浇得太多，以免盆土从渗水口流失，以水刚刚渗出为准，第二遍浇水要充分，一直浇到水从排水孔流出为止，需缓苗的花卉，可以将盆花放在荫蔽处缓苗 3～5 d，待缓苗后转入正常的管理。如上盆时花苗原来的土团没有破坏，上好盆后可以直接放置在阳光下养护。

(三) 换盆或翻盆

随着花卉的生长，需要将已经盆栽的花卉，由小盆换到另一个大盆中，称为换盆。

盆栽多年的花卉，为了改善其营养状况，或者要进行分株、换土等，必须将盆栽的植株从花盆中取出，经分株或换土后，再栽入原盆中的过程，称为翻盆。

1. 换盆或翻盆的时间

多年生宿根花卉和木本花卉的换盆或翻盆一般在休眠期，即停止生长之后或开始生长之前进行；常绿花卉可以在雨季进行。生长迅速、冠幅变化较大的花卉，可以根据生长状况以及需要随时进行换盆或翻盆。

2. 换盆步骤

换盆、翻盆都需将植株从原盆取出，称为脱盆。较小的花盆用一只手盖在盆面之上，手指叉开夹住植株，把花盆托起并翻转，用另一只手磕打盆壁，植株很容易与花盆分离。一手不能托起的中型盆，需用双手托起翻转，在高台边沿处轻磕盆沿，使之脱离。有主干的木本中型盆花用手提起树干离开地面后用橡皮锤敲打盆壁和盆沿即可脱出。大型花盆或木桶脱盆需 2～3 人合作完成。无主干的花卉，先把花盆放倒，边滚动边敲打盆沿盆壁。或用花铲沿盆壁四周挖去一圈盆土及须根再转动敲打即可脱出。当盆底排水口有根长出时需先把根剪掉。不易脱开时也需挖去一圈盆土，以利于脱盆。

取出植株后，把植株根团周围以及底部的培养土去除约 1/4，同时剪去衰老及受伤的根系，但必须保留足够的护心土，并对植株地上部分的枝叶进行适当的修剪或摘除。最后将植株重新栽植到要换的盆内，栽植过程与上盆大体相同。栽后灌足水，置阴凉处 2～3 d 再移到阳光下。注意保持盆土湿润。

3. 换盆和翻盆的次数

换盆应按植株生长发育的状况逐渐进行，每次将花盆加大一号，切不可将植株一下子换入过大的盆内。因为这样不仅会使盆花栽培的成本提高，而且还会因水分调节不利，使盆花根系生长不良，花蕾形成较少，着花质量较差。

一、二年生草花因其生长迅速，故从生长到开花，一般要换盆 2～3 次；多年生宿根花卉一般每年换盆或翻盆 1 次。木本花卉 2～3 年换盆或翻盆 1 次。

(四)转盆和倒盆

盆花在一个位置放置时间过长后，由于植株的趋光性，会使植株向光线一侧偏转，造成盆花倾斜。为了防止植株偏斜，破坏匀称圆整的株形，应在相隔一段时间后，转换花盆的方向，即转盆一般转动180°，使植株均匀地生长。具体多少时间转动一次，要根据花卉的生长特性及生长状况确定。如君子兰最好2～3 d转动一次。转盆还有防止根系从盆底穿出的作用(根系穿出盆底后，移动花盆时容易切断根系而影响植株生长或造成死亡)。

倒盆是指由于各种原因调换盆花在栽培地摆放位置的工作。倒盆的主要原因有以下两种：一是生长一段时间后植株增大，感到拥挤，影响正常生长时，把花盆间距离拉大；二是温室内不同位置的盆花，因光照、温度等条件的差异出现生长不均匀时，把它们互相调换位置，使之生长整齐一致。倒盆常常与转盆结合进行。

五、盆花的管理

(一)浇水

浇水是盆花管理中最经常、最普通，又是最重要、最关键的一项工作。要综合天气阴晴、气温高低、花卉种类、生长阶段、长势强弱、温室条件、花盆大小、培养土成分等各项因素，科学地确定浇水次数、浇水时间和浇水量，并不断总结经验。一般情况下浇水要掌握以下几个原则：

微课5-4 盆栽花卉管理措施(二)

1. 根据花卉生态习性合理浇水

蕨类植物、兰科植物、秋海棠类植物生长期要求充足的水分，应经常保持盆土湿润，并保持相当的空气湿度；多浆植物和仙人掌类植物要求水分较少，浇水要有所节制，空气湿度也要求较低。一般地说，喜阴、耐阴花卉要求水分较多，阳性花卉相对较少；原产热带雨林中的需水较多，原产于大陆性气候地区的需水较少；观叶植物要求水分较多，观花、观果植物需水较少。但这只是一般的规律，具体哪种花卉对水分要求多少，还应区别对待。除水生、沼生种类外，大多数花卉不耐水渍。

2. 根据不同的生长阶段控制浇水

进入休眠期的花卉，浇水量要减少或停止；从休眠转入生长，浇水要逐渐增加；生长旺季水量要充足，即使是仙人掌或多肉植物也应每天浇水；花前要适当控制浇水；盛花期要保证水分供应；结果期应适当减少浇水。

3. 根据不同季节灵活浇水

春季天气转暖浇水要逐渐增加，有风或无风天气浇水量又有不同。在夏季，蒸发量和植物蒸腾量都很大，每天要浇1～2遍水；遇雨则不浇，雨后盆内积水还要倒掉；雨后乍晴，即使盆内不缺水也要浇水或向叶面喷水，以防止萎蔫；秋季又要逐渐减少浇水；冬季低温温室内浇水宜少，中、高温温室内浇水稍多，靠前窗光照充足处或靠暖气片处蒸发快，要注意补水。此外，花盆大小、植株大小对盆土的干燥速度有影响。

4. 关于水质和水温

浇花适宜用雨水、井水及河水。用自来水浇花应先存在水池或水缸内1～2 d，使氯气散发。浇花的水温应和气温相接近，也用水池或水缸贮水的方式解决，尤其冬季更为重要。在夏季，当用水量大、贮水不能满足需要时，至少娇嫩名贵花卉要用贮存过的水去浇灌。

5. 浇水方式与时间

(1)正常浇水　春、夏、秋三季室外养护阶段,盆土表面变干时,每天用浇壶向盆内浇1～2遍水。每次都应浇透。夏季浇水以清晨和傍晚为宜,冬季以上午10时以后为宜。

(2)找水　春、夏、秋季节在普遍浇水的时间之外,对个别缺水的花盆浇水,称为找水。在养护量大的花圃内十分必要。冬季浇花都用找水方式,不用每天全部浇水。

(3)勒水　连阴雨或浇水过量造成盆土缺氧根系腐烂、叶片发黄脱落时,要停止浇水,并松土,称为勒水。直至盆土干燥后再恢复浇水。

(4)放水　生长旺季结合追肥加大浇水量称放水,以满足花卉快速生长时对水分的需求。

(5)喷水　在荫棚内养护生长缓慢的杜鹃等花卉时,每4～6 d浇一次透水,即可保持盆土下层具有一定的含水量,平时每天向植株喷水1～2次即可保证正常生长。为增加空气湿度、清洗叶面粉尘,以及防晒降温,也常用喷灌、喷壶、喷雾等设施向植株及场地喷水。夏季无雨天气,每天应向荫棚内养护的热带、亚热带植物喷水,人为地创造原产地的气候条件。

(6)扣水　在翻盆换土时,由于剪掉了外围根系,出现了很多伤口,如马上浇水,不耐水浸的植物根系就会腐烂。这时可采用含水量达到60%的培养土上盆,栽好后不浇水,放荫棚下每天喷水1～2次。新梢生长后再浇水。这种做法称为扣水。

总之,浇水是一项技术性很强的工作,不同花卉应掌握宁湿勿干、间干间湿、宁干勿湿、不干不浇、浇则浇透等不同原则。这里讲的“干”都不是干透,而是表土发白即应浇水。浇水必须浇足,要浇到盆底排水孔渗出水为止,切忌半干半湿,浇半截水(俗称“半腰水”)。

(二)施肥

花卉生长需要多种营养元素。碳、氢、氧来自水和空气。氮、磷、钾需要量较大,需要以施肥方式加以补充。还有些微量元素缺乏时会影响花卉的正常生长发育,需要适当加以补充。向土壤中补充营养元素的方法习惯上统称为施肥。

1. 肥料的类型

肥料主要分为有机肥和无机肥。常用的有机肥包括堆肥、厩肥、人粪尿、鸡鸭粪及麻酱渣、马掌(马蹄片)、牛羊角等。无机肥又称化肥,分为氮肥(如尿素、硫酸铵、碳铵)、钾肥和磷肥等。

2. 施肥方法

施肥方法分为基肥(底肥)、追肥和根外施肥(喷肥)。

(1)基肥　将有机肥与培养土混合均匀即可。马掌片等施在盆的下层和四周。并用培养土与植物根系隔开。一般在上盆或翻盆时施入。不耐肥的幼苗不施基肥,只用普通培养土栽植。

(2)追肥　盆花大多追施液肥,主要有麻渣水和马掌水。浓度为每100 kg水中加入麻酱渣或马掌约10 kg,放缸内浸泡一个月以上,充分腐熟后稀释5～10倍使用。在生长期内7～15 d追肥一次。

(3)根外施肥　根外施肥就是将化肥或微量元素用水溶解后 喷施于叶面等地上部位。其优点是吸收快、用量少、流失少、效率高。常用的有尿素、磷酸二氢钾、硼酸等。使用浓度一般为0.05%～0.1%。可以单独使用或同杀虫剂、杀菌剂混合使用。

3. 施肥原则与注意事项

(1)盆花施肥应根据花卉的种类和不同生长发育阶段区别对待。如苗期以氮肥为主,花芽分化期和孕蕾期则应增施磷钾肥。观叶植物应以氮肥为主;观花、观果类不能缺磷,并适当补充硼;观茎类要注意钾肥的施用;喜酸性土的花卉要给予适当的硫酸亚铁。

(2)有机肥施用前必须充分腐熟,并注意杀灭虫卵及蝇蛆。

(3)施肥量及浓度不要过大。基肥与培养上比例一般不要超过20%。氮肥浓度不超过0.2%。过磷酸钙有效成分少,施用浓度约为1%。磷酸二氢钾、硫酸亚铁施用浓度约为0.1%。

(4)施肥要考虑花卉能适应的酸碱度,喜酸性土的花卉不要施用马掌、尿素和草木灰,而应施用麻酱渣、硫酸铵、磷酸二氢钾和鸡鸭粪等。

(5)施肥要选晴天的傍晚进行;追肥前要先松土,追肥后浇水不要过多,以免肥分流失,但要浇透;避免液肥滴在叶片上;根外追肥要把叶子正面、背面喷布均匀。

(6)施肥种类要合理搭配,防止肥分单一造成某些营养缺乏。

(三)整形修剪

整形与修剪是盆花养护管理中的一项重要的技术措施。通过整形修剪可调整植株生长势,创造良好的株形,促进花芽分化,增加美观效果,提高盆花的观赏价值和商品价值。应根据各种盆花的生长发育规律和栽培目的,及时对盆花进行整形与修剪。

1. 整形修剪的原则及作用

(1)根据生长习性整形修剪　根据各种花卉的生长发育规律及生长习性确定修剪的时间和方法。在当年生枝条上开花的扶桑、倒挂金钟、一品红等,可在春季进行重剪。早春开花的杜鹃、山茶要在花后修剪。不使结果的马蹄莲、大叶花烛、茉莉、五色梅等花后应及时剪除残花。观叶植物要随时剪除衰老枯黄叶片,如铁树、蒲葵、棕榈等。生长迅速的草本花卉应经常摘心或短截复壮,如冷水花、紫竹梅、紫绒三七等。藤本攀缘植物如常春藤、绿萝等要设立支架。

(2)根据观赏需要整形修剪　大型观叶植物的修剪一般是保持其自然形态,形成一种自然美,如棕榈、蒲葵、散尾葵、假槟榔等只需剪去枯叶即可。有些则需人工造型以利于观赏,如花枝细长的小苍兰、大丽花等常设支柱,攀缘性植物如香豌豆、球兰、旱金莲常绑扎成屏风形,将叶子花绑扎成圆球形,将蟹爪兰和菊花绑扎成圆盘形,将绿萝、喜林芋围绕固定于图腾柱之上使其雄伟壮观;对梅花和一品红进行曲枝做弯使株形紧凑,花头密集平整,降低植株的高度等。

2. 整形修剪的方法

(1)利用支架裱扎的整形方法　对于主茎柔软直立性差或藤本攀缘植物常设立支架裱扎整形。常用的支架形式有如下几种(图5-1):

①单柱式　用一根细竹或木棍于植株主茎旁垂直插入盆底,把植株绑扎固定其上,起支撑、防止倒伏的作用,如菊花、大丽花等。

②图腾柱式　用粗约8 cm的毛竹,截成1～1.2 m的段,外用棕丝缠绕,埋于花盆中央,四周栽植3～4株大型藤本植物,如绿萝、红宝石喜林芋等。

③拍子式　用细架竹及细铅丝制成各种形式的拍子,使植株攀附其上。

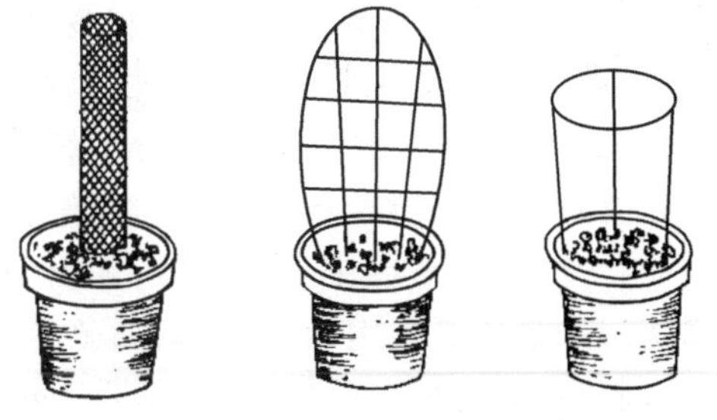

(a)图腾柱式　(b)拍子式　(c)圆盘式

图5-1　支架示意图

④圆盘式　用竹篾和铅丝绑成圆盘，下立3～4根支柱，固定于盆土内，使花枝固定在圆盘上再向四周垂挂生长，如蟹爪兰等。

(2)修剪的技术措施

①摘心与剪梢　摘心是指摘去嫩枝顶部；剪梢是指用剪刀剪除已木质化的枝梢顶部。摘心与剪梢均可促使侧枝萌发，增加开花枝数；使植株矮化，株形圆整；开花整齐。还可以起到抑制生长、推迟开花的作用。

对于一株一花或一花序，以及花序长大和摘心后花朵变小的种类不宜摘心。此外，球根类花卉、攀缘性花卉、兰科花卉以及植株矮小、分枝性强的花卉均不摘心。

②摘叶、摘花与摘果　在植株生长过程中，当叶片生长过密影响通风透光，或出现黄叶、枯叶、破损叶或感染病害的叶片时，应进行摘叶。摘叶不仅可以改善通风透光条件，促进植物生长，减少病虫害的发生，还能促进新芽的萌发和开花。如茉莉可通过摘除老叶的方法提早新芽萌发的时间，天竺葵摘叶能提高其开花的数量及质量。

摘花，一是指摘除残花，如杜鹃开花之后，残花久存不落，而影响嫩芽及嫩枝的生长，要摘除；二是指摘除生长过多以及残、缺、僵等不美之花朵。

在观果植物栽培中，有时挂果过密，为了果实生长良好，调节营养生长与生殖生长之间的关系，也需将果实摘除一部分，以减少养分的消耗。

③剥芽与除蕾　剥芽即剥除侧芽，其目的是减少过多的侧枝。以免阻碍通风透光，分散养分，使留下的枝条生长茁壮，提高开花的质量。

除蕾是指在花蕾形成后，为了保证主蕾开花所需的营养而剥除侧蕾，以提高开花质量。有时为了调整开花的速度，使全株花朵整齐开放，就分几次除蕾，花蕾小的枝条早除蕾，花蕾大的枝条晚除蕾，最后使各枝条上的花蕾大小相似，开花大小也近似。

④去蘖　去蘖是指除去植株基部附近的根蘖或嫁接苗砧木上发生的萌蘖，使养分集中供给植株，促使盆花生长发育。

⑤剪枝　主要是对木本盆栽花卉进行修剪的技术，有疏枝和短截两种方法。

疏枝是将枝条从基部剪去，疏除的主要是病虫枝、伤残枝，不宜利用的徒长枝、竞争枝、交叉枝、并生枝、下垂枝和重叠枝等。疏枝能使冠幅内部枝条分布趋向合理，均衡生长，改善通风透光条件，加强光合作用，增加养分积累，使枝叶生长健壮，减少病虫害等。但疏枝对全株生长有削弱作用。疏枝程度依据花卉种类的特性、花卉的生长阶段而异。萌发力、发枝力强的可以多疏枝，反之则要少疏枝。为了促进幼苗生长迅速，宜少疏枝。

短截是将枝条剪去一部分，是一种减少冠幅内枝条长度的修剪方法。短截能使留存在枝条上的芽得到更多的水分和养分，刺激侧芽萌发，使其抽生新梢，增加分枝数目，加强局部生长势，并能改变枝条的生长方向和角度，调节每一分枝的距离，使树冠紧凑和整齐；也可调节生长与发育之间的关系。短截时要充分了解植物的开花习性并注意留芽的方向。当年生枝条上开花的花卉种类应在春季修剪，如扶桑、倒挂金钟、叶子花等；在二年生枝条上开花的种类宜在花后短截枝条，使其形成更多的侧枝，如山茶、杜鹃等。留芽的位置要根据希望枝条生长的方向来确定。如欲使其向上生长，则留内侧芽；欲使其向外倾斜生长，则留外侧芽。修剪时应使剪口呈一斜面，芽在剪口的对方，距剪口斜面顶部1～2 cm。

任务二　一、二年生盆花设施栽培

一、二年生盆栽花卉其生命周期相对较短，但却是盆栽花卉需求量较多的一类，花卉生产企业能在较短的时间内生产出大批量的产品，及时满足环境美化的需求。常见的一、二年生盆花有以下几种。

一、瓜叶菊

瓜叶菊为多年生草本植物，实际栽培中仅作一年生草本对待。瓜叶菊花色艳丽，叶色浓绿，花色有室内花卉少有的蓝色，是元旦、春节及早春的主要应时盆花。

（一）生态习性

原产于非洲北部大西洋的加那利群岛。喜光，但忌阳光直射。喜凉爽气候，冬怕严寒，夏畏高温。要求阳光充足，宜植于通风良好、富含腐殖质而排水良好的沙质壤土，土壤 pH 6.5～7.5。

（二）繁殖方法

瓜叶菊以播种繁殖为主。播种土用腐叶土 3 份、壤土 2 份、河沙 1 份混合而成，大规模生产多用泥炭作基质。播种时间视选用品种和需花时间而定，一般在前一年 7 月下旬进行，生长期半年，至春节可开花。种子在 15～25 ℃下约 10 d 可出芽，当小苗长出 2～3 片叶时可第 1 次移栽，至 4～5 片叶时可上盆定植。

（三）栽培管理

瓜叶菊从播种至开花，需移栽 3～4 次。一般出苗后 20 d 左右，有 2～3 片真叶时进行第 1 次移栽。可选用瓦盆，盆土用腐叶土 3 份、壤土 2 份、河沙 1 份配制而成。移栽时，幼苗根部多带宿土以利于成活。移栽后用细孔喷壶浇透水，将幼苗置阴凉处缓苗。缓苗后可每隔 10 d 追施稀薄液肥 1 次。随天气转凉逐渐加大追肥浓度，气温低于 10 ℃时，移入温室。当幼苗真叶长至 4～5 片时，进行第 2 次移栽，选直径 7 cm 的盆，盆土用腐叶土 2 份、壤土 3 份、河沙 1 份配制而成，缓苗后给予充足光照。当植株长到 5～6 片叶子时将顶芽摘除，留 3～4 个侧芽，如果温度适宜，幼苗生长迅速，此时对水肥需要量多，应及时浇水施肥，并可采用叶面追肥。幼苗长至 7～8 片叶时定植，用 20 cm 的花盆，并适当以豆饼、骨粉或过磷酸钙作基肥，定植时要注意将植株栽于花盆正中，保持植株端正，浇足水置于阴凉处，成活后给予全光照。定植后的瓜叶菊需每半个月追施 1 次氮肥，起蕾后停止或减少氮肥，增施 1～2 次磷肥。

瓜叶菊喜冷凉、不耐高温、怕霜冻，全年生长适温 10～20 ℃，除夏季要遮光 50%外，全年要求在充足的阳光下生长，越冬温度应在 5 ℃以上，否则易受冻伤。幼苗时应保持凉爽条件，室温以 7～8 ℃为好，以利于蹲苗。若室温超过 15 ℃则会徒长而影响开花。经 3～4 个月后花芽开始分化。花芽分化需要日温 20 ℃以下、夜温 8～12 ℃和短日照条件，否则花芽难以形成。花蕾形成时放入 20～25 ℃的温室内促进开花。开花期间室温在 10～20 ℃时可维持较长时间的花期。

生长期瓜叶菊喜光，不宜遮阳。栽培中要注意经常转动花盆，保持生长整齐均一。随着生长，逐步拉大盆距，使植株保持合理的生长空间，避免拥挤徒长。在单屋面温室更要注意转盆，以免影响株形。

瓜叶菊为冬、春季开花的主要观赏植物之一，盛花期为 2～3 月。为满足元旦、春节用花，可采取提早播种的方法进行调节；为满足“五一”用花，可推迟播种。但有时因播种期不准或生长条件等因素影响，致使花期提早或延迟，要采取相应措施对花期进行调节。当预计花期晚于预想花期时，可在现蕾后，立即将温度提高至 20～25 ℃进行培养，以促其提前开花；或用 50 mg/L 的赤霉素涂蕾，并结合提高温度，效果更好。如预计花期早于预想花期，当花蕾显色时或初开花时，降低温度，使温度控制在 5～8 ℃，则可延缓开花和延长花期。

二、蒲包花

蒲包花为多年生草本植物，实际栽培中仅作一年生草本栽培。蒲包花花期长，花色艳丽，花型奇特，花朵盛开时犹如无数个小荷包悬挂梢头，颜色及各种斑纹十分别致。花期正值春节前后，是冬、春季重要的盆花。

（一）生态习性

原产秘鲁、智利一带。喜凉爽、空气湿润、通风良好的环境。不耐严寒，又畏高温，要求光照充足，但栽培中要避开夏季的强光。喜肥沃、忌土湿，宜排水良好的疏松土壤。为长日照花卉，延长光照时间可提早开花。

（二）繁殖技术

蒲包花通常采用播种繁殖，也可扦插。8 月下旬至 9 月上旬进行，不宜过早，因为高温易使幼苗腐烂。播种用土用泥炭或腐叶土和河沙按 1∶1 比例配制，过筛消毒后装入浅盆，用浸盆法灌水，待用。蒲包花种子细小，在播种时要将其与细土混合，撒播在浇过水的盆土表面，盖上玻璃以保持湿润，放置在无日光直射处。发芽前一定要保持充分湿润，温度 20 ℃，1 周左右即可出苗。出苗后要立刻将其移至通风向阳处，及时间苗，温度降至 15 ℃左右。

（三）栽培管理

当幼苗长至 5～6 片真叶时，选择口径 15 cm 花盆单株上盆。盆土以腐叶土、园田土、砻糠灰和厩肥按 2∶2∶1∶1 比例配制，或腐叶土、泥炭和沙土以 3∶1∶1 比例混合，并加少量肥料。待苗高 15 cm 时摘心，促使其多分枝，并加以适当遮阳。蒲包花浇水要见干见湿，过湿会引起根叶腐烂，空气相对湿度保持在 80%，浇水时不要沾在叶片、芽或花蕾上，以免烂叶、烂心。生长温度保持在 12～20 ℃，不宜超过 25 ℃，夏季及中午应通风和遮光。当花芽分化时，温度应保持在 10 ℃左右。每天接受不少于 4 h 散射光，中午强光时可适当遮阳，从 11 月起每天下午日落后要进行人工补光，晚 22 时结束，补光 6 周。

蒲包花开花前每 15 d 施稀薄液肥 1 次，注意施肥浓度不宜过大，无机肥料浓度不能超过 0.3%；开花后，必须严把浇水关，不要使盆土过潮或过干，并停止追肥，切勿放在有日光直射的地方。

三、四季报春

四季报春为多年生草本植物，实际栽培中多作一、二年生盆花栽培。开花期长，从 12 月到翌年 5 月，如温度适宜可全年开花，故名为四季报春，又名四季樱草、鄂报春。

（一）生态习性

原产于我国西南山区，湖北宜昌有野生分布。喜温暖湿润、夏季凉爽通风环境，不耐炎热。要求排水良好、疏松肥沃、富含腐殖质的土壤。四季报春属于中日照植物，只要温度等环境条件适宜，可以一年四季开花不绝。

(二)繁殖技术

四季报春以播种繁殖为主。播期为6月中下旬至7月上旬，一般7～10 d开始萌发，元旦至春节期间处于盛花期。播种用土以壤土、腐叶土和沙土按1∶2∶1的比例混合。

(三)栽培管理

当苗长出5～6片叶时先移入小盆中，待长出7～8片叶时再移入直径为15～17 cm的盆中为宜。盆土选用腐叶土2份、园土3份、河沙1份混合的培养土，再加入适量腐熟的厩肥和熟石灰，栽植不宜过深，否则易烂茎，以根际与土平为准。定植时间最迟不迟于令其开花前的90～100 d。应选生长健壮、叶色好的苗。栽后浇水，置于阴凉处培养一段时间后再进入正常管理。

四季报春适宜的生长温度：白天20 ℃，夜间5～10 ℃。在12～22 ℃均能生长良好。在充分生长的条件下，进行10 ℃低温处理，可促进花芽分化，在12 ℃环境中花朵开放的时间更长。冬季入低温温室，温度保持在5 ℃以上。

生长期要注意浇水，使盆土保持湿润偏干状态，不可过湿。每月施3～4次稀薄液肥，忌施浓肥，最好多施磷、钾肥，有利于花多、花色艳丽。元旦前后从叶丛中抽出短花茎并开始开花，需增施1～2次磷、钾肥。施肥时，不要将液肥喷溅到叶上，若溅到叶上，应清水冲洗干净。

同属植物还有藏报春、四季报春、报春花、多花报春、樱草等。

四、香豌豆

香豌豆为一年生草本花卉。香豌豆花型独特，枝条细长柔软，既可作冬春切花材料供制作花篮、花环，也可盆栽供室内陈设欣赏。

(一)生态习性

香豌豆原产于意大利西西里岛。喜冬暖夏凉、阳光充足、空气潮湿的环境，最忌干热风吹袭。根具有直根性，要求土层深厚、肥沃、排水良好的湿润的中性至微碱性黏质壤土。

(二)繁殖技术

常采用播种繁殖。可于春、秋进行，华北地区多于8～9月进行秋播。种子有硬粒，播前用温水浸种24 h，发芽整齐，后定植于温室中。由于香豌豆直根性强，不耐移栽，北方9～10月直接在温室用营养钵育苗，每钵中置2～3粒已浸过种的健康、膨胀种子，覆土深约1 cm。培养用土为腐叶土2份加堆制壤土(饼肥、腐叶、壤土堆制成)3份和沙土1份。出苗后选留壮苗1株。待长成小苗时，脱盆移植，避免伤根，发芽适宜温度在20 ℃左右，约14 d便可出苗。

(三)栽培管理

当苗高10 cm时进行摘心，留基部2～3节，促使基部萌发蘖芽。生长期要立支架让枝蔓均匀地轻缚其上。为了增加光照与通风，要剪去过密的侧蔓与卷须。同时加强水肥管理，每隔10 d施1次稀薄腐熟的饼肥水或液肥，孕蕾期加施1～2次0.5%过磷酸钙水溶液，花谢后要及时剪去残花。温室栽培的香豌豆，在5～20 ℃均可生长，最合适的生长开花温度是10～15 ℃，进入开花期后，要使白天温度保持在15～18 ℃，夜间在10～13 ℃。如温度低于10 ℃，会导致落蕾，从而影响开花。此外，要注意通风。

香豌豆要求光线充足，光照不足常引起落蕾。其根系强健，不需浇水过多，室内空气应保持干燥，注意通风。如基肥过多，常使香豌豆花期推迟，故以追肥为主。

任务三　宿根盆花设施栽培

盆栽宿根花卉大多为原产于热带和亚热带的常绿花卉，耐寒力弱，冬季需设施栽培养护。该类花卉的优点是繁殖、管理简便，一次种植可多年开花。常见的宿根盆花有以下几种。

一、新几内亚凤仙

新几内亚凤仙是多年生常绿草本，具有大而艳丽的花朵，亮绿或紫红色的叶，花期长，适应性强，极易造型，是很受欢迎的新潮花卉和应节盆花。

(一)生态习性

原产于新几内亚。喜温暖湿润，不耐寒，怕霜冻；耐阴，忌强光直射；不耐旱，怕水渍；要求肥沃、富含腐殖质和排水良好的泥炭土或腐叶土。

(二)繁殖技术

新几内亚凤仙主要用播种和扦插法繁殖。

1. 播种

大规模生产常采用穴盘播种育苗法。通常播种育苗期比扦插育苗期稍长，但根系发达，后期生长快，分枝能力强，株形紧凑，且种子播种苗不带病毒，质量较优。常采用穴盘播种，育苗基质用腐叶土 4 份、园土 4 份、厩肥与沙各 1 份混合而成，土壤偏酸性。生产上多用泥炭。种子播种后覆 1.5 mm 左右厚蛭石以保持水分，在温度 22～25 ℃下 10 d 左右全部发芽。发芽后除保持合适的温湿度外，20 d 后开始喷洒 50 mg/kg(以氮计)肥水。从播种至开花需 13～14 周。

2. 扦插

全年均可进行，以春季至初夏扦插最好。其优点是开花早、长势强、生长整齐一致。4～9 月结合修剪，将剪下的枝条剪去基部 1～2 轮叶，放在清水中浸泡 15～30 min，使其吸足水分，插入沙或蛭石中。插后适当遮阴，保持基质湿润，5～7 d 即可生根，2 周后当苗根长 2～3 cm 时，起苗后上盆。

(三)栽培管理

当幼苗长出 3～4 片真叶就可以移栽。高 7～8 cm 时定植于 10 cm 花盆或 12～15 cm 吊盆中。生长温度为 22～24 ℃，冬季温度不低于 12 ℃。喜半阴环境，忌暴晒。光照控制在 60%～70%。叶片气孔大，蒸腾旺盛，需水量大，浇水要足，每天浇水 1～2 次，尤其在夏季应及时供水。喜肥但忌浓肥、重肥，施肥要稀，施后要浇水淋洗。生长期每周施 1 次饼肥水或 0.1%的磷酸二氢钾。

新几内亚凤仙萌芽力强，不需摘心即可产生许多分枝，分枝长 3～5 cm 时，要疏掉一些细弱枝。有时为了使株形更紧凑，开花更多，常在小苗成活后进行第一次摘心，直至苗高 10～15 cm 时第二次摘心。但摘心不可多于 2 次，否则花变小、色变浅。

约在 11 月进入温室进行越冬养护，室温不低于 10 ℃，冬季浇水不宜过多，叶面适当喷水，以保持叶片翠绿。

二、丽格海棠

丽格海棠为多年生草本花卉，是一种由野生的秋海棠与球根秋海棠杂交的园艺品种，其花色艳丽，花型多样，花朵硕大，重瓣。其自然花期在冬春季，多在春节供应市场，花期长，深受市场的欢迎。

(一)生态习性

原产于德国。喜温暖，通风良好的栽培环境；不喜强光，不耐贫瘠，喜湿润，畏水涝，不宜大水喷淋；喜疏松、肥沃、排水良好的微酸性沙质壤土。

(二)繁殖技术

丽格海棠主要采用扦插法繁殖，常用枝插或叶插。

1. 枝插

设施内枝插不分季节、时间，以 3 节以上的枝条作为插穗，枝插基质可用泥炭土和珍珠岩按 3∶1 混合，扦插深度 2 cm 左右，在 20 ℃下约 20 d 生根。

2. 叶插

在 5～6 月，取健壮成熟叶片，留叶柄 1 cm 剪下，将叶片剪成直径 6～7 cm 大小，插入沙床，叶柄向下，叶片露出一半。20～22 ℃下 20 d 生根，长成小苗需 50 d 左右，具 2～3 片真叶时移栽于花盆中。

(三)栽培管理

丽格海棠的生长期为 90～120 d，因此，可根据需要拟定其定植上盆时间，一般扦插后 5～6 周上盆，花盆为 10～14 cm 的标准圆边多孔塑料盆，每盆定植 1 株。上盆后密集摆放到温室栽培架上，浇 1 遍透水后用 1 000 倍的多菌灵液灌根，并进行遮阴管理，盛夏要注意喷雾降温，有利于促发新根和叶片生长。

生长适温 15～20 ℃，不耐高温，超过 30 ℃会生长发育不良，低于 10 ℃时，则生长受阻碍。在营养生长期以白天 28 ℃、夜间 22 ℃生长发育最快。当植株达到理想大小后，正值夏季高温季节，应遮阴降温，加大空气湿度，有利于越夏。秋季 15～18 ℃、短日照条件有利于花芽分化，形成的花朵品质好，颜色深。在 16～20 ℃下花朵开放时间最长。作为春节用花，应在节前 120 d 开始扦插繁殖。

丽格海棠生长期间需水量并不大，勿使基质过湿，浇水应遵循“见干见湿”的原则，每 1～2 d 浇水 1 次。每半个月施肥一次，用多元素复合肥，浓度宜淡，浇灌时注意勿将肥液溅于叶片和花瓣上，以免产生肥害。花芽形成前增施 1～2 次磷钾肥，可用 0.3%磷酸二氢钾灌根或叶面喷施，促使花蕾发育。

苗期务必给幼苗摘心，以促进多分枝和多开花。一般在种苗上盆移植后的 2 周，即植株第 3～4 片叶展开时，进行摘除顶芽，促其从基部萌发侧枝，使株形更加丰满。

三、君子兰

君子兰为多年生草本花卉，具有很高的观赏价值，常在温室盆栽供观赏。其花色多样，花期长达 45 d，而且以秋冬为主，可在元旦至春节前后映衬节日气氛。

(一)生态习性

原产非洲南部高海拔地区。性喜温暖，不耐寒，喜湿和半阴环境，忌夏季阳光直射。喜疏松并含腐殖质的沙质壤土，忌盐碱。生长适温 15～25 ℃，冬季室温不能低于 5 ℃，否则生长受到抑制。

(二)繁殖技术

君子兰常用分株和播种繁殖。

1. 分株繁殖

于 3～4 月进行。将母株周围发生的脚芽切离,必须带 1～2 条幼根,又不能伤及母株叶基,母株与子株的伤口都要用草木灰涂抹,待伤口干燥后上盆栽植。幼株上盆后,控制浇水,置阴凉处,半个月后正常管理。如幼株根系少,也可用细沙栽植。较大的幼株养护 2～3 年即能开花。

2. 播种繁殖

一般在 11 月至翌年 1 月进行。将种子均匀地点播在盆内,上覆沙土 1～1.5 cm,浇透水后置于室内,保持 20～25 ℃的温度,盆土应湿润。播后 30～45 d 发芽,播种苗 4～5 年开花,5～6 年生壮龄株开花最盛。

(三)栽培管理

君子兰适宜用含腐殖质丰富的微酸性土壤,用土为腐叶土 5 份、壤土 2 份、河沙 2 份、饼肥 1 份混合而成。栽培用盆随植株的生长逐渐加大,栽培一年生苗时,适用直径 10 cm 盆。第二年换直径 16 cm 盆,以后每过 1～2 年换大一号的花盆,换盆可在春、秋两季进行。当温度低于 10 ℃时,植株生长缓慢,温度超过 30 ℃时,叶片及花葶会徒长,以温差 10 ℃对君子兰生长发育最为有利。生长过程中以散射光最好,有利于开花结实。君子兰具有较发达的肉质根,根内存蓄着一定的水分,经常注意盆土干湿情况,土壤要不干不湿,空气相对湿度在 70%～80%。一般情况下,春天每天浇 1 次;夏季浇水,可用细喷水壶将叶面及周围地面一起浇,晴天每天浇 2 次;秋季隔天浇 1 次;冬季每星期浇一次或更少。但必须注意,要随着不同情况,灵活掌握。当土壤水分过多,盆土通气不畅,温度过高或肥料过浓时,常易发生烂根,在管理上应加倍注意。当发现烂根时,应及时将植株从盆中倒出,清除腐根,并用高锰酸钾或其他杀菌剂对根部进行消毒,在伤口处涂以混有硫黄粉的草木灰,待伤口干燥后换土换盆栽种。

君子兰喜肥,在换盆时要施足基肥、生长期每月施肥 1 次,以有机肥为主,适当结合无机肥。常用有机肥有腐熟豆饼、骨粉、鱼粉等。施肥量除随株龄增加而增加外,还应随季节调整。春、秋季生长旺盛期,可多施;夏季和冬季应少施或停止施肥。施肥时注意不要污染叶片。抽花葶前加施磷、钾肥 1 次。君子兰在冬季常常出现花葶还没有长出假鳞茎小花就开放的“夹箭”现象,其主要原因是出现花葶时受温度低、土壤湿度小的影响。只要在花葶抽出期适当加温和加大浇水量就可预防“夹箭”现象的发生。

四、花烛

花烛为多年生草本花卉。花烛花姿奇特美艳,心形的佛焰苞平出,革质并有蜡质光泽,橙红色或猩红色;肉穗花序黄色,花期持久,可常年开花。目前主要用于盆栽和专业的切花生产。

(一)生态习性

原产于美洲的哥伦比亚。喜温热条件,生长适温 20～25 ℃,冬季不能低于 15 ℃。较耐阴,忌夏季阳光直射。根系喜空气流通和排水良好,忌土质黏重通气不良。栽培基质应选用疏松材料,如松针土、水苔、锯末等。

(二)繁殖技术

一般栽培可用分株繁殖。因植株生长缓慢、繁殖系数极低,生产上多采用组培法繁殖。也可播种繁殖，播种繁殖时需种子成熟后及时采摘播种。

(三)栽培管理

盆栽花烛选用松针土时宜选稍粗糙一些的，并加入珍珠岩、锯末等以利于通气。盆底垫上排水层。加入1～2成有机肥。盆栽花烛在不同生长发育阶段对水分要求不同。幼苗期由于植株根系弱小，在基质中分布较浅，不耐干旱，栽后应每天喷2～3次水，要经常保持基质湿润，促使其早发多抽新根，并注意盆面基质的干湿情况；中、大苗期植株生长快，需水量较多，水分供应必须充足；开花期应适当减少浇水，增施磷、钾肥，以促其开花。每天喷水保持空气相对湿度不低于60%。液肥施用要掌握定期定量的原则，秋季一般3～4 d为一个周期，如气温高，视盆内基质干湿程度可2～3 d浇肥水一次；夏季可每2 d浇肥水一次，气温高时可多浇一次水；秋季一般5～7 d浇肥水一次。施肥时间因气候环境而异，一般情况下，在上午8时至下午5时施用；冬季或初春在上午9时至下午4时进行。冬季可充分接受阳光，夏季要遮阳养护。

任务四　球根盆花设施栽培

盆栽球根花卉的种类和园艺栽培品种极其繁多，原产地涉及温带、亚热带和部分热带地区，其生长习性各不相同。这类花卉往往一次种植，多年开花，3～5年才需更新，栽培管理比较方便。常见的球根盆花有以下几种。

一、仙客来

仙客来又名兔耳花、萝卜海棠，为多年生球根草本花卉。仙客来盛花期正逢元旦、春节，摆放在室内十分喜庆，颇受人们的喜爱，而且花期长，色彩丰富，是优良的冬春盆花。

(一)生态习性

原产地中海一带。喜阳光充足和冷凉、湿润的气候。不耐寒，也不耐高温，盛夏季节球根休眠。要求疏松、肥沃、排水良好、富含腐殖质的中性沙质壤土。生长适温12～20 ℃，冬季温度不低于10 ℃。

仙客来园艺品种极为丰富，按花型可分为大花型、平瓣型、钟型、皱边型。近年来，利用杂种优势，育出许多杂种一代品种，性状非常优良，如有的花朵大，生长势强；有的株丛紧凑，生长均一，多花；有的花期早，最早花的品种，播种后8个月即可开花。另外，目前世界上迷你型仙客来(即小型仙客来)极为盛行，各国仙客来生产者都育出许多性状优异的品种。

(二)繁殖技术

仙客来可用播种和球茎分割法繁殖。

1. 播种繁殖

一般在9～10月进行，仙客来种子较大，发芽参差不齐，易受病毒感染，因此播种前要对种子进行处理。将种子用0.1%氯化汞溶液浸泡12 min后，用水冲洗净，然后用10%磷酸钠溶液浸泡10～20 min，冲洗干净，浸在30～40 ℃的温水中48 h，种皮搓洗干净后即可播种。播种用土可用田园土、腐叶土和河沙等量配制，或草炭和珍珠岩按3∶1配制，基质pH 5.5～6.5，用点播或条播，以1～2 cm的间距将种子播在浅盆或播种箱中，覆土0.5～0.7 cm，用浸盆法浇透水，覆上报纸或黑膜然后放在暗处使其发芽。在温度18～20 ℃、相对湿度80%～

90%的条件下,2 周生根,30 d 出芽,4~6 周长出一枚子叶,发芽后以半阴环境养护为好。

2. 球茎分割法

用于结实不良的仙客来品种。有两种形式:一种是在 9~10 月,当休眠球茎萌发新芽时,按芽丛数将球茎切开,使每一份切块都带芽,切口处涂上草木灰或硫黄粉,放在阴凉处晾干,然后分别作新株栽培即可。另一种是在 4~5 月,选肥大、充实的球,将球顶削平,以 0.8~1 cm 的距离划成棋盘式格子,沿格子线条由块茎顶部向下切,深达球的 1/3~1/2,然后将处理好的球茎种植在花盆中,放阴凉处,严格控制浇水,保持盆土潮湿。秋凉后,每一小格子上长出小芽,这时要把原来的切口加深,待芽长大时。把球茎倒出盆,去除泥土,彻底切开,每盆栽一块,使其成为新株。切割繁殖的球茎比种子繁殖的开花要多。近年来,国内已成功采用叶插法和组织培养法繁殖仙客来。

(三)栽培管理

节能日光温室是我国淮河以北地区生产仙客来盆花的常用设施,华东地区及其以北地区也常采用现代玻璃或塑料温室进行冬春季加温栽培以供应元旦、春节、市场,华南地区也可采用塑料大棚等进行保温生产。

仙客来盆花规模生产多采用无土基质栽培,基质多以草炭为主,适当添加 20%~30%的珍珠岩、蛭石或河沙等材料,在基质中加入适当的腐熟的豆饼肥、骨粉、钙镁磷肥及少量石灰,并加入 N∶P∶K=15∶11∶21 的复合肥为底肥。

当播种苗长到 2~3 片真叶时进行移栽,小苗带基质移栽于育苗箱或穴盘中。移栽时,球茎的 2/3 左右应埋入土中,留顶端部分约 1/3 露出土面,生长点不能埋入土中。移栽后浇透水,遮阴 5~7 d 缓苗。2 个月后,小苗长至 5~6 片叶子时,可移栽至 6~8 cm 直径的盆中。换盆用培养土应增加腐熟的有机肥和复合肥。

生长季节应给予充足的水分,但不能使盆中积水。肥结合浇水施入,施肥、浇水时应注意不能洒到植株的叶片、花朵上,应从植株边缘浇入,否则易使植株腐烂。刚移植和换盆时都要浇透水,此后灌水不宜过多,以保持表土稍湿润为好,抽出新叶后,浇水量可增加,如种球由红褐色变成绿色,新叶芽发绿,说明水量过大,应及时控制浇水。

仙客来性喜肥,但忌浓肥、生肥,须薄肥勤施,液肥必须腐熟发酵。施肥时,注意不要淹没球顶而造成腐烂。幼苗生长初期以氮肥为主,或与 N∶P∶K 为 1∶1∶1 的复合肥轮替施用,可根据幼苗的长势来确定追肥的间隔与次数,一个月追 2~3 次肥,注意观察叶片颜色,深绿色为肥多,淡黄色为肥少。夏季应视设施内温度情况适当施肥,不宜过浓,一般可施用 2 000 倍左右的氮磷钾复合肥,15 d 左右施用 1 次,如高温下植物停止生长而进入半休眠期则应停止施肥。立秋后温度开始下降,可用 2 000 倍液的复合肥,间隔 10 d 左右追施 1 次,并根据植株的长势、对肥料吸收的情况灵活进行调整。9 月后仙客来生长加快,可分别采用 N∶P∶K 为 1∶1∶2、2∶1∶2 和 3∶2∶6 的复合肥交替使用,稀释 1 000 倍,7~10 d 施 1 次,并根据植株的生长情况增施以磷钾肥为主的叶面肥,以促使球茎生长,提高仙客来开花时的花朵数目和花冠大小。因仙客来花期较长,对养分的需求大,因此花期宜适当追肥,追肥的频率视植物的生长情况决定,通常每月施 1~3 次,一般稀释 2 000 倍左右,注意不宜过多施肥,否则易引起落花落蕾。

仙客来生长期间温度白天宜控制在 20~25 ℃、夜间 15~18 ℃。夏季应通过遮阴、喷雾及强制通风结合湿帘等方法降温,一定要避免气温超过 30 ℃。生长后期,温度要保持相对稳定,以利于出花整齐，该时期最适温度为 15～25 ℃，夜温在 15 ℃左右。5～9 月光照较强，可以利用不同遮光率的遮阳网调控光照强度和温度，同时应依据天气阴晴变化灵活调整，以满足仙客来的生长需要。10 月中下旬后，应给予充足光照。

仙客来生长期间对空气相对湿度要求不十分严格，以 70%左右为好，但必须具备通风条件，使温室内空气流通良好，以免造成病害的发生。花期宜适当降低空气相对湿度，适宜的相对湿度为 55%～65%。

随着植株的增大，叶片数量的增多，叶片易杂乱，为使仙客来盆花具有优美的株形，并使开花整齐繁密，须采取人工辅助的方法进行转盆、拉叶、摘花等整形管理。转盆、拉叶是在其生育后期，每隔一段时间需要转盆，转盆时按同一方向将盆旋转 90°或 180°，以使叶片受光均匀，叶面平整，叶柄长度适中。进入 11 月后，当花柄长到 2～3 cm 时，将叶柄长的叶片轻拉到植株的最外侧，把叶片压平展，叶柄短的留在内侧并尽量使整株叶片向外拉压，使长叶在下，短叶在上，大叶在下，小叶在上，并露出中心球茎接受光照。疏叶、摘花是后期如发叶过密，可适当拔除部分叶片，以使营养集中，开花繁多。此外，早期零星开放的花朵应及时拔除，并将伸出叶面的外侧花蕾拉向中心位置，使花梗均匀分布在球茎中心，以使花蕾能集中整齐开放。进入开花期后应及时摘除盛开的花朵避免其结实消耗营养。冬季花盆的摆放需要拉开一定的距离，避免叶片重叠，以免因采光不足而造成植株散乱。

二、朱顶红

朱顶红别名朱顶兰、华胄兰、百枝莲，为多年生鳞茎类球根花卉。朱顶红有着“球根花卉颜值天花板”的美称，花色美丽、栽培简单，又因其名谐音“注定红”深受人们的喜爱，既可盆栽，也可作切花。

微课 5-5　朱顶红栽培管理

(一)生态习性

原产美洲热带和亚热带，现世界各国均有栽培。喜温暖、湿润而半阴的环境，夏宜凉爽，冬季休眠。喜富含腐殖质、疏松肥沃而排水良好的沙质壤土，适宜 pH 5.5～6.5。生长适温为 18～25 ℃。

(二)繁殖技术

(1)播种繁殖　在 5～6 月采用室内盆播，发芽适温为 18～22 ℃，播后 20 d 左右发芽。苗期要注意肥水管理，待真叶长到 3～4 片时，进行第 1 次移栽，保持一定的株距。播种至开花需 3～4 年。

(2)分球繁殖　于 2～3 月换盆时进行，分栽前先去除老根和宿土，将母株旁生的小鳞茎分开，另行栽种。

(3)切鳞块繁殖　将一个大鳞茎球切成 8～16 块，或更多一些，每块基部需带有部分鳞茎盘，晾至萎蔫后插入湿润沙土中，就能生出小鳞茎球，再分离栽培，就可以成苗。

(4)鳞片扦插繁殖　选发育良好的无病鳞茎，剥去外层过分老熟的鳞片，留下生长充实的中部鳞片供繁殖，每个鳞片必须带茎盘，9 月将鳞片插于沙床，在 18～20 ℃及以下，保持湿润，当年形成小鳞茎、基部生根，翌春小鳞茎上长出新苗，需继续培养 3 年成为开花的鳞茎。

(5)刻伤法繁殖　选周径 24～26 cm 的鳞茎，用 1%硫酸铜液浸 5 min，用水洗净后，切去鳞茎的 1/3，用刀轻轻刻伤鳞茎中心的主芽，平放在沙床上，室温保持在 18～22 ℃，维持较高的空气湿度，2 个月后在鳞片之间形成若干鳞茎。

(6)组培繁殖　常用茎盘、休眠鳞茎组织、花梗和子房为外植体进行繁殖。

(三)栽培管理

盆栽朱顶红选用疏松、肥沃的微酸性腐叶土或泥炭。选直径 7 cm 以上的开花鳞茎，若 1 个球植 1 盆的，用大于球径 2 倍的花盆；栽植 3～4 个鳞茎的，用直径 25～30 cm 的盆。种前，先剥下球边的子球。要浅植，使种球的 1/3～1/2 露出盆土。上盆后浇 1 次水，使土略微潮润即可。待出现花茎或叶片时，再增加浇水次数。同时，每半个月追施氮素液肥 1 次，抽出花茎后加施磷、钾肥 1 次，效果显著，3 月栽植，4～5 月开花。夏季避免强光长时间直射，冬季栽培需充足阳光。朱顶红如采收种子，应进行人工授粉，可提高结实率。由于朱顶红种子扁平、极薄、容易失水，丧失发芽力，应采种后即播。如种球生产，花后应及时剪除花茎，以免消耗鳞茎养分。待长出叶片后，加强施肥，促使鳞茎增大和产生新鳞茎。鳞茎在 13 ℃条件下可贮藏 8～10 周，在 5 ℃温度下，可长期贮藏。

三、大岩桐

大岩桐别名落雪泥、六雪尼，是多年生块茎类球根花卉。大岩桐植株小巧玲珑，叶茂翠绿，花朵姹紫嫣红，园艺品种繁多，每年春、秋两次开花，是节日点缀和装饰室内的理想花卉。

(一)生态习性

原产巴西，现广泛栽培。喜温暖、湿润、半阴、忌强光直射，喜富含腐殖质的疏松、肥沃、偏酸性的沙质壤土。生长期适宜温度为 20～25 ℃，不耐寒，冬季气温下降到 5 ℃左右时休眠，夏季气温高达 30 ℃以上时会使植株呈半休眠状态。生长期要求空气湿度大，不喜大水，避免雨水侵入。冬季休眠期则需保持干燥，如湿度过大或温度过低，块茎易腐烂。

(二)繁殖技术

大岩桐可以分球、扦插和播种的方式繁殖。

1. 分球繁殖

选经过休眠的 2 年至 3 年老球茎于秋季先埋于土中浇透水并保持室温 22 ℃进行催芽，当芽长到 0.5 cm 左右时将种球掘出切成 2～4 块，每块上须带有一个芽，每块栽植一盆，即形成一个新植株。

2. 扦插繁殖

分枝插和叶插。枝插是大岩桐常用的繁殖方式，在大岩桐块茎上常萌发嫩枝，扦插时剪取 2～3 cm 长，插入细沙或珍珠岩基质中，注意遮阴，避免阳光直射，维持室温 18～20 ℃，15 d 即可发根。叶插即选用生长健壮、发育中期的叶片，连同叶柄从基部采下，将叶片剪去一半，将叶柄斜插入湿沙基质中，盖上玻璃并遮阴，保持室温 25 ℃和较高的空气湿度，插后 20 d 叶柄基部产生愈合组织。待长出小苗后移入小盆。5～7 月扦插，翌年 6～7 月可开花。为了提高叶片的利用率，提高繁殖系数，也可将叶片沿主脉和侧脉切割成许多小块，逐一插入基质中，这样一片叶可分插多株。

3. 播种繁殖

在温室中可周年进行，播种前先将种子浸泡 24 h 促使其提早发芽，用浅盆或木箱装入腐叶土、园土和细沙混合的培养土，土平整后均匀地撒上种子，盆底润水后盖上塑料薄膜，在 18～20 ℃下 10～21 d 出苗。出苗后让其逐渐见阳光。当幼苗长出 3～4 片真叶时移栽入浅盆，6～7 片真叶时定植于直径 12～15 cm 盆中，定植时给予充足基肥，每次移植后一周开始追施稀薄液肥，每周 1 次即可。

(三)栽培管理

盆栽大岩桐常用腐叶土、粗沙和蛭石的混合基质，二年生块茎冬季休眠，3 月开始萌芽，需及时换盆。栽植时块茎需露出盆土，每个块茎只需留 1 个嫩芽。大岩桐适宜的生长适温是 10～25 ℃。不同的季节又有不同的要求，1～10 月为 18～25 ℃；10 月到翌年 1 月为 10～12 ℃。生长期光线不能太强，否则抑制生长，应遮阳保护。开花时适当延长遮阳时间，可延长开花期。进入结实期后，应适当缩短遮阳时间，以促进种子成熟和球茎发育。大岩桐花、叶生有茸毛，一旦沾上水滴，极易腐烂，因此忌向花、叶上喷水。最好使用浸水法浇水。夏季浇水应遵循“见干见湿，不干不浇”的原则。秋季气温降低时，可逐渐减少浇水量，使植株逐步进入休眠期。

生长期每半个月追施腐熟豆饼水 1 次，当花芽形成时，再增施磷、钾肥 1～2 次。施肥时注意不要污染有毛的叶面，以免引起腐烂。开花期温度不宜过高，可延长观花期。花谢后如不留种，剪取花茎，有利于继续开花和块茎生长发育。当叶片枯萎进入休眠期时，可将块茎从盆中取出，埋藏于微湿润的沙中。冬季贮藏最适温度为 10～12 ℃。每年开两次花。块茎可连续栽培 8 年。老茎需淘汰更新。大岩桐留种必须进行人工授粉，授粉后，可剪取花瓣，以免花瓣霉烂影响结实。一般授粉后 30～40 d 果实可成熟。

四、球根秋海棠

球根秋海棠别名球根海棠、茶花海棠，是多年生块茎类球根花卉。花大而多，色彩艳丽，姿态优美；兼有茶花、牡丹、月季等名花的姿、色、香，为秋海棠之冠。直立型的球根海棠适合用来布置花境，也可以盆栽用来点缀客厅、橱窗，娇媚动人，布置花坛、花境分外窈窕。垂吊型的球根海棠可以垂吊种植，种在阳台护栏边或吊盆里。

(一)生态习性

球根秋海棠为园艺杂种，喜温暖、湿润和半阴环境。切忌高温、干燥和积水。土壤以排水良好、pH 5.5～6.5 的微酸性土为宜。生长适温 16～21 ℃。

(二)繁殖技术

常用播种、扦插和块茎分割法繁殖。

1. 播种繁殖

常于 1～2 月在室内盆播。因种子细小，播种时宜与细沙混合均匀撒播，播后盆口盖上覆盖物，保持 18～21 ℃，10～15 d 发芽。发芽后放半阴处，待出现 2～3 片真叶时移栽于直径 6 cm 的盆，5～6 月定植于直径 12 cm 的盆中。

2. 扦插繁殖

以 6～7 月为宜，选顶端嫩枝作插条，剪取 10 cm 左右，除去基部叶片，仅留顶端 1～2 片叶，由于枝为肉质，剪取后，需待切口稍干燥后再插入沙床，保持湿润，约 3 周后生根，插后 2 个月上盆，当年即可开花。

3. 块茎分割法

于 3～4 月在块茎萌发前，将块茎顶部切割成数块，每块留一个芽眼，切口用草木灰涂抹，待分割块茎萌芽后，即可上盆，栽植不宜过深，以块茎一半露出土面为宜，否则易受潮腐烂。

(三)栽培管理

球根秋海棠最常用盆径为 14 cm×12 cm 或者 16 cm×14 cm 的塑料盆。如果用瓦盆种植,会更有利于它的生长,管理起来会更加方便。基质可以用以草炭为主的基质,需要加 40% 的蛭石或者珍珠岩,使其透气孔隙达到 15%～20%,也可用腐叶土或泥炭土、壤土和沙等量混合,并加适量腐熟厩肥、骨粉或 1%的过磷酸钙。定植时块茎要稍露出土面。温室的温度要维持在 16～21 ℃,不可降到 16 ℃以下,最高温度不要超过 32 ℃。光照要合适,为此要采用遮光率为 40%～60%的遮阳网,光照太强,其叶缘会焦枯,植株矮小,节间短。过度遮阳将导致花茎长、花量小。每旬施 1 次肥水,叶片挺拔、呈青绿色为正常;叶片淡绿色表明缺肥;如叶呈淡蓝色并出现卷曲,表明氮肥过多,应减少施肥量或延长施肥间隔时间。花芽形成前增施 1～2 次磷、钾肥。球根秋海棠茎叶柔嫩多汁,生长期应少搬动。为减少操作时折断茎叶,花蕾期需设立支柱。花期正值初夏,气温逐日升高,要求遮阳和喷雾,保持通风、凉爽的环境。浇水不当、光线太强和气温过高都会造成叶片边缘皱缩,花芽脱落,甚至块茎腐烂。第一批花后应控制浇水,保持土壤半干,剪去残花。植株经短暂休眠后再度发出新芽,此时应剪去老茎。仅留 2～3 个壮枝,追施液肥,促使第二次开花。花后,在冬季寒冷地区,应及时将花盆移至室内,以避免植株受霜害,使其自然进入休眠状态。在此期间要逐渐减少浇水。当茎叶逐渐黄化枯萎时,剪去枯萎的茎叶,挖出块茎,稍干燥后放于 10 ℃室内沙藏,保持通风良好。也可不将球根挖出,但需保持盆土干燥,开春时将表层老土更新成富含腐殖质的土壤。

拓展知识

水仙雕刻技术

一、螃蟹造型雕刻方法

(1)选取饱满充实、花芽较多的水仙球,剥去干枯鳞片和多余的侧球,刮去枯根、残泥。

(2)在叶芽向前弯曲的那一面,从根盘以上 1～15 cm 处下刀。

(3)向上切入,削去鳞片,掌握深度不超过球茎的 1/2,以免伤到里面的花、叶芽。逐层切去鳞片,花箭之间的鳞片也应剔除。

(4)花、叶芽露出后,开始削掉花苞两侧叶片的叶缘,从叶片下部内侧往上削,不要伤到花苞。削去叶片后,雕刻花葶梗。为了方便操作,可先将削叶后的鳞茎浸泡一昼夜再刻。

(5)用钢针在花葶基部正中自上而下戳刺花心,使花葶矮化生长。戳刺深度约为 0.5 cm。

(6)雕刻蟹爪造型,仍按雕刻主球的方法雕刻两侧鳞茎。

二、雕刻鸡、鸭、天鹅等

两侧球茎不用雕刻,其余同螃蟹雕刻。

三、雕刻花篮

需将花、叶芽四周鳞茎全部剔除,花、叶芽根部向下深挖,然后雕刻叶片和花葶。

四、雕刻后的处理

(1)雕刻完成后,放入清水中,上口向下没入水面,浸泡一昼夜。

(2)将浸泡后的水仙球取出,在水龙头下将黏液冲洗干净。

(3)在球体切口处覆盖脱脂棉,护住根盘,盆内加入清水,水面不要浸到伤口。

(4)先在阴凉处放置 2 d,待伤口愈合后移到有阳光处。

五、养护

为了除去有害代谢物,提供养分,应每隔 3～5 d 换一次清水。同时观察水仙生长的速度,灵活调节温度。

任务五 观叶盆花设施栽培

观叶植物是指以叶片作为主要观赏部位,可在室内弱光环境下存活和生长的一类观赏植物。观叶植物用于室内装饰,可增加自然气息,净化室内空气,有益身心健康。近年来已成为室内观赏植物的主体。

世界范围内有超过 100 属 1 000 种植物被作为观叶植物栽培应用,包括草本观叶植物和木本观叶植物。草本观叶植物大多数为多年生,如彩叶草、椒草类、吊兰类、竹芋类和蕨类等。木本观叶植物大多数为灌木,灌木状、小乔木状植物,如变叶木类、苏铁,少数为乔木,如印度橡胶榕类、人参榕类等。

大多数观叶植物原产于热带雨林地区或亚热带地区,仅有少数植物起源于温带,如常春藤和八角金盘。大多数观叶植物喜好高温高湿的生长环境,不耐低温;具有很好的弱光适应性,在室内散射光下生长良好,属于阴性植物;在强烈的阳光下则易出现日灼、叶尖枯黄、脱水凋萎等现象。少数观叶植物需较强光照,光照不足则生育不良,植株瘦弱黄化,称为阳性植物。目前,设施栽培的观叶植物多数为阴性植物。

一、观赏凤梨

观赏凤梨是凤梨科多年生常绿宿根花卉,是集观花、观叶于一体的时尚花卉,种类繁多,株形美丽多变,花穗艳丽且可保持数月之久,其形态可谓千姿百态,有的高大如树,有的株高却仅为 15 cm,还有的花大如盆,直径达 30 cm,甚至有的凤梨还可以长在岩石上。

目前观赏凤梨盆花生产上主要有星花凤梨属、莺哥凤梨属、珊瑚凤梨属、铁兰属等。

(一)生态习性

观赏凤梨原产于中、南美洲的热带、亚热带地区。观赏凤梨大多为附生种,要求栽培基质必须为疏松、透气、排水良好、中性或微酸性的沙质壤土混合腐叶土或泥炭土,适宜 pH 5.5～6.5。大多数观赏凤梨品种喜半阴环境,忌夏季阳光直射。喜温暖湿润,生长的最适温度为 15～20 ℃,最低不能低于 10 ℃,最高不能高于 35 ℃,若温度高于 35 ℃,易造成高温伤害,导致植株生长缓慢、花型变小,如温度长时间在 10 ℃以下,易出现叶色转红、叶尖发白等现象。苗期相对湿度宜控制在 80%～85%,栽植 3 个月后生长期间宜控制在 60%～80%。

(二)繁殖技术

观赏凤梨可通过播种、组织培养、分株等方法繁殖。

1. 种子繁殖

播种后的凤梨因种苗生长缓慢长势较弱,一般要栽培 4～5 年甚至 10 年以上时间才能开花,加之后代易产生性状分离,除育种外一般不用此方法。

2. 分株繁殖

家庭栽培或小规模生产可采用分株的方法,但该方法繁殖率低、一致性差,且由于植株生活力下降及感病等原因而易出现品种退化。分株方法一般于观赏凤梨谢花后进行，通常以4～6月为分株的适宜时期。凤梨花后其植株基部叶腋处常产生多个吸芽，待吸芽长至10 cm左右、有4～6片叶时，将整株从盆中脱出，除去部分基质后掰下吸芽，伤口用杀菌剂消毒后稍晾干，扦插于珍珠岩、粗沙中，保持基质和空气湿润，适当遮阳，气温宜在18～28 ℃，根部温度最好控制在20 ℃左右，1～2个月有新根长出后，即可转入正常管理。此外，凤梨属观赏凤梨可采用冠芽繁殖法，当冠芽长到12～15 cm时，可切下插入沙床中，1～2个月果眼陆续长芽(最多可达30个)，长至10～12 cm时切下，插于沙床生根。

3. 组培繁殖

组织培养法繁殖系数高、速度快、植株生长一致、开花早，适合大规模商业化生产，但技术性较强、成本较高。观赏凤梨的各种芽、幼叶、种子、幼嫩的聚花果等都可作为外植体进行组织培养。

(三)栽培管理

华东以及北方地区普遍采用现代温室进行凤梨的冬春季加温栽培以供应元旦、春节等市场，淮河以北地区也有部分节能日光温室的生产，华南地区也可采用塑料大棚等进行冬春季保温生产。此外，各地区也可根据各地气候特点结合温室冬季育苗，利用大棚、荫棚等设施开展春夏或夏秋季上市产品的生产。

观赏凤梨多为附生种，要求栽培基质必须疏松、透气、排水良好、偏酸性，pH在5.5～6.5。生产上可采用进口的凤梨专用基质或以泥炭、珍珠岩和椰糠按体积比2∶1∶1混合，或以泥炭、珍珠岩和粗砂按体积比7∶2∶1混合作为栽培基质。

上盆前半个月，需要用0.5%～1%的甲醛溶液对日光温室进行熏蒸消毒，闷棚7 d后通风。种苗到货后要立即上盆，盆的大小依苗而定，一般采用规格为(9～11)cm×(7～9)cm(高×内径)的塑料盆，种植的深度为2～3 cm，以心叶不埋入基质为宜。如种植过深，易影响苗生长，太浅则植株易倒伏，基质高度宜低于盆口1～2 cm。此外，基质不宜按压过紧，以免影响透气性。种植后须立即浇透水，保证根系与土壤良好结合。上盆初期温度控制在22～28 ℃，相对湿度保持在80%～90%。

上盆后100 d左右换盆定植，栽培用盆视不同品种而定，一般采用规格为(12～16) cm×(10～14) cm(高×内径)的塑料盆。定植前一天基质浇透水，栽培盆底部垫上少量基质，将种苗脱去小盆后放入栽培用盆，四周添入基质并固定，换盆后浇透水。换盆初期温度控制在22～28 ℃，相对湿度保持在80%～90%。

观赏凤梨浇水时应掌握“见干见湿”的原则，基质忌积水，但要求叶杯内保持充足的水分。浇水时间一般冬季宜在上午9:00～11:00；夏季则应避开11:00～14:00的高温时段，避免水温与叶面温度相差过大。春夏季5～9月为凤梨生长旺季，应每天浇水1～2次，多以叶面喷洒为主，保持叶面湿润，基质稍干。秋季10～11月每天浇1次，冬季应少喷水，每2～3 d浇1次，保持土面潮润，叶面干燥。

在配制肥料时N、P、K比例一定要适宜，这是培育高品质凤梨的前提条件。一般采用凤梨专用肥，N∶P∶K比例为20∶10∶20，同时结合施用KNO_3。另外，凤梨对硼元素非常敏感，即使微量的硼都会让凤梨产生烧顶症状。凤梨宜随水施肥，每次浇水都伴随施肥，施肥应以“薄肥勤施”为原则，一般每4～5 d施一次。

观赏凤梨催花处理前3～4周应停止施肥，处理20 d后开始重新施肥。出售前30 d尽量不施用肥料。

二、观赏蕨类

蕨类植物是植物界的一大类群，广泛分布于世界各地，但大多生长在温暖、湿润的环境中。热带和亚热带最为繁茂，多见于阴湿地或树干附生。蕨类植物多为多年生草本，叶美丽多姿，耐阴性强，常用于室内栽培观赏。常见的有以下几种：

(1)翠云草　枝柔软细弱，匐地蔓生。营养叶异形，中叶长卵形，侧叶卵状三角形。孢子囊穗四棱形，孢子囊卵形，分布于我国中、南部。喜生林下阴湿环境，忌烈日。常用分株繁殖。根浅，栽植时可先耙松盆土，平铺植株后再以细土覆根常用于兰花及盆景的盆面覆盖，使满盆翠绿有生气，且有利于保蓄水土，南方栽培较多。

(2)肾蕨　又称凤尾田草。根部有半透明球形块根，被黄色茸毛。羽叶丛生，羽片矩圆形，密生梢互相重叠。孢子囊位于叶缘及中筋间。分布于我国南方，生于林下阴湿处或树干上。分株繁殖，也可采孢子撒于草炭或腐殖土上，撒后喷水保持阴湿，2 个月可萌发，幼苗生长缓慢。栽培养护较简便，栽培土壤用壤土、腐叶土各 4 份，沙 2 份混合。冬季室温不低于 5 ℃。可供室内观赏或剪叶作切花陪衬材料。

同属常见栽培的有碎叶肾蕨，叶短而多，二回羽状复叶；细叶肾蕨，叶细而分裂，三回羽状复叶。

(3)铁线蕨　又称铁线草。根茎横走，黄褐色，被褐色鳞片。二回羽状复叶丛生，叶柄细长，较硬，黑褐有光泽。羽片互生，斜扇形，上缘浅裂至深裂。叶脉扇状。孢子囊生于叶脉顶端。广泛分布于热带、亚热带地区林下阴湿处，繁殖栽培方法同肾蕨。盆栽供观赏。

同属常见栽培的有鞭叶铁线蕨，一回羽状复叶，羽片斜三角形，叶轴前端延长成鞭状，鞭梢着地生根。

(4)鹿角蕨　又称蝙蝠蕨。叶丛生下垂，幼时灰绿，成熟时深绿。外部叶呈扁平盾形，边缘具波状浅裂，覆瓦状，附生于树干之上，内有贮水组织。内部叶片直立丛生，裂片呈不规则椭圆形，似鹿角状。孢子囊生于裂片顶部。原产澳洲热带，喜湿通风环境。常悬挂栽培。多用分株繁殖，小株可扎附于朽木、棕皮上，也可盆栽，需经常喷水保湿。悬挂于廊下、室内供观赏。

(5)鸟巢蕨　铁线蕨科巢蕨属，别名巢蕨、山苏花、鸟巢羊齿。根状茎短，顶部有条形鳞片，呈纤维状分枝。叶辐射丛生，叶丛中空如巢。叶片革质披针形，全缘，长 70～90 cm，叶柄棒状长约 5 cm。孢子囊狭条形，着生于叶脉上侧。

(一)生态习性

蕨类植物分布于我国台湾、广东、广西和云南，各地温室有栽培。喜阳光充足、忌强光直射；喜温暖湿润，生长适温 20～30 ℃，越冬温度不低于 10 ℃，低于 15 ℃产生黄化现象。

(二)繁殖技术

可用分株、孢子、组织培养繁殖。

1. 分株繁殖

因蕨类植物很少有分枝产生，故不能分离子株，大株苗可在 4～5 月分株。将生长健壮的植株连叶带根分割成 5～7 片叶一丛，并将叶片剪短 1/3～1/2，单独盆栽成为新的植株，栽后放在温度 20 ℃以上、半阴和空气湿度比较高的地方，使伤口尽快愈合。盆栽基质稍湿润，不可太潮湿，否则容易腐烂，待新叶长出后可逐步恢复正常养护。分株繁殖简单易行，但易损坏株形，恢复很慢。

2. 孢子繁殖

可于 3 月或 7～8 月，从叶背上刮下成熟的孢子，用 2 份腐叶土、1 份细沙混合作基质，装入小花盆铺平压实，消毒后放在浅水中充分湿润，均匀撒播孢子，盖上玻璃保湿。在 24 ℃条件下，每日光照 12 h，6～8 d 孢子萌发，2 个月后就会长出绿色的原叶体，此时注意喷水，不久会有大量幼孢子体产生，待长出 3～4 片叶时可移栽上盆。

3. 组织培养

生产性大量繁殖，可利用其顶生短茎、幼叶或孢子等作外植体，进行组织培养快繁，可在短时间内培育出大量统一规格的商品苗。

(三)栽培管理

以鸟巢蕨为例，鸟巢蕨多用悬挂式栽培，也可盆栽。最好用多孔花盆或多孔塑料筐作容器，基质以腐叶土或泥炭、蛭石等为主，并掺入少量河沙；也可用蕨根、碎树皮、苔藓或碎砖粒加少量腐殖土拌匀混合配制。盆底填充颗粒较大的碎砖块，上面用蕨根、树皮块等将鸟巢蕨的根栽植在盆中。鸟巢蕨喜弱光环境，盆栽植株可放在室内光线明亮处养护，在日管理中，切忌烈日暴晒，夏季应将其置于遮光 70%以上的荫棚下。冬季在室内要适当给予光照，过于阴暗处要人工补充光照。盆栽鸟巢蕨不仅要求盆土湿润，而且要求有较高的相对空气湿度。生长季节浇水要充分，特别是夏季，除栽培基质要经常浇透水外，还必须每天淋洗叶面 2～3 次，同时给周边地面洒水增湿，维持局部环境有较高的空气湿度，冬季气温较低时，以保持盆土湿润为好，可多喷水，少浇水，以免在低温条件下因盆土中水分过多而造成植株烂根。盆栽鸟巢蕨，在其生长旺盛季节，宜每半个月浇施一次氮、磷、钾均衡的薄肥，可促使其不断长出大量新叶，但夏季气温高于 32 ℃，冬季棚室温度低于 15 ℃时，应停止一切形式的追肥。盆栽鸟巢蕨，一般 2～3 年换盆 1 次。

三、变叶木

变叶木又名洒金榕，为多年生常绿灌木。变叶木叶色斑斓，五彩缤纷，具有独特的色彩美，同时其叶形千变万化，具有奇特的姿态美，是木本观叶植物中的珍品，用以美化房间、厅堂和布置会场。由于变叶木耐阴性较弱，在室内观赏的时间不宜超过 15～20 d。

(一)生态习性

原产于马来群岛及澳大利亚的热带地区。喜温暖、湿润的气候，喜阳光充足，但怕烈日暴晒。极不耐寒，越冬室温不低于 15 ℃，幼苗的耐寒力更弱。对土壤条件要求不严格，喜疏松、肥沃而又排水良好的中性至微酸性沙质壤土。

(二)繁殖技术

扦插繁殖容易生根。于 5～6 月，剪取 1～2 年生枝的顶梢作插穗，老枝扦插不易生根。插穗长 10 cm 左右，去掉下部叶片，插入素沙或蛭石中。插前需将切口处流出的乳汁冲洗掉，涂上草木灰或硫黄粉，稍晾干后再插，入土深度约 3 cm，插后用塑料薄膜覆盖以保温保湿。经常喷水，以保持较高的湿度。温度保持在 25 ℃左右，30～40 d 可生根。

家庭盆栽也可采用水插法，此法生根快而且成活率高。可在夏季高温时进行，剪取插穗后，去除插穗下部的叶片，将插穗的下部浸泡在水中。每 3～5 d 换 1 次清水，30 d 左右可生根。

(三)栽培管理

培养土选用腐叶土5份、园土3份、河沙2份配制而成,或用腐叶土3份、园土3份、河沙3份、饼肥1份混合配制,每2年翻盆换一次土。在5~9月旺盛生长期,每10~15 d施一次稀薄腐熟饼肥水或含氮、磷的复合肥,可使叶片肥厚,色彩鲜明。注意氮肥不可过多。越冬期停止施肥。

生长季节注意给予充足的水分,应保持盆土湿润。夏季晴天要勤浇水,5~6月每1~2 d浇一次水,7~8月每天早晚要浇两次水。越冬期间控制浇水,只需保持盆土微潮,不干不浇水。每隔10 d左右用与室温接近的清水喷洗一次叶片。春季温度升高后,植株开始萌芽时再逐步增加浇水。生长期间,每天还要向叶面上喷水2~3次,增加空气湿度,以利于保持枝叶清新鲜艳。每隔30 d左右浇一次0.2%的硫酸亚铁溶液,以利于保持叶色碧绿光亮。

变叶木喜温暖,怕寒冷。在温度变化比较小,最高温度38 ℃、最低温度21 ℃,光照充足和湿润的环境下生长最好。在北方地区,一般每年10月上旬应移入室内,春季出室要晚,应在5月上中旬出室,出室后应适当遮阴,室内陈设必须能见到阳光。冬季室内夜间最低温度不低于15 ℃,否则易引起叶片脱落。较长时间10 ℃左右的低温是造成北方养护变叶木大量死亡的主要原因。

变叶木喜欢阳光,光线强则叶色艳丽,若长期光线不足,美丽的斑点或条纹就会褪色并失去光泽。但不宜强光直射,在北方4月中旬至9月中旬应遮光50%,其他时间应给予充足的光照。冬季放室内向阳处养护,每天最少有3 h日照,叶片才能显出美丽的色彩。

四、广东万年青

广东万年青又名亮丝草,栽培种及品种很多,常见的有爪哇万年青、斑叶万年青和变叶粗肋草等。

(一)生态习性

原产我国南方地区、马来西亚和菲律宾等地。广东万年青性喜温暖潮湿,生长适温为17~27 ℃,越冬需保持在4 ℃以上,可耐0 ℃低温。长江中下游地区可以在塑料大棚或冷室内越冬。喜光照,也耐阴;喜湿润,怕干旱;喜疏松透气的微酸性土壤。

(二)繁殖技术

广东万年青繁殖方式为扦插和分株。

1. 分株繁殖

一般在2~3月间结合换盆进行,将丛生植株分为带根的数株,另行栽植。其他季节也可以分栽。分后经过三年又可再分。

2. 扦插繁殖

春、夏都可进行。盆栽2年以上的植株可结合整形修剪进行繁殖。于4月中旬前后将茎在土面以上2~3节处剪断,母本植株仍可发芽。将剪下的茎剪成10 cm长的插穗,每个插穗带有2~3个节,扦插在粗沙、珍珠岩或蛭石介质中,温度保持在20~25 ℃,约30 d可生根。顶芽扦插生根较快,带顶尖枝条用28~30 ℃水浸泡下部,10~15 d可生根上盆栽植。也可将茎剪成2~3 cm长的茎段,每段带有1~2个芽,放入盛有培养土的花盆内,其上盖玻璃保湿,30~40 d生根。

（三）栽培管理

北方需在冬季温度高于 10 ℃的设施内生产。长江中下游地区需要在塑料大棚内加温。华南地区则可在荫棚下生长。

盆栽用土以腐叶土 5 份、园土 3 份、河沙 2 份，加少量腐熟厩肥或饼肥混合而成。生长季节宁湿勿干，夏季高温时可每 2 d 浇一次水，但土壤不可积水。气温高于 25 ℃时，要经常向叶面喷水；秋后要控制浇水，“见干见湿”为宜；冬季适当干燥。上盆时施足基肥，春秋两季一个月施一次腐熟的饼肥，生长期可每 2 周施一次 20%饼肥水或 1%复合液态肥。追肥时以氮肥为主，配合施用少量磷肥和钾肥。冬季停止施肥。春秋季中午及夏季要遮阴，应放在室内明亮处。冬季应保持充足的光照。

五、龟背竹

龟背竹又名蓬莱蕉、电线兰、龟背芋，为常绿多年生藤本。龟背竹叶形奇特，呈裂纹状，极像龟背；茎节粗壮又似罗汉竹；深褐色气生根，纵横交叉，形如电线。其叶常年碧绿，极为耐阴，是有名的室内大型盆栽观叶植物。

（一）生态习性

性喜温暖湿润的环境，忌阳光直射和干燥，喜半阴，耐寒性较强。生长适温为 20～30 ℃，低于 15 ℃停止生长，越冬温度为 4 ℃。对土壤要求不甚严格，在肥沃、富含腐殖质的土壤中生长良好。

（二）繁殖技术

可用扦插和播种两种方法。扦插多于春季 4 月份气温回升之后进行。一般可剪取带有两个节的茎段作为插穗，剪去叶片，横卧于苗床或盆中，仅露出茎段上的芽眼，放在温暖、半阴处，保持湿润。经 1 个月左右即可生根抽芽。也可把整段茎切下，去除叶片，横卧于苗床，覆土一半，待生根抽芽后再分切带有根与芽的小段，然后上盆种植。也可采集成熟的果实，剥取种子，随即播种于河沙中，保持湿润，1～2 个月即可发芽出苗。

（三）栽培管理

换盆应在春季进行，约 2 年换盆 1 次，根据植株的大小适当增大所用盆的直径。盆栽通常用腐叶土、泥炭土或细沙土。春、夏、秋遮阳 50%左右，冬季可不遮光；耐阴力较强，在没有直射光的房间可长时间摆放，但生长缓慢。春、夏、秋三季经常保持盆土中有充足的水分，冬季微潮，减少浇水。耐空气干燥，冬季室内加温后最好经常清洗成熟叶片。龟背竹为大型观叶植物，茎粗叶大，特别成年植株的分株时，要设架绑扎，以免倒伏变形。待定型后将支架拆除。同时，定型后茎节叶片生长过于稠密、枝蔓生长过长时，注意整形修剪，力求自然美观。

六、竹芋类

竹芋类植物属常绿宿根草本植物。盆栽后用来布置书房、客厅或卧室，是优良的室内耐阴观叶植物。

（一）生态习性

性喜半阴和高温多湿的环境。3～9 月为生长期，生长适温为 15～25 ℃，夏季温度超过 32 ℃，抑制植株生长。越冬温度 10～15 ℃，不可低于 10 ℃。冬宜阳光充足，夏忌强光暴晒。以疏松、肥沃、排水良好的酸性土壤为好。

(二)繁殖技术

可分株及扦插繁殖。分株繁殖多在春季4～5月结合换盆进行,可2～3个芽分为1株。生长旺盛的植物每1～2年可分株一次。新株盆栽后要控制水分,待发出新根后才能充分灌水。扦插繁殖,切取具2～3片叶的幼茎,插于沙床中,保持适宜的湿度及温度,半个月可生根。

(三)栽培管理

盆土以腐叶土、泥炭和河沙的混合土壤为宜。生长期应经常追肥,夏季高温期宜少施并适当拉长追肥的间隙。生长期除正常浇水外,应经常喷水,以增加空气湿度。冬季盆土宜适当干燥,过湿则基部叶片易变黄而枯焦。竹芋类除夏天宜置半阴下栽培外,其他季节都应放于温室的光照较充分处。夏天不宜遮阴过度,以免徒长。同时忌阳光直晒,否则会造成严重的日灼病。

七、马拉巴栗

马拉巴栗又名发财树、栗子树、大果木棉、美国花生树,为多年生常绿乔木。原为果树,近年发展成为世界流行的室内观赏植物,因其名为发财树,在人们心目中作为一种吉祥的象征而备受欢迎。将其培育成低矮茂密的矮化盆景,用于装饰居室、厅堂等场所,显得十分大方。

(一)生态习性

喜温暖、湿润的环境。喜光而又有耐阴性,喜湿润而又有一定的耐旱能力,适应性强,易于养护管理。对土壤要求不严格,喜肥沃、排水良好、富含腐殖质的沙质壤土。生长适温为20～30 ℃,冬季温度应保持在16～18 ℃及以上,低于15 ℃叶片会变黄,进而脱落,10 ℃以下容易发生冷害,轻则落叶或叶片上出现冻斑,重则死亡。

(二)繁殖技术

可用播种、扦插、嫁接、组培等方法繁殖,多采用种子播种繁殖。播种繁殖出苗整齐,根直苗顺,茎基部膨大,而用其他方法繁殖出的植株,则不会形成膨大的茎基部。

1. 播种繁殖

果实成熟后即可采摘,敲开果壳,取出种子,立即播种。将种子按5 cm×10 cm的株行距播种于育苗浅盆,播种基质为素沙,深度为3～4 cm。播种后用浸盆法浸透水,保持盆土湿润,温度保持在25～30 ℃,经过7～10 d即可发芽。马拉巴栗为多胚植物,每粒种子可出苗1～4棵,繁殖系数较大。当幼苗长至3～5片叶时,可上盆定植。

2. 扦插繁殖

扦插繁殖在华南一年四季均可进行,在北方宜在5～8月进行。扦插繁殖多选用带顶梢的枝条作插条,将插条扦插在盛有素沙的盆内或沙床内,浇透水,上覆塑料薄膜保湿。温度保持在25～28 ℃,保持盆(床)土湿润,并注意遮阴,约经15 d即可生根。

3. 嫁接繁殖

斑叶品种的马拉巴栗需用嫁接法繁殖,以保持其优良的特性。砧木用普通的马拉巴栗。一般于8～9月嫁接,接穗具有3个芽,用嫩枝劈接法嫁接。

(三)栽培管理

栽培马拉巴栗可用园土5份、腐叶土3份、河沙2份,或用腐叶土8份、煤渣灰2份等配制成培养土。

日常浇水以保持盆土湿润为宜,盆土过干易造成叶片脱落。夏季生长快,需水较多,应每隔 2～3 d 浇一次水，并注意每天定时向叶面喷水，春、秋季 4～5 d 浇一次水。冬季温度较低，应保持盆土适当干燥，较干时再浇水，如浇水过多，易引起根部腐烂，导致植株死亡。

马拉巴栗长势强，生长迅速，需肥较多。除在盆土中施基肥外，每 1～2 个月追肥一次，以有机肥或复合肥为宜。在生长旺盛季节忌用氮肥，以防徒长，要多施磷、钾肥，或追施腐熟饼肥。

播种繁殖出的幼苗，上盆时可 3～5 株同栽一盆，将其编成不同的造型，常见的三枝编、五枝编等造型奇特，枝干高低错落，叶片层次分明有致，提高了观赏价值。嫁接苗一般每株接 3 芽，当 3 个芽长成枝条后，将其编成三枝编造型。

马拉巴栗每年修剪一次。修剪一般与换盆结合进行，将株形较松散的植株进行重新修剪，要剪去顶生弱枝，同时应及时去除黄化叶，以免影响观赏效果。

八、绿萝

绿萝又名黄金葛、魔鬼藤，为多年生常绿藤本植物。原产于亚洲马来半岛和南美巴西一带的热带雨林。绿萝作为一种耐阴观叶植物，十分适合于室内栽培、观赏。

（一）生态习性

我国南北均有栽培。绿萝性喜温暖怕寒冷，生长适温为 20～28 ℃，秋末、冬季、早春要注意防寒防冻，越冬温度宜在 10 ℃以上。喜多湿和半阴环境，宜在有足够散射光的明亮处养护。对土壤要求不严，但以疏松、肥沃而又排水良好的微酸性沙质壤土为好。

（二）繁殖技术

多用扦插繁殖。一般在春、秋季节选取叶色亮丽、叶质肥厚、生长健壮的一年生枝条，剪取长约 15 cm 茎段，带有 2～3 节作插穗，插入素沙中，深度为插穗的 1/3，浇足水放置在荫蔽处，或对扦插苗床进行遮阴。每天向叶面喷水两次，经常保持土壤和空气湿润，在温度 25 ℃以上和半阴的环境中，15～20 d 即可生根、长叶。

绿萝也可用水插法进行繁殖，将插穗插入水中，待生根后定植。

（三）栽培管理

绿萝的盆土宜选用腐叶土 3 份、园土 3 份、河沙 3 份、厩肥 1 份混匀配制而成的培养土。当扦插繁殖的绿萝幼苗地下部分根系长至 5 cm 左右，地上部分嫩芽长至 5～7 cm 时，即可直接上盆种植。可用釉盆，每盆呈三角形种植 3 株小苗。上盆后置通风荫棚内，每天喷雾水 3～4 次，并保持盆土湿润。待幼苗恢复生长后即可转入正常的养护管理。幼株每年换一次盆，成株可每隔 1～2 年换一次盆。

绿萝喜湿，春、夏、秋应保持盆土湿润，盆土过干叶片易发黄，但浇水过多造成积水，会导致烂根枯叶。一般春季、晚秋每 2～3 d 浇一次水，夏季每天浇一次水，并经常向叶面和四周地面喷水。冬季应控制浇水，盆土表面见干才浇水。浇水过多，盆土过湿，会降低抗寒能力，造成黄叶、烂根。冬季可每 3～5 d 用温水喷洗一次叶片，以保持叶片光亮翠绿。

绿萝生长较快，在生长季节需加强追肥。追肥应以氮为主，氮、磷、钾肥配合施用。可用 0.1%的尿素和 0.3%～0.5%的磷酸二铵液肥追施，或用 0.1%～0.2%的尿素和 0.1%的磷酸二氢钾液肥配合施用，也可追施 15%～20%的腐熟饼肥液。春至夏初每 10～15 d 追施一次，夏至秋初每 20 d 左右追施一次，秋季每 10～15 d 追施一次，冬季不向盆土追肥，只需每 20～30 d 用 0.1%～0.2%的尿素液喷施叶面，以使叶片青翠光亮。

绿萝忌阳光直射，应在半阴或散射光条件下养护，因此，绿萝可常年在室内培养。春、夏、秋三季可摆放在北或东面窗口，冬季摆放在南面窗口。在室外培养绿萝，切忌阳光直射，可置于通风良好的荫棚内，荫棚透光率以50%左右为宜。

为了更好地提高绿萝的观赏效果，应对其进行适当的造型。

(1)柱型　在花盆的中央竖立约1 m高、直径5 ～6 cm的木棒或竹竿作柱子，柱子外绑裹棕皮。在柱子四周栽3～5株扦插生根后植株大小相近的绿萝，以便较快成型。随着绿萝的生长，要及时对其茎蔓进行引导，以使茎节上的新发气生根吸附在柱子上。

(2)下垂型　在盆中栽植2～3株绿萝，悬吊、摆放在花架上或室内高处。随着生长，茎叶沿盆口下垂。对枝蔓进行修剪，让其萌发新枝，以使株形更加丰满。

任务六　兰科盆花设施栽培

兰花广义上是兰科花卉的总称。兰科是仅次于菊科的一个大科，是单子叶植物中的第一大科。有悠久的栽培历史和众多的品种。自然界中尚有许多有观赏价值的野生兰花有待开发、保护和利用。兰科植物分布极广，集中分布在热带和亚热带，主要有中国兰和洋兰两大类。

中国兰指原产我国、日本及朝鲜的地生兰，其被列为中国十大名花之首。因在我国具有悠久的栽培历史，所以称为中国兰。

洋兰主要是对中国兰以外兰花的称呼。它的种类很多，如卡特兰、蝴蝶兰、大花蕙兰、石斛兰、文心兰、兜兰、万代兰等。洋兰花朵硕大、花型奇特多姿、绚丽；花期可达3个月左右；栽培介质不是土壤而是树皮、苔藓等，很少发生病虫害，因此成为近年来深受人们喜爱的盆栽花卉。

一、中国兰

中国兰花又名兰花、地生兰、兰草，为多年生宿根草本观赏植物。原产我国，以云、贵、川、藏分布较广，是我国传统名贵观赏植物，也是世界名花。

人们历来把兰花看作高贵、典雅的象征，并与梅、竹、菊合称“四君子”。兰又以清香淡雅与菊、水仙、菖蒲并称“花草四雅”，而兰花居四雅之首。兰花朴实无华，叶色常绿，叶质柔中有刚，花幽香清远，有极高的观赏价值，是陈列客厅、居室或点缀书房、门厅之珍品。

中国兰按照花期，分为以下四类：

(1)春兰　又名草兰，春季开花；花单生或双生，淡黄绿色，也有近白色及紫色的品种，香味清幽；花期2～3月；依花瓣可分为荷瓣型、梅瓣型、水仙瓣型、蝴蝶瓣型及素心瓣型等五种花型。春兰的名贵品种很多，常见的有绿云、宋梅、万字、逸品、瑞梅、春一品等。

(2)蕙兰　又名夏兰、九节兰，夏季开花。总状花序着花5～13朵，淡黄色，唇瓣白色，上具红紫色斑点；花期4～5月。名贵品种有大一品、程梅、荣梅、荡字、东山梅等。

(3)建兰　又名秋兰，秋季开花。总状花序着花6～12朵，淡黄绿色至淡黄褐色，上具暗紫色条纹，香味浓，花期7～9月。名贵品种有银边建兰、温州建兰、宝岛仙女、金丝马尾等。

(4)墨兰　又名报岁兰，冬季开花；花茎高约60 cm，着花5～10朵，花色深，花瓣上具紫褐色条纹，香味淡，花期冬季至早春；名贵品种有小墨、徽州墨、落山墨、云南白墨等。

(一)生态习性

性喜温暖、湿润的气候，喜阴湿，要求遮光度为70%～90%，忌高温、干燥和强光。喜阴，种类不同,生长季节不同,对光的需求也不同。一般冬季光照要充足,夏季要遮阴。生长期空气相对湿度要求在70%以上,休眠期一般要求在50%左右。比较耐旱,土壤水分不宜过多,土壤积水易烂根,甚至死亡,因而有“干兰湿菊”的说法。栽培基质宜用富含腐殖质、疏松透气、排水良好、pH为5.4～6.4的酸性土。要求空气清新、无污染、通风良好的栽培环境。

(二)繁殖技术

兰花多采用分株繁殖和组织培养繁殖,培育品种采用播种法。

1. 分株繁殖

分株在春秋两季进行,因种类而不同,冬春季开花的种类宜在秋末分株;夏秋季开花的种类应在早春萌芽前进行。一般每隔2～3年分株一次。分株前要减少浇水,使盆土适当干燥。分株时用手握住盆,轻轻将母株从盆内磕出,除去泥土,剪掉腐败的根叶,然后用清水洗净,放置阴处晾3～5 h,待浮水消失,根发白变软、略有皱缩时,再用利刀在假鳞茎间切开,切口处涂以草木灰防腐,阴干后立即栽植。分株操作时要细心,防止碰伤叶芽和肉质根。上盆后放于阴处,待恢复生长后再转入正常管理。

2. 组培快繁

近年来,我国已利用组织培养技术大量进行兰花生产,除中国兰外,如蝴蝶兰、大花蕙兰、石斛兰等洋兰也较多地应用此技术快速繁殖。

(三)栽培管理

栽培设施以兰棚为主,配备有遮阳、挡雨、通风降温、喷雾等设备,并且冬季可保温。冬季温度低的地区需有温室和加温设施,还要有良好的排水和灌溉系统,还应设置放兰盆的木制或铝合金台架,以利于盆底通风和防止病虫从盆孔侵入。

兰花栽培环境应通风良好、空气湿润、无污染。花盆要选择高盆,上粗下细,具有多个排水孔,或盆壁设有排水孔,花盆本身也应具有观赏价值。

由于兰花生长较慢,可每隔1～2年在花谢后换盆一次。上盆时先在盆底填入碎瓦粒、炉渣等,约3 cm左右,以利于排水。然后,放入一层培养土,再将兰苗放入盆中央,把根理直,让其自然舒展。填土到一半时轻提兰苗,同时摇动花盆,使土与根紧密结合。栽好后浇透水放阴凉处,每天上午、下午各喷水一次,7～10 d后移到阴凉处养护。

兰花用土应以腐殖质为主,主要采用腐叶土或山林腐殖土。在南方用原产地的腐殖土,俗称兰花泥;也可用腐叶土、蛭石、珍珠岩等,人工配制成疏松、通气、透水的培养土。一般采用腐叶土8份、河沙2份混合成培养土,或用腐叶土7份、珍珠岩2份、河沙1份混合成培养土,或用腐叶土(草炭土)6份、堆肥土3份、河沙1份混合成培养土。以上所配培养土均呈微酸性。

北方盆栽兰花,霜降前后气温降到5 ℃时移入室内,入室初期要经常开窗,保持空气流通。谷雨以后搬到室外养护。兰花生长适宜温度为16～24 ℃,冬季室内温度一般要求比较低,白天在10～12 ℃、夜间在5～10 ℃为宜,冬季温度、湿度不能太高,夏季温度不超过30 ℃。

兰花喜阴,怕强光直射,因此春、夏、秋三季都要遮阴。家庭养兰花,为控制光量,最好放在设有竹帘遮阴的阳台上或屋檐下,一般上午9时至下午6时前进行遮阴,早晨和下午6时后拉开帘子,使其接受散射光。冬季移入室内可见散射光处,但也应避免阳光直射。兰花耐阴程度以墨兰最强,建兰次之,而春兰及蕙兰则耐阴性较弱。

兰花浇水应润而不湿,干而不燥,水既不能多也不能少,并应做到秋不干、冬不湿。冬季气温低,植株处于休眠状态,应控制浇水,一般可每隔5～7 d浇一次水,但冬季开花的墨兰,在冬季需要浇较多水；春秋两季每隔 2～3 d 浇一次水；夏季气温高，又是兰花生长旺盛期，一般每天浇 1～2 次。浇水时要注意防止水点溅在叶片上，以免出现黑色斑点，影响观赏效果。兰花生长期间应经常注意向叶片上喷水，夏季还需向花盆周围地面上洒水，增加空气湿度，以利于兰花的生长发育。兰花浇水，以雨水、雪水为最好，如用自来水，应存放 2～3 d 再使用。

兰花施肥，一是在培养土中施入基肥，二是生长期追肥，追肥多用液肥或叶面肥，浓度必须比其他花卉低。兰花每年换一次培养土，生长期间可少施追肥。一般在生长季节可追施充分腐熟的 15%左右的稀薄饼肥水，或 0.1%的尿素加 0.2%的磷酸二氢钾溶液，每 15～20 d 施一次。开花前至开花期可向叶面喷施 2～3 次 0.2%的磷酸二氢钾溶液或草木灰水，以促进根、茎、花的发育。兰花具肉质根，不可施未经腐熟的肥料，以免烂根。

二、蝴蝶兰

蝴蝶兰又名蝶兰，为多年生常绿附生草本观赏植物，其花朵形似蝴蝶。主要生长于热带、亚热带雨林高温多湿的环境中。蝴蝶兰品种繁多，花型和花色富于变化，花姿美丽，深受人们的喜爱，因此是世界上栽培最广泛的洋兰。

(一)生态习性

喜暖怕寒、喜湿怕旱。适宜温度为 18～28 ℃，白天 25～28 ℃，夜间 18～20 ℃，温度过低，分化的花芽易腐烂；冬季在 15 ℃以上可安全越冬。空气相对湿度要保持在 60%～90%，适宜的相对湿度为 70%～80%。

蝴蝶兰喜半阴的光照条件，其在原产地多附生于大树上或湿石上。在人工栽培环境下，一般可用遮光度 50%～60%的黑色遮阳网。蝴蝶兰属于短日照观赏植物，为了促进花芽分化，促使其开花，可只遮光 30%或将其放于全日照环境下栽培，相对湿度须保持在 95%以上。若长期置于遮光 80%以上的荫蔽环境下，只长叶而不开花。

蝶兰生长周期长，在自然界，由小苗至开花需要 3～4 年的时间；在良好的人工栽培条件下，可利用灯照延长每日受光至 14 h，将晚间温度维持在 21 ℃左右，并加强水肥管理，这样可缩短小苗至开花的时间。从小苗至开花需 1～2 年的时间。蝴蝶兰多数品种于春季开花，也有夏季开花的。每朵花可开放 1 个多月，可连续观赏 60～70 d。

(二)繁殖技术

蝴蝶兰属单轴型兰花，不会自根部产生蘖芽而长出子株，因此不能分株繁殖。但若生长环境适宜，其花梗的节上会长出高芽。待这些高芽生根后便可切下另盆栽植。现在生产上主要采用花梗切段进行组织培养的方法来大量地进行快速繁殖。

(三)栽培管理

蝴蝶兰的栽培需兰室和兰棚两种必要设施。兰室即温室，具备调节光照、遮阳、增温增湿、通风、灌溉等设备，能控制温度、光照、湿度和通风。蝴蝶兰的温室属于热温室，夏季白天温度为 22～29 ℃，夜间为 18～22 ℃，冬季白天为 16～18 ℃，夜间不低于 14 ℃。兰棚是夏秋季节培养蝴蝶兰的设施，即防雨遮阴的塑料大棚，主要防烈日暴晒和暴雨冲袭。

微课 5-6　蝴蝶兰的养护

兰室和兰棚内都要搭建台架，一是有利于通风透气，二是防止花盆放在地面上引起病菌感染，夏季放在水泥地上会因反射热使植株受害。

蝴蝶兰要求排水良好、通风、透气并具有一定保水性能的基质。常用的基质有苔藓、蕨根、树皮、木炭、陶粒等。换盆应选在生长期的夏季进行，方法是先将植株倒出，清除旧的栽培基质，并剪去老化和腐烂的气生根，然后在新盆底先放上一层木炭粒，放入植株，填入新基质，压实浇透水即可。换盆时间应视栽培基质而定，用水苔或树皮作基质，栽培1～2年要换盆一次，用椰子壳可2～3年换盆一次，用陶粒或木炭栽培可3～5年换盆一次，但要勤施薄肥，以弥补这些基质不含或少含养分的不足。

蝴蝶兰对水质要求较高，喜微酸性水，pH为5.4～6.0。浇水遵循“不干不浇，浇则浇透”的原则，注意干湿交替。可通过观察栽培基质的颜色和用手指直接触摸基质来了解其干湿状态，以决定是否浇水。若基质颜色变白(或变浅)，则说明较干，反之则较湿。只要手指感觉基质仍有潮气就不一定要浇水。如遇雨淋或浇水过多，极易造成腐烂。浇水时应尽量避免溅湿叶片，尤其是冬季，否则容易引起烂叶。如果叶面滞留水分，应立刻用干布或干纸擦干或吸干，春夏季生长期间应每天浇水一次，喷雾2～3次；秋冬季随着温度的降低，浇水量也要逐渐减少，2～5 d浇一次水，并停止喷雾，保持盆土稍湿即可。

家养蝴蝶兰，如遇天气干燥而湿度不足时，可每天定时喷雾2～3次。在冬季，当温度下降至15 ℃以下时，可不用浇水，只需每天下午气温转高时喷雾一次即可。

施肥一般以化学肥料为主。常用的有磷酸二氢钾、磷酸二铵及兰花专用肥，施用浓度为0.1%～0.2%，在生长旺季5～7 d追施一次，生长缓慢季节20～30 d追施一次，冬季气温下降至15 ℃以下时停止施肥。在栽培过程中，根据生长期不同，对肥料的种类及其比例要求也有所不同，氮、磷、钾的比例，中小苗营养生长阶段为1∶1∶1，大苗和开花株为1∶1.5∶4。

夏季是蝴蝶兰的旺盛生长时期，但要注意遮光度为50%～60%，防止叶片受灼伤。秋季的阳光照射也比较强烈，因此，至9月遮光度仍需为50%，10月以后方可拆除遮光材料。

蝴蝶兰开花需进行花期调控与花期管理。

(1)花期调控　春节是蝴蝶兰的消费旺季，而蝴蝶兰的自然花期在3～4月，因此，需对蝴蝶兰进行促成栽培。蝴蝶兰在夜间温度降至18 ℃以下约5 d后可形成花芽。植株较小的品种，可选择在8月份运到海拔800 m以上的山区，以促进其继续生长。植株较大的品种，可在9月份上山，一般经历1～2个月的花芽孕育期，于10月下旬下山较为适宜，以避开此时山上10 ℃以下不利于蝴蝶兰生长的夜间低温，保证能够在春节准时开花。一般当花茎长到10 cm左右时结束低温处理，否则会延迟开花。下山后再进入温室培育，保持白天温度在28～32 ℃，夜间温度在18～20 ℃，3～4个月后可于春节准时开花。另外，短日照与早停止施肥也有利于蝴蝶兰花芽的分化。

(2)花期管理　蝴蝶兰花序长、花朵大，易倒伏，并且整个花序的花期长，当花茎抽出后，要用铁丝等作支架进行临时支撑，防止花茎折断。捆扎时必须注意的是，不能一次性地把花茎固定好，而要分几次逐步进行。当花蕾长大后，要设置蝴蝶兰专用的正式柱，将支柱根据花茎的弯曲度弯成弓形，把花茎贴着支柱从多处固定，做成各种造型。

待花朵完全凋萎之后，原则上要将花茎从基部剪掉，特别是小植株或组合在一起的栽培植株，不要让其二次开花，以免消耗养分而影响来年再度开花。但对于有5片叶以上的健壮植株，可留下花茎下部3～4节，以后会从最上节抽出花茎，二次开花。

三、大花蕙兰

大花蕙兰是由兰属植物喜马拉雅种群中的13种大花原种经杂交选择培育出来的。大花蕙兰叶长碧绿，花姿粗犷，豪放壮丽，是世界著名的“兰花新星”，它既有中国兰花的幽香典雅，又有热带兰花的丰富多彩，花朵大，花色多，深受人们喜爱。若栽培环境适宜，大花蕙兰开花寿命可达 10 年以上。

（一）生态习性

喜温暖、凉爽、湿润、半阴、通风良好的环境条件。生长适温为 15～25 ℃，低于 10 ℃或高于 35 ℃则进入休眠状态。越冬温度以不低于 10 ℃为好。多数品种在昼夜温差为 10～15 ℃及以下时，花芽分化可顺利进行。与其他兰花相比，大花蕙兰较喜光照，但不能受阳光直射，小苗遮阴 70%～80%，大苗遮阴 60%，深秋之后宜多见光，以利于花芽分化、孕蕾开花。

大花蕙兰需要较高的空气湿度和充足的水分，小苗适宜的空气相对湿度为 80%，水的 pH 以 5.4～6 为宜，在生长旺季应保持基质湿润，并常给植株及根部喷水。花后有一段休眠期，要少浇水。大花蕙兰是各种兰花中最喜肥的一类。

（二）繁殖技术

一般可用分株法繁殖，春天新芽开始萌动时，是分株的适宜时期。分株后的新株应有 3 个以上的假鳞茎，分切后，待伤口晾干再进行盆栽，正常植株可 3 年分株一次。分株时刀具应消毒，以免引起病毒感染。分株后的盆栽大花蕙兰，应置于温暖潮湿的环境下，直到其新芽伸出土面时，便可按正常方法进行管理。

生产上优良品种的大量繁殖和生产，一般以茎尖作外植体进行组培繁殖。

（三）栽培管理

大花蕙兰的栽培设施同蝴蝶兰，也需兰室和兰棚两种必要设施以及台架等必要设备。栽培大花蕙兰的温室属于凉温室，夏季白天在 16～20 ℃，夜间在 13～16 ℃；冬季白天在 13～16 ℃，夜间在 2～6 ℃。我国西南地区及华南地区可长年在兰棚内培养，不需要兰室。长江流域及以北地区通常 4 月底至 5 月初搬至室外荫棚下栽培，10 月初移入温室内越冬。北方地区，秋末至早春利用日光温室做适当的加温也可栽培大花蕙兰。

大花蕙兰可采用蕨根、泥炭、苔藓、树皮、木炭块、碎砖块等作栽培基质。植株过大时应进行换盆或分株上盆，以促进生长和开花。上盆或换盆宜在开花后或早春新芽刚萌发时进行。换盆前需将植株从旧盆中倒出，剪去烂根黄叶，清除旧基质，然后在新盆底放一层碎瓦或碎砖，将植株放入盆内，填入新基质，用手压实浇透水即可。

大花蕙兰是需要水分较多的观赏植物，尤其在夏季，水分一定要充足，可向叶面喷水，以降温和提高湿度。大花蕙兰膨大的假鳞茎有蓄水的作用，因此具有一定的耐旱性。但如果浇水不足，膨大的假鳞茎就会皱缩，并会影响正常的生长。此外，开花期间应减少浇水，否则花朵会出现褐斑。

大花蕙兰需肥较多，养分不足，叶片黄化脱落，花朵变小。因此，要加强施肥。在生长旺盛期应 10 d 左右追一次稀薄肥水。在幼苗期和低温季节，应少施或不施有机肥，可用比例为 7∶6∶19 的氮磷钾复合肥进行叶面喷肥，效果很好。春夏季应每 5～7 d 施肥一次，秋季每 10～15 d 施肥一次，在冬季可停止施肥。春夏季生长期，以氮、磷、钾含量相等的标准肥料稀释成 1 000 倍液追施。秋季应多用钾肥，如磷酸二氢钾，可稀释 800～1 000 倍喷施。

大花蕙兰通常在 11 月份就会伸出花茎，当花茎长到 20 cm 长时，要设置花茎支柱。因为这时的花茎特别容易折断，所以在设置支柱时要格外小心，不要靠得太近，绑扎也不能太紧。支柱与花茎之间用简易“8”字结固定，这样不会影响花茎的生长。所打的结要根据花茎的生长速度及时调整。

四、文心兰

文心兰又名舞女兰、跳舞兰、金粉蝶兰，为多年生常绿草本花卉。因其花型美观，像小姑娘跳舞，因此有“跳舞兰”之称。文心兰原产美洲的巴西、秘鲁、墨西哥等热带地区。文心兰花繁叶茂，一枝花茎着生几十朵，极富韵味，花期长，深受人们喜爱。适合盆栽摆放于居室、窗台、阳台，还是良好的切花材料。

(一)生态习性

厚叶型(或称硬叶型)文心兰喜温热环境，生长适温为 18～25 ℃，冬季温度不低于 12 ℃；薄叶型(或称软叶型)和剑叶型文心兰喜冷凉气候，生长适温为 10～22 ℃，冬季温度不低于 8 ℃。文心兰喜湿润和半阴环境，除增加基质湿度外，增加空气湿度对叶片和花茎的生长更有利。硬叶型品种耐干旱能力强，冬季长时间不浇水不发生干死现象。规模化生产需用遮阳网，以遮光率 40%～50%为宜。

(二)繁殖技术

文心兰常用分株和组织培养繁殖。分株繁殖可在春、秋季进行，在春季新芽萌发前结合换盆进行分株最好。将带 2 个芽的假鳞茎剪下，直接栽植于水苔的盆内，保持较高的空气湿度，很快恢复萌生新芽和长新根。

组织培养繁殖时，可选取文心兰基部萌发的嫩芽为外植体，约 100 d 分化出的植株长出 2～3 片叶，成为完整幼苗。

(三)栽培管理

文心兰浇水不用太勤，如盆土太湿易造成烂根。要有防雨设施，遇雨季宜少浇水，以防烂梢烂茎；闷热的夏季要求通风良好，每天清晨浇水，保持稍湿状态，并向地面洒水，以降低气温。入冬后进入休眠期，应减少或停止浇水。

文心兰吸肥能力较好，5～10 月为其生长旺盛期，每月喷施 0.2%的复合肥液 2 次，每 10 d 喷施一次 0.1%磷酸二氢钾液肥，休眠期停止施肥。施肥切忌施浓肥，更不可泼施人、畜粪尿。

文心兰喜半阴环境，除冬季需充足阳光不用遮阴外，其他季节均需适当遮阴。

换盆可结合分株繁殖在花期过后进行，2～3 年分一次。未开花植株在萌芽前进行，这样有利于文心兰新根生长。文心兰常用基质为碎蕨根 40%、泥炭土 10%、碎木炭 20%、蛭石 20%、水苔 10%。

拓展知识

蝴蝶兰的组织培养

1. 外植体选择与处理

选取生长健康、无病虫害的蝴蝶兰植株的茎段、叶芽，用流水冲洗 30～60 min，放入 10%～20%的次氯酸钠溶液中灭菌 15～25 min，用无菌水冲洗 3～5 次。

2. 培养基与培养条件

初代培养基为 MS，继代培养基为 MS＋NAA 0.2 mg/L＋BA 2.0 mg/L，壮苗培养基为

MS+NAA 0.5 mg/L+BA 1.0 mg/L+椰汁 200 mL/L，生根培养基为 1/2 MS+NAA 0.2 mg/L+IBA 1.5 mg/L+活性炭 3 g/L。上述培养基中均加入蔗糖 30 g/L、琼脂粉 5 g/L。培养室温度 22～28 ℃，光照 10～12 h/d，光照强度 1 800～2 000 lx。

3. 培养方法

将灭菌后的外植体接到 MS 培养基上，于无菌室培养 4～6 周；当无污染外植体产生原球茎时，在无菌条件下将原球茎切成小块，转接入继代培养基中进行增殖培养，4～6 周后，进行下一次分割转接，可根据实际需要确定继代次数，原球茎可数倍增长。不需要继代的原球茎转接到壮苗培养基中，当原球茎发育成丛生小植株时，转入生根培养基中，培养至小苗生根，适时出瓶，准备驯化移栽。

4. 无菌苗驯化移栽

在过渡培养间内，打开生根苗瓶盖半敞开，使瓶内与室内的空气流通，1～2 d 后撤去瓶盖，保持约 1 d。从瓶里取出小苗，清洗小苗根部的培养基，尽量使根不受到伤害。珍珠岩作基质，倒入苗盘中浇透水，栽植后，放于遮阴处，遮光率约 50%，温度 18～28 ℃、相对湿度 80%～90%，经 4～6 d 逐渐放到有散射光的地方，避免阳光直射，过强的光线能延缓小苗的成长，刺激蒸腾作用加强，容易引起大量死苗。待小苗扎根，喷浇浓度较低的营养液（磷酸二氢钾+尿素，浓度为 0.1%～0.2%）或 1/2 MS 的母液。当小苗长至约 4 cm 高、具 3～4 片叶时即可上钵移栽。

任务七　木本观花盆花设施栽培

盆栽木本花卉是指耐寒性较弱，可观花、观叶或观果的木本植物，通常具有翠绿的枝叶、优美的花型、鲜艳的花色或浓郁的花香。盆栽木本花卉种类繁多，原产地不同，生态习性各异，从幼苗栽植到开花需要较长时间，但条件适宜时每年都能开花；随植株逐年生长，不断长高、分枝和增粗，每年应进行必要的整形和修剪。

一、西洋杜鹃

西洋杜鹃也称比利时杜鹃、西鹃，为多年生常绿或落叶木本花卉，其体形矮壮，树冠紧密，花朵为重瓣，花大，花色丰富，可于寒冬腊月开花，在春节市场受到消费者青睐。

（一）生态习性

西洋杜鹃系皋月杜鹃、映山红与毛白杜鹃反复杂交而成。喜温暖、湿润和阳光充足的环境。不耐寒，怕炎热和强光暴晒。土壤以疏松、肥沃和排水良好的酸性沙质壤土为好。生长适温为 12～25 ℃，在 0～4 ℃时处于休眠状态。

（二）繁殖技术

可扦插、压条、嫁接和播种繁殖，生产上多用扦插和嫁接。

1. 扦插繁殖

作为商品生产的西洋杜鹃，只要有插穗，一年四季均可扦插，但以春、夏、秋三季为佳，尤其是 5～6 月和 8～9 月，生根快，成活率高，生长势强。插穗选当年生半木质化枝条，长 6～10 cm，在节下平剪，修平毛头，剪去基部 2～3 片叶，留下顶端叶片并剪去一半，插于腐叶土或河沙的插床中，插入深度为插穗的 1/2～2/3，插后压实，遮阳并喷水，使插穗始终保持新鲜。

高温季节要增加地面和叶面喷水次数。经 60～70 d 逐渐生根，生根后要及时移栽。移栽苗床撒施适量缓释复合肥或追施薄肥，使小苗逐步壮实，10 月下旬即可上盆。用吲哚丁酸（0.2～0.3 g/L）或萘乙酸（0.5～1.0 g/L）溶液浸蘸插穗基部 1～2 s，可提高生根率。

2. 嫁接繁殖

砧木采用二年生的独干锦绣杜鹃，采用嫩枝顶端劈接法，也可将几个品种的接穗同时嫁接在同一砧木的枝条上，可大大增强观赏性。一年四季均可嫁接，以 5～6 月最佳。

（三）栽培管理

西洋杜鹃培养土常用山泥土混合腐叶土再加适量粗沙制成，也可用松针腐叶土加适量粗沙混合而成，要求 pH 在 4.5～5.5。

西洋杜鹃喜温暖而凉爽的气候，最适生长温度为 15～25 ℃，超过 30 ℃或低于 5 ℃生长停滞，超过 35 ℃或低于 0 ℃有死亡的危险。

西洋杜鹃性喜半阴，在烈日下嫩枝易灼伤。北方地区自 5 月份开始就应对其遮阴 50%左右，初秋后逐渐增加光照，冬季应多见光，过阴不利于花蕾的发育和开放。

西洋杜鹃喜较高的空气湿度，应经常向地面洒水，向植株上喷水。春秋成长期，见干即浇，保持盆土偏湿润，以不积水为度，盛夏和严冬盆土稍润不干即可，但冬季开花的品种开花时宜稍湿润些。北方浇水时宜常在水中加 0.1%的硫酸亚铁使水质呈微酸性，以利于西洋杜鹃生长。

西洋杜鹃喜肥，但由于其根系细密纤弱，不耐浓肥，应薄肥勤施。春秋季生长旺盛期每 10～15 d 施 1 次稀薄液肥。为促使枝叶生长，生长期应以氮肥为主。秋末可在盆面施有机肥，以增强植株抗寒能力，且利于花蕾发育，盛夏、严冬和花期停止施肥。

西洋杜鹃的早、中花品种易出现叶芽与花蕾同长，致使花蕾因缺营养萎缩脱落，应将花蕾旁的叶芽用手轻轻掰掉，花后会重新发芽，不影响生长，如花蕾过多，也要疏掉一些，每一小枝留一蕾即可。花后要带蒂将残花全剪掉，以免消耗养分。

欲使西洋杜鹃具有较高的观赏价值，还须修剪整形。于 6 月下旬至 7 月上旬，新枝已半木质化时将过长枝剪短，内膛枝、细弱枝全剪，过密枝疏剪，以利于通风透光。每年花谢后翻盆换土一次，去掉 1/3～1/2 的旧土。

二、八仙花

八仙花又名绣球、斗球、草绣球、紫阳花等，为常绿亚灌木。八仙花花序硕大成球，花色初开为青白色，渐转粉红色，再到紫红色，开花时节，花团锦簇，观赏期长，是极好的观赏花木。

（一）生态习性

八仙花喜温暖湿润的半阴环境，不耐旱，不耐寒，喜肥，需水量较多，但忌湿渍积水。在疏松肥沃、透气性好的酸性土壤（pH 4～4.5）中生长良好。土壤的酸碱度对八仙花的花色影响很大，土壤为酸性时，花呈蓝色；为碱性时，花呈红色。八仙花对二氧化硫等有害气体抗性较强。生长适温为 18～28 ℃，冬季不低于 5 ℃。

（二）繁殖技术

八仙花很容易成活，可用扦插或分株法进行繁殖。

1. 扦插繁殖

在温室内一年四季均可扦插，一般在 5～6 月，结合早春修剪及花后整形进行。选择半木质化无病虫害的枝条，每段长 10～15 cm，保留 2～3 个节和顶部 1～2 片叶，插于河沙或蛭石为基质的苗床或浅盆中，适当遮阳。保持基质湿润，勤喷水以保持空气相对湿度在 80%～90%，20 d 左右开始生根。以后逐渐减少喷水次数，增加光照，1 个月左右即可移栽。

2. 分株繁殖

宜在早春植株萌发前进行，可根据母株长势将其分开成数株，剪除朽根和过长根，移植于事先准备好的盆中进行培育管理，同时进行修枝。

(三)栽培管理

盆栽八仙花通常采用腐叶土、田园土、河沙、腐熟的有机肥料按 3∶3∶2∶2 的比例配制的培养土；也可用泥炭、珍珠岩、有机肥以 6∶2∶2 的比例配制，注意要彻底杀菌消毒。繁殖的幼苗生根后要及时上盆，一般根长 3～5 cm 时上盆最为适宜。

八仙花喜光又耐阴，但阳光直射会造成叶片灼伤。通常生长期需遮光 50%～60%，花序透色后也要根据环境适当遮光，以免花色变淡，失去光彩。但过于荫蔽的环境会使花朵的颜色变淡。冬季养护需全日照环境。八仙花不耐高温，高温会使植株生长缓慢、矮小、花色淡化，降低品质。花蕾现色后，温度保持在 10～12 ℃，可提高花色，并能起到延长花期的作用。

八仙花叶片肥大，枝叶繁茂，需水量较多，在生长季节，必须及时浇水，尤其在夏季，除浇足水外，每天或隔天还要向叶面喷水 1 次，同时必须遮阳降温减少蒸腾，保持 60%以上的空气相对湿度。八仙花为肉质根，水分过多易烂根，故浇水不宜过量，室外养护的雨后要及时倒掉盆内积水。9 月以后，天气渐凉，要逐渐减少浇水量。

八仙花喜肥，生长期间每半月施 1 次腐熟的稀薄饼肥水。生长前期氮肥要多一些，花芽分化和花蕾形成期需磷、钾肥多一些。为使盆土经常保持酸性，可在每 50 kg 液肥中加 100 g 硫酸亚铁浇灌，同时经常浇矾肥水，可使植株枝繁叶绿。孕蕾期增施 1～2 次磷酸二氢钾，能使花大色艳。花蕾透色后应停止施肥，否则花期会明显缩短。霜降前移入室内，室温保持在 5 ℃左右，促其休眠。入冬前，要摘除叶片，以免烂叶。从 12 月中旬开始，陆续移到向阳处，翌年谷雨后出室。

一般在扦插苗成活后，新梢长至 10～15 cm 高时，即可做摘心处理，促进下部腋芽萌发分枝；待新枝长至 8～10 cm 时，进行第 2 次摘心。一般在两年生的壮枝上开花，开花后应将老枝剪短，保留 2～3 个芽，以免植株长得过高，并促生新梢。秋后剪去新梢顶部，使枝条停止生长，以利于越冬。以后每年早春 3 月，应从基部剪去病虫枝、纤弱枝，只保留强枝，并对强枝进行短截(每枝留 2～3 个芽)，促发新枝，使之开花繁茂。八仙花花头过大，还应及时设支架绑扎，这样既可保持植株挺立，又能使植株显得丰满。盆栽八仙花，一般每年要翻盆换土 1 次。

三、山茶

山茶别名华东山茶、川山茶、耐冬，为常绿灌木或小乔木。山茶是中国传统木本名花，是盆栽花卉中的精品。

(一)生态习性

性喜温暖湿润及半阴的环境，畏烈日，过冷、过热、干燥、多风均不宜。需疏松、肥沃、腐殖质丰富、排水良好的酸性土壤，pH 5～6 为宜。冬季虽可耐 0 ℃以下的低温，但一般盆栽时，冬季夜间温度不宜低于 3 ℃，白天温度可稍高，但不可超过 10 ℃。开花时期的适宜温度为白天 18 ℃左右，夜间应在 10 ℃以下。在每天光照 8～9 h 的短日照条件下，开花良好。

(二)繁殖技术

常用播种、扦插、压条及嫁接等方法繁殖。播种繁殖一般只用于繁殖砧木和培育新品种。

1. 扦插繁殖

一般在4～6月进行,采取2年生枝条,长5～10 cm,上端留顶芽及侧芽各1个,仅留2～3枚叶,扦插于素沙或珍珠岩的室内苗床上,扦插盆可放于荫棚下,经常保持湿润,30～60 d生根。扦插苗到第二年春季可抽生新枝。

2. 压条繁殖

采用高枝压条法,通常5～10月进行,选健壮的一年生枝条,环状剥皮,宽0.5～1 cm,伤口可用塑料袋填腐叶土包扎,保持湿润,2个月后生根,剪下上盆。

3. 嫁接繁殖

在每年4月上旬用实生苗作砧木,接穗以2～3年生、长30～40 cm的枝为宜。靠接适期在5～6月。接后100～120 d砧木与接穗可完全愈合,即可与母本剪离。

(三)栽培管理

盆栽山茶常用直径15～20 cm的盆,盆土最好在田园土中加入1/3～1/2的松针腐叶土。山茶根系脆弱,移栽时要注意不伤根系。上盆时间以冬季11月或早春2～3月为宜。植株新上盆时,水要浇足,以盆底透水为度。生长期给予充足水分,保持较高的空气湿度,叶面应经常喷水。夏季宜在荫棚下,如置于室内,须保持阴凉及通风。

浇水不可用碱性水。北方土壤多偏碱性,而井水、河水也呈碱性,如山茶花因缺铁,生长不良,可用矾肥水与清水间浇,以供给其生长发育所需的铁元素,植株得以正常生长。通常冬季不浇矾肥水。

花后换盆,盆土用壤土与腐叶土或泥炭土等量混合,并加入少量河沙。不需马上施肥。入夏后茎叶生长旺盛期,每半月施肥1次,9月现蕾至开花期,增施1～2次磷钾肥。在夏末初秋山茶开始形成花芽,每枝宜留1～2个花蕾,不宜过多,以免消耗养分,影响主花蕾开花。摘蕾时注意叶芽位置,以保持株形美观。山茶不宜高强度修剪,只要去除病虫枝、过密枝和弱枝即可。

四、扶桑

扶桑别名朱槿、佛桑、桑槿、花上花、大红花,为常绿灌木花卉。

(一)生态习性

扶桑栽植比较容易,对土壤要求不严格,但以肥沃、排水良好的沙质壤土为宜。喜温暖湿润,喜光,喜大肥大水,忌水涝,不耐阴,不耐寒。

(二)繁殖技术

以扦插繁殖为主,一年四季均可进行,以5～6月最佳。剪取当年生健壮略呈木质化枝条,截成10～12 cm,去掉下部叶片,只保留顶部1～2片叶,插入干净河沙中,置于阴凉处,覆以塑料薄膜,经常喷水保温,20 d左右即可生根。带有顶芽的插穗生根更快。

(三)栽培管理

扦插苗上盆用的培养土多以壤土4份、粪干1份混合而成,上盆之后浇透水,以后保持每天浇1次水,适当遮阴,缓苗后再移至阳光充足处培育。每天给予8 h以上的日照,北方夏季应适当遮阴。当苗高达20 cm左右时,及时摘心,促发侧枝。若为多年盆栽,应于每年春季换盆1次。扶桑盆花浇水宜充足，做到间干间湿，不宜有积水。一般春秋季每天浇1次水，酷热的夏季每天宜浇2次水。上盆之前，除了向培养土中施足基肥之外，生长期还应每月追施2～3次0.2%的尿素水溶液及磷肥为主的稀薄液肥。扶桑生长适温为18～30 ℃，北方霜降前后应移入室内，维持室温12～15 ℃，过低叶片易脱落，但温度过高，易使枝条徒长或者冬季继续开花不断而影响明年开花。冬季可减少浇水量。

五、叶子花

叶子花又名三角梅、九重葛，为紫茉莉科三角花属藤状灌木。叶子花的苞片大而美丽、鲜艳似花，当姹紫嫣红的苞片展开时，会给人以奔放热烈的感受。盆栽摆放门廊、庭院、厅堂入口处，色彩鲜艳，热闹非凡。

(一)生态习性

叶子花喜温暖、湿润环境，但不耐涝。喜阳光充足，过阴对开花不利。耐高温，怕干燥，不耐寒。对土壤要求不严，但以肥沃、疏松和排水良好的沙质壤土最为适宜。性强健，萌芽力强，耐修剪。生长适温为15～30 ℃，冬季温度不低于7 ℃。

(二)繁殖技术

常用扦插、压条、嫁接和组培繁殖。

1. 扦插繁殖

6～7月于花后剪取成熟的木质化枝条，长20 cm，插于沙床或喷雾插床，在21～27 ℃温度下，1个月后可生根。温度过低，生根缓慢，成活率低。如用吲哚乙酸(0.1～0.2 g/L)或萘乙酸(0.1～0.2 g/L)浸插条基部10～20 s，生根效果显著。

2. 压条繁殖

在6～7月进行。主要用于扦插生根困难的品种，一般采用高空压条法。在离顶端15～20 cm处，进行环状剥皮，宽1.5 cm，包上腐叶土并用塑料薄膜包扎，约2个月愈合生根，于秋季盆栽。

3. 嫁接繁殖

常用于制作观赏盆景。春季气温在15 ℃以上时，用3～4年生的普通叶子花作砧木，选重瓣等优良品种作插穗，长5～10 cm，以劈接或枝接法繁殖，接后40～50 d可愈合，并发出新芽。

还可以腋芽为外植体进行组培繁殖。

(三)栽培管理

盆栽叶子花常用直径15～18 cm的盆，盆土用腐叶土、田园土和粗沙的混合土，每盆可栽3株扦插苗。宜放在阳光充足的地方生长。若光线不足，新枝生长细弱，叶色暗淡。对水分的需要量较大，特别是盛夏季节，水分供应不足，易产生落叶现象，直接影响植株正常生长或延迟开花。夏季和花期浇水应及时，花后浇水量应适当减少，如土壤过湿，会引起落叶和根部腐烂，生长期每半月施肥1次，花期要增施磷肥，并及时清理落花落叶，保持植株清新美观。摘心时间要根据供花时间而定，3月上市的应在前一年10月中旬摘心。花后需整形修剪，将枯枝、密枝以及顶梢剪除，促发更多新枝。生长5～6年后还需短截或重剪更新。北方地区，冬季宜移入温室越冬。

六、一品红

一品红又名圣诞树、猩猩木、象牙红、老来娇，为直立灌木。由于其观赏部分是色泽鲜艳的大形总苞片，观赏期长，备受人们的喜爱，19 世纪末便作为商品生产供装饰使用，成为圣诞、元旦、春节期间的重要观赏植物。

(一)生态习性

喜温暖湿润、阳光充足，不耐寒；适宜温度为 20～30 ℃，低于 15 ℃或高于 32 ℃生长不良，易落叶，13 ℃以下停止生长，35 ℃以上茎变细、叶变小；对水分要求严格，土壤湿度过大，常会引起根部发病，进而导致落叶，而土壤水分不足，植株生长不良，也会引起落叶。一品红对土壤要求不严格，在各种基质内均可生长，但以肥沃、疏松通气、排水良好、pH 为 5.5～6.5 的微酸性土壤为佳。一品红为喜光观赏植物，在强光照射下生长健壮，除盛夏需遮阴降温外，其他时间应给予充分光照。一品红是典型的短日照观赏植物，经每天 12 h 以下的光照，才开始分化花芽，花芽自然分化期为 10 月初至翌年 3 月上旬。

(二)繁殖技术

一品红主要通过扦插进行繁殖，嫩枝及硬枝均可，但以嫩枝扦插生根快，成活率高。

1. 硬枝扦插

在 4～5 月选取上年健壮条，剪成长 10～12 cm 的插穗，剪取后，洗净切口流出的乳汁，晾干后扦插。在室温 25 ℃条件下，插后 14～18 d 愈合生根。如用 0.1%～0.3%吲哚丁酸粉剂处理插穗，生根快且根系发达。

2. 嫩枝扦插

在 5～6 月生长季节采带叶半木质化的枝条和嫩枝进行嫩枝扦插。采条之前须控制浇水，使盆土保持微干状态，以抑制嫩枝生长，使其组织充实。插穗一般用顶枝，剪成 12～15 cm 长，下剪口应在节下，以利于扦插成活。插条下部的叶片剪去 2～3 片，保留上部 2～3 片叶，插条剪好后立即直立浸泡在清水中，一是防止凋萎，二是浸去剪口处的乳汁。泡 1～2 h 后，取出插入用泥炭、蛭石、珍珠岩、河沙或田园土按 2∶2∶1∶1 配成的基质中，浇透水，注意遮阳并须适当通风，保持基质湿润，在 15～20 ℃条件下，插后 1 周便开始生根，3～4 周后便可移栽。

目前还可采用花轴、茎顶为外植体进行组培繁殖。

(三)栽培管理

盆栽一品红常用直径 15 cm 的盆，盆土以田园土、腐叶土和沙的混合土为佳。扦插苗上盆后需遮阳 5～7 d 再给予充足阳光。经 3～4 周生长后即可进行摘心。摘心时从主干基部往上数，留 4～5 片叶把枝端剪去，使其发出 3～4 个侧枝，形成一盆具有 3～5 个花头的植株。夏天浇水早晚各 1 次，随着气温的下降，浇水次数要适当减少。一般见表土 1/3 干了就应浇水。浇水要透，但忌积水。生长期每半月施肥 1 次，以氮肥为主，宜薄肥勤施。接近开花时宜施一些过磷酸钙。秋冬气温下降，应在 10 月上旬搬入室内。一品红生长强健，在正常管理下植株往往偏高，为控制植株高度常用截顶、曲枝盘头和生长抑制剂等方法进行处理。

(1)截顶　生长过程中截顶两次，第一次在 6 月下旬，第二次在 8 月中旬。截顶的高度根据需要而定。

(2)曲枝盘头　5 月进行，每盘留 3～4 个分枝。随茎干的伸长，用细竹设架进行曲枝绑扎，至苞片现色时停止。曲枝需及时，否则枝条过硬易折断，影响株形。

(3)生长抑制剂　当摘心后腋芽长至 4～5 cm 高时，用 0.5%的比久溶液喷洒叶面或用 0.3%的矮壮素施入土壤中，对一品红有明显的矮化效果。

拓展知识

一品红的花期控制

一品红为典型的短日照植物，自然条件下10月上、中旬花芽形成，11月下旬至12月相继开花。一品红在短日照条件下，夜温低于21 ℃时开始花芽分化。温度在16～21 ℃时适宜花芽发育。根据这些要求，可通过控制日照长度和温度进行促成栽培，使一品红在国庆节开花。

可以通过短日照处理，即遮光，使植株每天的光照时间缩短到8～9 h，国庆节前不久即可开花。通常短日照处理在遮光棚中进行，从8月上旬开始定时遮光，一般在晚5时至早8时，提供15 h的黑暗状态。遮光处理时间，在气温25 ℃时，单瓣品种以处理45～55 d为宜，重瓣品种应处理55～65 d。如处理时间过长，顶叶小，颜色暗，处理时间短，则顶叶色泽不鲜艳。遮光必须连续进行，不可间断，如果间断，前期处理不起作用。遮光还需严密，不能漏光，即使有5 lx的月光或大道边汽车的灯光、邻近工作区的突然闪光，都会使暗处理失效。暗处理要持续到苞叶基本变红为止，若苞叶刚开始变红即停止遮光会使苞叶又转绿。

遮光期间，夜温必须维持在24 ℃以下，若超过则会完全抑制花芽分化，即使日长少于12 h，植株仍继续进行营养生长。当温度超过35 ℃以上，夜温高于21 ℃时，应加强管理，下午浇足水，并在地面喷水降温，晚上10时完全黑暗来临之后，打开黑幕通风降温2～3 h，然后在日出之前再将黑幕盖上。只要确定夜长时数在13 h，就不会影响花芽的分化发育。进行暗处理时由于外界气温高，一品红容易徒长，应在处理过程中施用浓度为5 mg/L多效唑1～2次来控制高度，同时适当减少浇水量，使盆土保持稍微干燥，适当增加施肥量，可以每周追肥一次。

西北、华北、东北地区很适合生产国庆节开花的一品红，但要注意当夜晚温度急剧下降至13 ℃以下时，需进行加温。

任务八　多肉植物设施栽培

多肉植物，又称多浆植物，是指一类具有肥厚多汁的肉质茎、叶或根的植物。其多具有发达的薄壁组织以贮藏水分，大部分生长在干旱或一年中有一段时间干旱的地区。其表皮角质化或被蜡层、毛或刺，表皮气孔少而且经常关闭，以降低蒸腾强度，减少水分蒸发。其主要分布在热带沙漠和草原地区，以非洲和美洲较多。分布于美洲大陆的常见的多肉植物有仙人掌科、龙舌兰科、景天科等，分布于非洲的有百合科、番杏科、大戟科等，还有分布于其他地区的菊科、夹竹桃科、萝藤科、凤梨科、马齿苋科等。

一、长寿花

长寿花又名圣诞伽蓝菜、矮生伽蓝菜，为多年生常绿多肉类观赏植物，其自然花期一般从12月下旬开始，可持续到翌年5月初，因此得名“长寿花”。长寿花植株矮小，株形紧凑，叶色碧绿，花色艳丽，花团簇拥，花期极长，开花时正值春节期间，用小型的紫砂盆栽培，摆放在窗台或茶几上，既可观叶，又可赏花，为喜庆节日增添欢乐气氛，也是新春佳节赠送亲友的较好礼品。

(一)生态习性

性喜冬暖夏凉的环境,怕酷暑和严寒,生长适温为15～25 ℃,高于30 ℃生长迟缓,低于10 ℃生长停滞,0 ℃以下受冻害。喜阳光充足,耐半阴,耐旱怕湿。

(二)繁殖方法

以无性繁殖为主,主要有扦插繁殖和组织培养等。扦插繁殖中主要以带叶茎段进行扦插,用剪刀将枝条剪成小段,每段含两个节,去掉下部节点的叶片,将插穗插入到基质中,浇足水放到阴凉处,2～3周便可生根。组织培养繁殖中,可截取茎顶、叶、茎、花芽和花等作为外植体,用相应的培养基诱导不定芽与根,在室温25～27 ℃、光照16 h,经4～6周长出小植株。

(三)栽培管理

长寿花作为一种重要的冬季室内盆栽花卉,南北方均广泛栽培。生产中,采用具有遮阴和加温、降温设备的塑料大棚、连栋温室和日光温室等设施,可实现一年多茬种植。

长寿花盆栽不能使用黏重的土壤,否则会导致生长不良、烂根落叶,严重时造成植株死亡。因此盆土宜选用腐叶土4份、园土4份、河沙2份,另加少量骨粉混合配制而成。一般于每年春季花谢之后换一次盆,换盆时注意添加新的培养土。

设施栽培温室宜控制在20～25 ℃,当温度高于30 ℃或低于10 ℃时,则进入休眠。如温度低至6～8 ℃则叶片发红,开花期推迟,不能保证节日用花。昼温16～20 ℃,夜温10～15 ℃,可延长花期。

长寿花若长期光照不足,不仅枝条细长,叶片薄而小,影响株形美观,而且开花数量减少,花色也不鲜艳,还会引起叶片大批脱落,影响观赏价值。长寿花具有向光性,因此应注意经常调换花盆的方向,使植株受光均匀,促使枝条向四周各方匀称发展。

长寿花与其他多肉观赏植物一样,体内含有较多水分,抗旱能力较强,故不需要大量浇水,生长期间只要每隔3～4 d浇一次透水,保持盆土略湿润即可。冬季温度低时更要控制浇水。若浇水过多,排水不畅,盆土过湿,易导致根系腐烂。生长旺季可每15～20 d施一次稀薄复合液肥,促使生长健壮,开花繁茂。11月花芽形成后增施1～2次0.2%的磷酸二氢钾或0.5%的过磷酸钙,则花多、色艳、花期长。

生长旺盛初期注意及时摘心,促使其多分枝,株形会显得更加丰满,从而提高观赏效果。花谢之后要及时把残花剪掉,以免消耗养分,影响下一次开花的数量。

二、蟹爪兰

蟹爪兰又名蟹爪莲、仙人花,为多年生肉质观赏植物,其花色鲜艳,花期长,宜于造型,花期正值元旦、春节,是冬春开花的优良盆花,深受人们的青睐。

(一)生态习性

性喜温暖、湿润、半阴、通风环境,怕寒,忌强光直射。生长温度为10～25 ℃,白天15～25 ℃,夜间10～15 ℃,低于10 ℃生长缓慢,低于5 ℃进入半休眠状态。蟹爪兰为短日照观赏植物,12 h以下的短日照条件有利于花芽分化、现蕾开花。蟹爪兰耐旱、怕水涝,要求富含腐殖质、疏松、肥沃、排水良好的沙质壤土。

(二)繁殖方法

蟹爪兰的繁殖方法有扦插、嫁接和播种,以扦插繁殖为主。

1. 扦插繁殖

一般在花后的4～5月进行扦插，选取健壮茎节2～5节作插穗，插穗剪下后，放置阴处晾1～2 d，待切口稍干后，插于沙床或盆中，深度为最下面一节的1/2。插后注意遮阴，7～10 d逐渐见光，提高空气湿度，保持基质湿润，半月后见散光。20 d左右可生根，30 d后上盆。扦插繁殖长势较弱，开花少而差，也不易造型。

2. 嫁接繁殖

可用三棱箭、仙人掌等作砧木。嫁接适宜温度为20～25 ℃，一般在4～5月进行。取2～3节蟹爪兰作接穗，用刀在基部两侧各削一刀，将接穗削成楔形，长1.5～2 cm，削去表皮；在砧木顶端横切一刀，切口不宜过大，切口比接穗削口稍长，将接穗插入，然后将竹牙签纵切成几份，截约3 cm长，穿刺固定，15 d左右即可愈合。

(三)栽培管理

蟹爪兰嫁接苗的盆土可用腐叶土3份、园土4份、河沙3份配制而成，另加少量有机肥或骨粉等作基肥。成株一般每隔1～2年换一次盆，并更换盆土。换盆在春季花谢后进行。

立秋后，应放在见光50%的地方，以接受光照，促进花芽分化，随着天气转凉逐步增加光照，晚秋至冬季应给予充足的光照。

蟹爪兰早春花谢后有短暂的休眠期(约40 d)，在此期间应控制浇水，以免造成烂根。进入夏季高温季节，蟹爪兰处于休眠或半休眠状态，应少浇水，避免雨淋。入秋后，随着天气转凉，蟹爪兰逐渐恢复长势，开始正常浇水，盆土应保持湿润。现蕾期，要经常喷水雾，浇水以保持土壤湿润为宜；开花后要控制浇水，以延长花期。早春花后约40 d应停止施肥，恢复生长后开始施肥，从春季至入夏，每隔10～15 d施一次10%～15%的有机液肥或0.1%的氮素化肥。入夏后生长趋于缓慢，逐渐处于半休眠或休眠状态，此时应停止施肥。从立秋至开花应加强施肥，以促进孕蕾开花，延长花期。施肥以磷钾肥为主，促进花芽的形成，有利于花色鲜艳。一般每10 d左右施一次0.2%磷酸二氢钾和0.1%尿素溶液或0.5%过磷酸钙浸出液和0.1%尿素溶液、10%的饼肥水等。也可用2～3 g磷酸二铵沿盆边施入盆土中。

蟹爪兰属于短日照植物，在自然日照环境条件下，一般在冬季至早春开花。如要提早开花，每天进行日照8～10 h，其余时间完全黑暗的短日照处理，并进行适当的控水，一般60～70 d就可开花。如要求国庆节开花，可在7月中下旬开始，用不透光的黑布罩或黑色塑料罩，对蟹爪兰进行遮光处理，每天只见光8 h，其余时间罩上黑布罩，这样到了9月下旬便可开花。在遮光处理期间，每天浇一次水，保持盆土略湿润，并注意通风。为延长蟹爪兰的开花期，开花后，应将其置于15 ℃左右的环境下。若要推迟开花，可将盆株置于5～8 ℃的低温条件下养护，或每天延长光照至14 h以上，可推迟开花。

三、生石花

生石花又名屁股花、石头花，被喻为“有生命的石头”，多年生肉质草本，茎极短，有两片高度肉质化的叶片，对生连接成倒圆锥体，顶部具有深色树枝状凹陷纹路或花纹斑点，半透明。顶端中央有一条小缝隙，3～4年生的生石花植株可从这条缝隙中开花，一般午后开放，傍晚闭合，花期可持续4～6 d，一株通常只开1朵花，少见2～3朵。花雏菊状，花径3～5 cm，多为黄色、白色，花期为盛夏至仲秋。株形小巧，形态奇特，花色艳丽，许多爱好者专门收集栽培，具有很高的观赏价值。

(一)生态习性

生石花喜冬暖夏凉气候,喜温暖干燥和阳光充足的环境,怕低温,忌强光暴晒,生长适温为10~30 ℃,冬季温度不低于12 ℃,可短暂耐受4~5 ℃的低温。宜生长在疏松透气的中性沙质壤土中,冬夏季对水分适当控制有助于蜕皮。

(二)繁殖方法

可通过播种和分株繁殖。生产上,大量繁殖优良生石花品种以播种为主,春季和秋季播种最为适宜。

(三)栽培管理

盆土可用腐叶土4份、石灰质材料(贝壳粉、蛋壳粉、陈灰墙屑等)3份、河沙3份混匀配制,盆栽生石花,根系少而浅,周围可放色彩鲜艳的卵石,既起支持作用,又可增加观赏效果。春秋两季气温适宜,是生石花生长的旺盛期,需较多的水分,但不能过湿,浇水最好采用浸盆法,防止水从顶部浇入植株缝中发生腐烂。春季当原来的老植株逐渐萎缩并被新长出的植株所胀裂时,要减少浇水,保持盆土略干燥些,并忌直接向植株上喷水,以防伤口感染引起腐烂。生长期每半月施肥1次,但肥液绝不能污染球状叶,5~6月应加大浇水量。夏季因温度过高,植株进入休眠期,可移至室内半阴处,避免强光直射,同时要及时开窗通风降温,并要控制浇水,才能安全越夏。入秋后要逐渐增加浇水量,并施少量复合肥,以利于孕蕾开花。花谢后要逐渐减少浇水,冬季要严格控制浇水,保持盆土干燥为好,同时要放在阳光充足处,室温保持在12 ℃以上才能安全越冬。

四、令箭荷花

令箭荷花别名红花孔雀、孔雀仙人掌,为多年生直立灌木状草本。令箭荷花是我国各地常见栽培的仙人掌类之一,枝茎清秀,花朵素丽,是装饰会场、厅堂及居室的良好盆栽植物。

(一)生态习性

性喜温暖、湿润、光线明亮的场所,生长适温为23~28 ℃,5 ℃以上可安全越冬,连续35 ℃高温对生长不利。耐旱性强,忌积水。喜弱酸性、肥沃、排水良好的沙质壤土。

(二)繁殖方法

主要以扦插繁殖,3~4月时,剪下2年生的成熟扁平茎枝(7~8 cm),放置阴凉处,待其切口干缩后斜插入略湿的素沙中,插入深度为插穗长度的1/4~1/3,保持一定湿度,温度控制在20 ℃左右,注意通风,一个月后可生根。扦插苗2~3年后方可开花。

嫁接繁殖时可以用三棱箭(量天尺)为砧木,切下7~8 cm长的枝条作接穗,用劈接法嫁接。嫁接苗次年即可开花。

(三)栽培管理

栽培令箭荷花需要肥沃、疏松的培养土,可用腐叶土、园土、堆肥土、沙土按4∶3∶2∶1比例混合,也可用腐叶土与沙土等量混合,或蛇木屑、堆肥土等量混合而成。

令箭荷花喜阳,若要其正常生长、开花,除夏季需遮光20%~30%,其余季节应给予全日照。营养生长阶段提供较充足的水肥条件,见干见湿,水要浇透。在花蕾发育前期控水,花蕾期浇水也不宜太勤,以半湿半干为好,这样有利于花蕾的形成,水多容易落蕾。

施肥宜薄肥勤施,每半个月1次,可用0.1%尿素加30%腐熟豆饼水或0.2%磷酸二氢钾根施直至现蕾。现蕾后叶面喷施0.3%磷酸二氢钾,根施过磷酸钙泡水后的澄清液,并交替进行，花谢时停肥。秋季要追施磷钾肥促进来年开花，肥料可埋在盆边沿土下。

栽培中要常抹去不需要的芽体，防止茎枝萌生太多而消耗营养。蕾期、花期及秋季发生太多嫩芽则会影响当年和第二年开花。春季萌芽前可适当修剪促进新枝萌发，夏季旺长期应抹除顶端及上部两侧萌发的弱枝，保留中部、下部、基部壮枝，使盆株丰满、矮壮。令箭荷花每2～3年换盆1次。

五、芦荟

芦荟又名大芦荟、龙角、狼牙掌等，为多年生常绿多肉观赏植物，用芦荟装饰厅堂、居室，会给人以清新、优雅、朴实无华的感受。芦荟还有多种经济价值和用途，可药用、食用、美容。有工业开发价值的芦荟品种主要有库拉索芦荟、好望角芦荟和中国斑纹芦荟。

（一）生态习性

性喜温暖、湿润、阳光充足的环境。宜疏松、肥沃、排水良好的土壤，耐盐碱。不耐寒，冬季室温不得低于5 ℃，生长适温为20～30 ℃。耐旱力强，生长期宜稍湿，休眠期宜干。不耐阴，在荫蔽的环境下多不开花。阳光充足可使叶美花多。

（二）繁殖方法

芦荟可用分株或扦插繁殖。

1. 分株繁殖

可结合早春换盆进行，将植株从盆内磕出，去掉老株，选取基部分生的小苗另行上盆。少浇水，并将分株苗置于温暖湿润的地方，在保证植株不萎蔫的情况下，4～5 d后向叶面、盆土表面喷水，10～15 d后再浇透水。

2. 扦插繁殖

可于4～5月进行，从老株顶端剪取8～10 cm作插穗，切口涂抹草木灰，晾1～2 d，待切口干缩后再插入素沙中，保持盆土湿润，20～30 d即可生根。

（三）栽培管理

芦荟生长较快，应在每年春季出室时换一次盆。盆土可用腐叶土3份、园土3份、河沙4份或腐叶土3份、园土2份、河沙3份、珍珠岩2份混合配制的培养土，并施入少量充分腐熟的鸡粪、骨粉、油渣等有机肥料作基肥。

芦荟喜欢光照，春秋季节应接受阳光直射，则生长健壮，夏季置于通风良好的半阴处，则更有利其生长；北方秋后应将其移入室内养护，置于向阳处；冬季置于室内光线良好、室温不低于10 ℃的地方。

芦荟较耐旱，怕积水，特别在幼苗期盆土湿度不宜过大。春季可逐渐浇水，3～5 d浇一次水；夏季高温干燥，可每天浇一次水，并经常向叶面喷水；秋季气温逐渐降低，应逐渐减少浇水，2～3 d浇一次水；冬季停止生长，处于休眠状态，应严格控制浇水，以“不干不浇、浇则必透”为原则，一般15～20 d浇一次水即可。如发现叶片出现黑霉病，应减少浇水，并停止施肥，及时清除受害部位，以控制病害蔓延。

如每年换一次培养土，养分充足时，生长期间可不施追肥或少施追肥。夏秋两季生长最快，每15～20 d施一次稀薄液肥。可追施10%～15%充分发酵腐熟的饼肥水或0.1%尿素肥水加0.1%磷酸二氢钾肥水。冬春季可不施肥。

六、虎尾兰

虎尾兰又名千岁兰、虎皮兰等，为多年生肉质草本观赏植物，虎尾兰叶形耸直，很像利剑，叶面斑纹状如虎尾，极有神韵，株形挺立，有如绿色的武士，摆设在书房、厅堂的角处或布置在大、中型会议室的椭圆形会议桌中央，四季青翠，古雅刚劲，给人以激奋亢进的感受。

（一）生态习性

性喜温暖向阳环境，耐半阴，怕阳光暴晒。耐干燥，忌积水，要求排水良好的沙质壤土。

（二）繁殖方法

采用扦插、分株均可繁殖。扦插宜于5～6月进行，将叶片剪成长5～6 cm，直立插入素沙土中。金边虎尾兰用叶插方法繁殖成活后金边常易消失，故多采用分株法繁殖。

（三）栽培管理

虎尾兰对土壤要求不严，盆土可用腐叶土加1/3河沙配成，平时放在通风良好的向阳处；浇水要见干见湿，特别是幼苗阶段，不宜浇水过多，否则易引起根茎腐烂，甚至死亡。夏季需移至室内有明亮散射光的地方，每天向叶面上喷1～2次清水，保持空气湿润，以利于叶色浓绿。生长旺季每隔15～20 d施一次氮、磷结合的稀薄液肥，若长期只施氮肥，叶面上的斑纹就会变得暗淡。冬季放室内阳光充足处，控制浇水，但仍需每隔5～7 d向叶面上喷一次温水，防止沾染灰尘，保持叶片洁净。室温应不低于12 ℃。每隔1～2年于春季结合分株换一次盆。由于虎尾兰叶丛直立向上生长，故宜选用筒子盆，以显示植株紧凑美观。

七、石莲花

石莲花又名莲花还阳、蛇舌莲，为常绿多肉观赏植物，是观叶花卉中形态最美的植物之一，姿态秀丽，形似池中莲花，且叶片晶莹剔透，故称“石莲花”，被誉为“永不凋谢的花朵”。石莲花形态独特，养护简单，很适合家庭栽培。置于桌案、几架、窗台、阳台等处，如同有生命的工艺品，是近年来较流行的小型多肉植物之一，也是广受大众喜爱的常见花卉。

（一）生态习性

喜光照充足和温暖环境，耐干旱、不耐水湿；要求排水良好的沙质壤土。对土壤适应性较强。

（二）繁殖方法

石莲花可分株和扦插繁殖。

1. 分株繁殖

基部易生小叶丛，在春季结合换盆将其侧生的小叶丛用利刀分割后，栽入浅花盆，1周左右即可生根，极易成活。

2. 扦插繁殖

在生长季节，剪取生长充实的叶片，晾4～5 h，插入沙床中；或将叶片平放在润而不湿的沙床上，正面朝上，不用盖土，以上两种方法均可，并应向沙床表面喷水，保持沙土湿润。1周左右，在叶的基部长出小叶丛，且新根伸入土中，移出栽培即可。

（三）栽培管理

石莲花管理比较简单，盆土要求排水良好，常用堆肥土加粗沙和泥炭，或粗泥炭与珍珠岩为3∶1的培养土。每年早春换盆，去除宿土和枯叶，换上疏松、肥沃的沙质壤土。花盆宜用浅盆，盆底需多垫瓦片。初换盆后，要遮阴 7～10 d，然后移至阳光下培养。生长期间不宜多浇水，盆土过湿茎叶易徒长，失去观赏价值。特别是低温条件下，应严格控制浇水。盛夏高温时也不宜多浇水，否则基部叶片易发黑腐烂。生长期每月施 1 次腐熟饼肥水或颗粒复合肥 3～4 粒，以保持叶片青翠碧绿。但施肥过多，会引起茎叶徒长，影响姿态。二年生以上老株，体态失佳，应培育新苗及时更换。

八、虎刺梅

虎刺梅又名虎刺、铁海棠、麒麟花，为灌木，原产南非。虎刺梅花型美丽，颜色鲜艳，茎枝奇特，常作高处陈列的盆花。

(一)生态习性

不耐寒，耐高温。喜阳光，光照充足时，花色鲜艳，光照不足时色暗淡，长期遮阴，则只长叶而不开花。干旱时叶片脱落，土壤湿度过大时根部易腐烂。能一年四季开花，茎内的乳汁有毒。

(二)繁殖方法

常用扦插繁殖，一年四季均可扦插，但多用春插。扦插时取成熟充实的茎段 7～8 cm 作插穗，随即用草木灰等涂抹伤口，在阴凉处放置 1～2 d 后扦插在黄沙、珍珠岩等通气基质上，保持湿润，30 d 左右即可生根。

(三)栽培管理

盆土宜选用排水良好的沙质土壤，可用腐叶土加 1/3 沙土及少量肥料配制。幼苗需每年翻盆 1 次，大株可 2～3 年翻盆 1 次。春天当虎刺梅开始进入生长期时，将植株取出，清理旧的盆土，检查根系是否健康，并且稍做修剪，然后种入较大的盆中，盆土中需加一些基肥。浇水量要控制，平时浇水掌握"一次浇透，干透再浇"的原则，只有在夏天温度高时才可多浇水，冬天须使盆土保持微湿的状态。肥料不必多施，每年春季施薄肥 2～3 次，一般以高磷钾和低氮的肥料为宜，也可用仙人掌及多肉植物专用肥。秋季可减少施肥量，冬天停止施肥，10 月需移入温室，室温要维持在 15 ℃以上才能开花。如果温度较低，则叶片脱落，进入休眠状态。休眠期间，土壤应保持干燥，否则植株易腐烂。宜放在温室中阳光照射充足的地方养护，这样能多开花。

拓展知识

哪些室内花卉能去除新装修房内的空气污染物

(1)巴西铁树(别名千年木、巴西千年木、金边香龙血树)　其叶片与根部能吸收二甲苯、甲苯，并将其分解为无毒的物质。

(2)常春藤(别名洋爬山虎)　能有效除去空气中的尼古丁等致癌物质。常春藤将吸收的有害物质转化为无害的糖分与氨基酸。适合种植在半阴的房间内，保持盆土湿润即可。可以除去甲醛、苯，有效吸收烟雾。

(3)白鹤芋(别名白掌)　能有效去除空气中的氨气、丙酮、三氯乙烯和甲醛，是去除氨气和丙酮的"专家"。同时可过滤空气中的三氯乙烯和甲醛，可以防止鼻黏膜干燥。

(4)吊兰　能有效去除空气中的甲醛。

(5)散尾葵(别名黄椰子)　能有效去除空气中的二甲苯、甲醛、甲苯等有害物质。

(6)波士顿蕨(别名高肾蕨)　吸收甲醛的能力很强,被认为是最有效的生物"净化器"。经常与油漆、涂料接触的人,或身边有人经常吸烟,应在工作场所或居住的环境放一盆波士顿蕨,能有效去除空气中的二甲苯、甲苯、甲醛。另外,其可以吸收电脑显示器和打印机释放出的二甲苯和甲醛。

(7)鹅掌柴(别名鸭脚木)　可给有吸烟者的家庭带来新鲜空气,它的鸭掌型叶片可以从烟雾弥漫的空气中吸收尼古丁和其他有害物质,并通过光合作用将其转换为植物体内的无害物质。另外,它还可以降低甲醛的浓度。

(8)绿宝石　能有效去除空气中的甲醛,据说其叶片每小时可吸收 4～6 μg 有害物质,并将其转化为对人体无害的物质。

(9)垂叶榕　能有效吸收空气中的甲醛、二甲苯及氨气,净化混浊的空气。可提高房间的湿度,有益于人们皮肤的呼吸。

(10)绿萝　能有效吸收空气中的甲醛、苯、一氧化碳、尼古丁等有毒物质。

(11)袖珍椰子　能净化空气中的苯、三氯乙烯和甲醛,改善室内空气质量。

技能训练一　君子兰换盆技术

一、训练目的

使学生熟悉君子兰换盆技术。

二、材料与工具

大花君子兰、腐叶土或草炭土、花盆、移植铲、喷壶等。

三、实施步骤

2～3 年的君子兰要换盆,一般在休眠期进行。

(1)断水脱盆　准备给君子兰换盆,要提前一周控水,等土壤干燥发白之后将君子兰从旧盆中脱出。

(2)修剪根系　洗净土,剪掉残根、老根、病虫根,晾晒 1 天,并把旧盆洗净晾干。

(3)重新上盆　将预先准备好的腐叶土或草炭土装入盆中。再把君子兰栽入盆中,使土面达花盆高的 2/3,浇足水置半阴处缓苗。

四、实训报告

完成实训报告,记录君子兰换盆过程,观察其成活状况。

技能训练二　盆花水肥养护技术

一、训练目的

使学生熟悉盆花施肥、浇水的原则,掌握正确的施肥、浇水技术。

二、材料与工具

沤肥水、无机肥、喷雾器、喷壶、移植铲、盆花。

三、实施步骤

教师指导学生完成常规栽培管理中的施肥、浇水工作。

(1)盆花的根外追肥。用0.2%的尿素稀释液喷施于花卉叶片上，盆土施颗粒状有机复合肥。

(2)按“见干见湿、宁干勿湿、宁湿勿干、间干间湿”的原则浇水。

四、实训报告

记录施肥和浇水的方法和实施过程，总结经验。

自测训练

一、选择题

1. 花苗植株虽未长大，但因盆土板结、养分不足等原因，需将花苗脱出修整根系，更换培养土，增施基肥，再栽回原盆，这个过程称为(　　)。

A. 上盆　　B. 换盆　　C. 倒盆　　D. 翻盆

2. 蝴蝶兰栽培选用的基质是(　　)。

A. 水苔　　B. 腐叶土　　C. 珍珠岩　　D. 松针土

3. 对于龟背竹、马蹄莲等耐湿植物的浇水原则是(　　)。

A. 干透浇透　　B. 宁干勿湿　　C. 宁湿勿干　　D. 见干见湿

4. 盆花浇水的方式有(　　)。

A. 浇水　　B. 喷水　　C. 找水　　D. 扣水

5. 培养土消毒的方法有(　　)。

A. 日光消毒　　B. 加热消毒　　C. 药物消毒　　D. 物理消毒

6. 以下哪种水不适合用于花卉浇水？(　　)

A. 雨水　　B. 自来水

C. 含有肥皂成分的洗衣水　　D. 淘米水

7. 宿根、球根花卉成苗后(　　)换盆一次。

A. 半年　　B. 1年　　C. 1～2年　　D. 2～3年

8. 利用支架裱扎的整形方法常用的形式有(　　)。

A. 单柱式　　B. 图腾柱式　　C. 拍子式　　D. 圆盘式

9. 下列一、二年生花卉中可作年宵花卉的是(　　)。

A. 一串红　　B. 瓜叶菊　　C. 虞美人　　D. 万寿菊

10. 枝干细长柔软，可作花环材料的花卉是(　　)。

A. 瓜叶菊　　B. 香豌豆　　C. 矮牵牛　　D. 报春花

11. 香豌豆适合在(　　)温室中生产。

A. 高温　　B. 低温　　C. 中温　　D. 常温

12. 报春花科的仙客来原产地中海地区，为著名的(　　)。

A. 盆花　　B. 切花　　C. 花坛花卉　　D. 观叶花卉

13. 洋兰在生产上主要繁殖方法是(　　)。

A. 扦插繁殖　　B. 分株繁殖　　C. 分球繁殖　　D. 组织培养

14. 将盆栽的植株重新上盆的过程称为翻盆，常在(　　)的情况下需要换盆。

A. 随幼苗增大，根系无法伸展，需要扩大营养面积

B. 盆土经长期使用后，养分缺乏，土壤理化性变差，需更换培养土

C. 植株根系生长不良，有根部病虫害

D. A、B 和 C 三种情况

15. 盆栽培养土是指以园土、肥料等为材料，经过人工配制后，具有良好的（　　）以满足植物生长需要的混合土。

A. 物理、化学性状　B. 养分、水分含量　C. 排水性、疏松性　D. 消毒措施

16. 近年来凤梨科植物已成为重要的室内盆栽观赏植物，除了观叶，其（　　）的颜色艳丽而夺目，常能延续几个星期，成为主要的观赏部分。

A. 苞片　B. 花瓣　C. 果实　D. 种子

17. 有一种大戟科的常绿灌木，是多年生草本状盆栽，茎直立，灰白色，嫩枝绿色，粗壮，枝内有白色乳汁，叶状苞片着色鲜艳，为主要观赏部分，有深红、粉红、白等色。这种花卉是（　　）。

A. 一品红　B. 银边翠　C. 银叶菊　D. 圣诞树

18. 下列哪种特征为多肉植物适应环境而形成的？（　　）

A. 叶片肥厚或退化成刺或茸毛，大大减少水分蒸发

B. 茎肉质，常绿色，既储藏水分又能光合作用

C. 根系较长，吸水能力特强

D. A. B 和 C

二、判断题

1. 忌浇“半腰水”，即浇水量只能湿润表土，而下部土壤是干的。时间久了土壤中交界处会形成坚硬的板结层，使根系难以下扎，因此浇水一定要浇透。（　　）

2. 花卉上盆的用盆要大小适宜，大苗选大盆，小苗选小盆。（　　）

3. 花卉追肥时浓度越高植物生长越旺盛。（　　）

4. 花苗在花盆中生长了一段时间，植株逐渐长大，需将花苗脱出换入较大的花盆中，这个过程为翻盆（　　）

5. 陶瓷盆是栽培容器中排水透气性最好的。（　　）

6. 蒲包花，别名荷包花，属天南星科蒲包花属植物。（　　）

7. 四季报春在适宜的温度下可全年开花。（　　）

8. 瓜叶菊因其叶片大、形如瓜叶而得名。（　　）

三、简答题

1. 简述瓜叶菊的生态习性。

2. 如何科学繁殖报春花？

3. 盆花生产中如何选择花盆？

4. 常用的培养土配方有哪些？

5. 简述盆栽花卉选择的原则。

6. 简述盆花施肥注意事项。

7. 简述盆花的浇水方法，要掌握哪些原则。

8. 常见的盆栽形式有哪些？

项目六　鲜切花周年生产

项目导读

鲜切花是指切取有观赏价值的新鲜的用于花卉装饰的茎、叶、花、果等植物材料。鲜切花包括切花、切叶、切枝与切果，主要用于花店业商品花篮、花束等产品经营及环境花艺装饰等。切花栽培具有单位面积产量高、生产周期短、易于周年供应、贮存包装运输简便、可采用大规模工厂化生产等特点。我国昆明已成为全球鲜切花的重要产地。

目前生产中主要以切花为主，不论栽培面积还是产量，在鲜切花中占有绝对优势。但随着插花艺术、鲜花装饰艺术的推广，切叶植物的栽培近几年发展很快，已出现专业的切叶生产基地。切枝、切果也逐渐受到关注。

知识目标

1. 熟悉鲜切花的种类。
2. 理解主要鲜切花周年生产技术要点。
3. 掌握菊花、切花月季、唐菖蒲、香石竹等主要鲜切花的栽培管理技术。

能力目标

1. 掌握主要鲜切花的生产栽培技术。
2. 能制订鲜切花周年生产计划。
3. 能熟练操作各种切花生产方法，保证成活及定级质量。

任务一　鲜切花栽培管理

鲜切花又称切花，俗称鲜花，是指从活体植株上切取的，具有观赏价值的根、茎、枝、芽、叶、花、果等的统称。

微课 6-1　鲜切花栽培概述

一、鲜切花的主要分类

(一)切花类

剪切以观花为目的的花朵、花序或花枝，如月季、非洲菊、百合、唐菖蒲、绣球花、鹤望兰、大丽花等(图 6-1 至图 6-4)。

还包括非植物学意义上的花但具有观赏价值的苞片或佛焰苞，如安祖花、马蹄莲、海芋等(图 6-5、图 6-6)。

(二)切叶类

剪切绿色或彩色的叶片及枝条。如龟背竹、散尾葵、八角金盘叶、一叶兰、蒲葵、鸟巢蕨叶、天堂鸟叶等(图 6-7)。

(三)切枝类

剪切具有观赏价值的、着花的或具彩色的木本枝条。如蜡梅、龙柳、红瑞木、山茶、雪柳、富

图 6-1　月季

图 6-2　绣球花

图 6-3　大丽花

图 6-4　唐菖蒲

图 6-5　安祖花

图 6-6　马蹄莲

天堂鸟叶

水竹

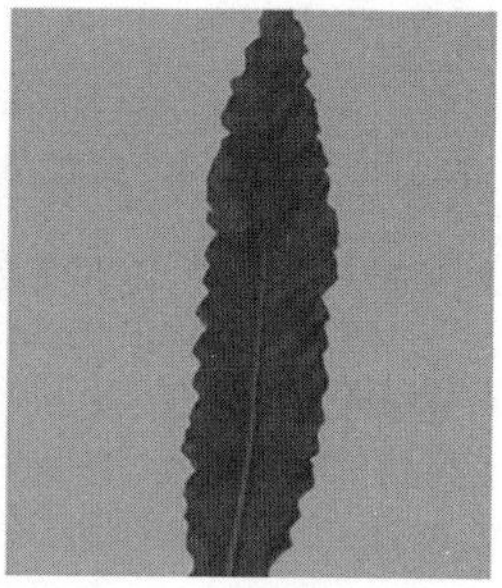
鸟巢蕨

竹芋

散尾葵

八角金盘

图 6-7　各类切叶

贵竹、照山白枝、金钱柏、文竹等。

(四)切果类

剪切以观果为目的的果枝或果实。如火龙珠、火棘果、乳茄、酸浆、北美冬青等(图 6-8、图 6-9)。

图 6-8　酸浆果

图 6-9　冬青果

二、鲜切花栽培的特点

(1)单位面积产量高,收益大。如月季,每年产量为 100～150 枝/m^2,菊花每年产量为 60～80 枝/m^2,切花的经济效益是其他栽培方式的 3～4 倍。

(2)栽培规模化生产,栽培技术规范,栽培设施人为控制,切花的采收、出售集约化程度高,生产周期短，可周年供应。

(3)切花的贮存、包装、运输简便，便于国际间的贸易交流。

(4)切花的消费量大，市场广阔。

(5)切花栽培成本投入大，经济效益高，栽培风险大。

三、鲜切花栽培的方式

从栽培设施上看，切花栽培方式有露地栽培和保护地栽培两种。露地栽培季节性强，管理粗放，切花质量难保证，在闽南、海南、云南等地栽培较多。保护地栽培可调节栽培环境因子，产量高、花材质量高，能周年生产，是鲜切花生产的主要方式。

从栽培基质上看，切花栽培分为常规土壤栽培和无土栽培，常规土壤栽培成本低，管理方便，但不利于预防病虫害，不利于肥水有效管理。无土栽培技术在切花生产中能充分发挥其清洁、高效、优质、高产的优点，是高档切花的主要栽培手段。

拓展知识

世界十大鲜切花

1. 月季

月季是世界上最受欢迎的花卉之一，现在培育的月季品种多以中国的月季作本体。在十七世纪传入欧洲之后，园林艺术家们将月季与欧洲的蔷薇杂交，经过数代的培育，有了现代的切花月季品种的雏形。其实我们在花店里看到的那些美丽动人的玫瑰花都是切花月季品种。

2. 郁金香

郁金香是风靡世界的球根花卉，既可以用于鲜切花、盆花生产，又可以用于园林绿化和庭院居室的美化，被誉为“世界花后”。

3. 菊花

菊花是我国传统花卉，是“花中四君子”之一，陶渊明等一众文人的描绘，让它除了观赏性之外，还多了独有的文化底蕴。菊花的品种、形态、颜色非常丰富，是很好的鲜切花花材，常见的品种有各色的乒乓菊，比如黄安娜、粉安娜等。

4. 非洲菊

非洲菊花朵硕大，花色丰富，切花率高，是世界著名的鲜切花之一。它既可以作为插花的主角，也可以当作其他花材的陪衬。另外，它还对甲醛和苯有特殊的清除功能，装修后的室内摆放一些非洲菊，能很好地净化空气，是一种天然的空气清新剂。

5. 康乃馨

康乃馨是人尽皆知的母亲花，常用来赠送女性，尤其是母亲，它学名叫香石竹，花朵又大又香，跟满天星、月季、郁金香等搭配都相得益彰。

6. 剑兰

剑兰又名唐菖蒲，是一种热带和亚热带地区常见花卉，它株形高大挺拔，花剑很长，上面开满花朵，在切花中一枝独秀，非常夺人眼球。

7. 百合

百合花在中国有非常好的寓意，大家认为它具有百年好合的寓意，常用来赠送爱人。在国际上，百合花也是一种非常受欢迎的花，主要原因是它花型别致，花色清丽，花香浓郁，尤其是香水百合，受欢迎程度不亚于玫瑰。

8. 朱顶红

朱顶红在中国别名对兰，它的花形似百合，但是花朵直径比百合花大很多，花色也更鲜艳，目前一些重瓣型新品种花朵直径能达到 30 cm，不管是盆栽还是切花都漂亮至极，因此，朱顶红在最近几年迅速走红于国际花卉市场。加之它栽种简单，球根种下后两三个月就开花，非常受年轻人喜爱。

9. 水仙

水仙花也是中国传统花卉，被认为是一种吉祥花，它株形雅致，花朵清丽，花香幽远，一盆在室，满屋飘香。同时其栽种简单，深受人们喜爱。

10. 红掌

红掌原产于哥伦比亚热带雨林区，为多年生草本植物，常年开花，叶片四季常绿，它的花型非常奇特，像手掌又像帆船，加之花色是很喜庆的红色，寓意一帆风顺。

任务二　鲜切花采收、贮藏和保鲜

鲜切花是从活体植株上切取下来的，虽脱离了母体，但还具有一定的生活力，含有大量水分，呼吸作用旺盛，需要的营养物质主要靠自身贮存供给。因此，除搞好生产环节外，从采收、分级、包装到贮藏和运输的各个生产环节中，都要应用科学的方法，精心操作，以达到保持其固有的形态、色彩、质感，并延长观赏期的目的。

一、鲜切花的采收

（一）花朵开放类型和采收时间

为了取得最好的观赏效果，鲜切花采收时间非常重要。在适宜的发育阶段采收，是保证切花内在质量和货架期的重要环节。切取太早，花不能很好地开放；切取太晚，缩短了观赏期，降低了观赏效果。切取时机选择的原则：保证在切花使用时刚刚开放，并使未开放的花蕾能够继续开放，争取有最长的观赏期和最好的观赏效果。不同种类的切花，切取的时间不同，根据花朵在开放时对于养分来源的依赖，可分为以下 3 种类型。

1. 正常开放型

此类花开花所需要的养分主要依赖母体，它们必须要在植株上正常开放后再采收，若在花蕾期采切，就不能正常开放，或出现“弯茎”现象，易于枯萎。如大丽花、非洲菊、一品红、宿根向日葵、灯烛花等。

2. 离体开放型

这类花在花蕾期采切后，花能够继续生长、开放。如百合、菊花、翠鲜菊、唐菖蒲、香石竹等，一般花枝上带有叶片，可提供开花需要的养分。因此，这类花一般在花蕾开始松口，露出花色时就可切取。

3. *居间开放型*

这类花在单花微绽，或花序上的小花部分开放后，其单花或花序上的其他小花才能正常开放，属于居间开放型。如马蹄莲、满天星、晚香玉、月季等。这类花要在单花微绽或花序上的小花部分开放后采收。

一年中不同的季节，鲜切花的切取时间稍有不同。一般夏季气温高，离体开放型和居间开放型花都可在单花已微绽，或花序上的小花部分开放后采收；冬季气温低，可在花苞开放较大时采收，即比夏季较晚采收。

一天之内，何时切取也很重要。不需要长距离运输的切花，宜在早晨或傍晚切取，此时切花含水多，茎叶挺直，花色鲜艳，观赏效果好；需要贮藏和长距离运输的，宜在上午 10 时以后或傍晚前切取，这时茎、叶、花含水少，切花不易损伤，便于包装和运输。要尽可能避免在高温和高强度光照下采收。

（二）采收部位和方法

采收切花时，既要满足切花使用的需要，又要保证植株能正常生长。切花的采后寿命，与花枝剪取的部位和方法关系密切。在商品切花的生产中，月季一般要求花枝长 40～60 cm，在花枝基部留一个叶芽剪取。灯烛花、非洲菊则要从基部连整个花柄采下。月季、百合、香石竹、晚香玉和勿忘我等，要带有一部分叶片切取；非洲菊、灯烛花和马蹄莲等只取花枝。除木本花卉要用剪刀剪取外，对于枝条发脆的花卉宜轻轻折断，以免压伤茎秆导管，影响水分、养分输送。

（三）切叶的采收

切叶主要用作插花、装饰的辅助材料，近年已得到大量发展。与切花不同，当叶色由浅绿色转为深绿色，叶柄坚挺而具有韧性，叶片已经充分发育完成时，可进行采收。

剪切叶片时，将整个叶片从叶柄基部取下，但不要撕伤皮层，损伤嫩叶。每次只能采取已经充分发育完成的部分叶片。老叶观赏价值低，嫩叶含水量高，叶色不正，容易失水变形、损伤。

切下的叶片要摆平相叠、分束绑扎。包装和运输过程中，要注意保湿、透气、防止折损和扭曲。

二、鲜切花采后处理

切花采收后离开母株，被切断了营养和水分的来源，成为独立的生命体。采后花茎应当立即插入水中和置于阴湿环境下，防止阳光暴晒；不要把切花和水果蔬菜贮放在同一场所。为了维持一定的采后寿命，必须尽快采取一些相应的处理技术。采后处理包括预冷、分级、包装、贮藏等环节。

（一）预冷

切花采后应尽快预冷，去除所带的田间热。温度越高，切花蒸腾速率越高，衰败发生就越迅速。因此，在包装、贮运前的预冷，可大大减少运输中的腐烂、萎蔫。切花在收获后越快地放入理想的贮藏温度下，它的保存时间就越长。

预冷的方法，最简单的是在田边设立冷室，在冷室内不包装花枝或不封闭包装箱，使花枝散热，直到理想的温度。预冷的温度根据花卉种类不同而异，喜冷凉条件的花卉，预冷温度为 0～1 ℃；喜温暖条件的花卉，预冷温度为 8～15 ℃，相对湿度为 95%～98%。预冷的时间随花的种类、箱的大小和采用预冷的方法而不同，预冷后，花枝应始终保持在冷凉处，使花保持恒定的低温。在生产上，预冷方法还有水冷和气冷。

水冷：让冷水流过包装箱从而直接吸收产品的热量，达到冷却的目的，最好在水中加入杀菌剂。

气冷：让冷气通过未封盖的包装箱以降低温度，预冷后再封盖。

（二）分级

切花采收后，要摊开在工作台上或凉席上，进行分级。我国已经出台了鲜切花的分级标准（见附录一）。一般根据花枝长短、花朵直径、色泽、整体感、成熟度、病虫害等，按品种分为3～4个等级。鲜切花分级后，进行计数，按10枝或20枝一束进行绑扎，以便包装和运输。

（三）鲜切花保鲜

1. 意义

切花保鲜是指切花采收后，用低温冷藏或用保鲜剂来延长切花寿命的方法，是切花采收后预处理、贮藏、运输、上架出售等环节的保鲜措施的统称，是切花生产和销售中的重要环节，对切花价值的体现起着极大的作用。

切花的采收、运输、出售时间相对集中，为保证切花的质量，采收后的切花的生理变化是近年科研上的重要课题。

2. 基本原理

切花采收后的生理变化主要表现在水分失衡、营养供应不足、呼吸作用和酶活性增强、乙烯的消长作用等方面。

水分失衡和乙烯的消长作用是切花采收后生理变化的主要原因，此外，采收后吸收的干物质（糖分），以及内源激素和外界微生物也会对切花寿命产生影响。

水分失衡，则鲜花萎蔫。造成水分失衡原因：一是茎堵塞，二是蒸腾加速。一般情况下，切花采收后失水5%～8%就会出现萎蔫状态，不敏感的花卉吸水后可以恢复原状，敏感花卉即使重新给水也难恢复原状。因此，在采收后要及时给水，控制环境空气相对湿度在95%左右，保持温度在2～4 ℃、避免阳光直射，同时配合使用保鲜剂。

采收后的花材所处环境温度、气压、空气成分对花卉保鲜也有重要影响，降低温度可以减弱呼吸作用，减少蒸腾，抑制病菌滋生。低压（5.3～8.0 Pa），可促进植物体内不同气体向外扩散，降低由氧调节的呼吸与代谢，控制氧含量在0.5%～1.0%和二氧化碳含量在0.35%～1.0%，可减少乙烯产生，降低切花呼吸速率。

乙烯促使切花衰老，而衰老组织又会产生乙烯，从而加速衰老。银离子能干扰乙烯形成，也能起到杀菌作用。因此，硫代硫酸银（STS）是常用的保鲜剂。

3. 保鲜技术

花卉采收后，及时浸入清水中或保鲜液中，保鲜液中主要有糖分、杀菌剂，STS、激素等成分。除了化学溶液处理外，也可采用物理方法，对一些含乳液的花卉，可浸入酒精中或用火灼烧切口，或者用沸水烫切口等，此外，在水中剪切花枝能避免气泡堵塞导管，从而起保鲜作用。

采收后的贮藏和运输要求适宜的条件，保证较高的相对湿度和较低的温度、流通的空气以及避免碰撞和机械伤害也是保鲜的技术措施。在具体保鲜工作中要注意，不同花卉、不同的运输和贮藏时间都应有相应的措施。

4. 鲜切花包装

为了保护鲜切花免受机械损伤、环境条件变化和其他有害影响，在运输和上市过程中保持产品的质量，鲜切花必须进行恰当的包装。

常用的包装材料有纤维板箱、瓦楞纸箱、塑料袋、塑料盘、泡沫箱等，包装箱上都有透气孔。花束捆扎不能太紧，以防受伤和滋生霉菌，切花束可用耐湿纸、报纸和塑料套包装，月季单枝切花要用塑料网或套包装，以保护花蕾。有专门设计用于鹤望兰、非洲菊包装用的纤维纸箱，能保护花头，支撑茎使其保持垂直。

装箱时，应小心地把切花分层交替放置于包装箱内，直至放满，但不要压伤切花。各层之间放纸衬垫。对向地性弯曲敏感的切花，如唐菖蒲、花毛茛、小苍兰、水仙、金盏花等，包装和运输均应垂直放置，以防重力引起的尖部弯曲。一个长 140 cm、宽 40 cm、深 40 cm 的纸箱，可装玫瑰 40 扎或百合 20 扎（每扎 20 枝）。

切叶类有时放在加冰的包装箱内，使用蜡渗透或聚乙烯膜衬里的纤维板箱包装。箱内也用湿润的报纸或蜡纸衬垫，以增加湿度。

三、鲜切花的贮藏和运输

从田间采收回来的鲜切花，经过预冷、分级、包装等环节后，就进入贮藏或运输过程。为维持其商品质量和寿命，贮存运输的关键是低温、高湿、通气、快速。

（一）贮藏的方法

目前生产中常用的贮藏方法有干藏和湿藏两种，对气体调节贮藏和低压贮藏也进行了许多研究。

1. 湿藏

将花的茎部浸入充满水或保护液的容器中进行贮藏。这种方法适于短期贮藏及运输，可保持花卉有充足的水分和固有的形态，防止机械损伤，但运输需占用较多设备，费用大。有些切花种类（如香石竹、百合、非洲菊、金鱼草等）在湿藏时可保存几周，但在大规模生产运输中不适用。

2. 干藏

各种类型的包装箱被用作切花的干藏或运输的包装材料。湿度由箱中包装的蜡层或各种类型的薄膜来保证。包装材料多以柔质塑料为宜，主要有低密度聚乙烯塑料薄膜、高密度聚乙烯塑料薄膜和聚丙烯塑料薄膜等。实验证明，高密聚乙烯塑料薄膜效果最好，保鲜时间最长。若袋内装入 O_2 吸收剂或蓄冷剂（如冰块），保鲜效果更好。干藏常用于长期贮藏，如康乃馨、菊花，在花苞期干藏比湿藏的效果好，保存期更长。贮藏后，花苞开放需适宜的催花溶液。采用密封气体的聚乙烯袋包装切花，可制造一个气调环境，降低 O_2 浓度，提高 CO_2 浓度，延长贮藏期。

（二）鲜切花运输

运输过程是流动的贮藏过程，除了做好运输前的预冷、分级、包装工作，运输过程中，同样要提供低温、高湿和通气的环境条件，防止风吹、日晒、雨淋和温度的剧烈变化，并尽可能缩短运输时间。常用的运输方法有卡车运输、飞机运输和轮船运输。一般配备冷藏设备或隔热设备。

任务三　常见鲜切花的周年生产

一、菊花

菊花为多年生宿根草本观赏植物，是我国传统名花之一，有 2 500 多年的栽培历史。菊花花色丰富、清丽高雅，深受世界各国的喜爱。在国际市场上，菊花已经成为世界四大切花之一。

(一)生态习性

菊花喜温暖、凉爽的气候，生长适温为 18～21 ℃，最高温为 32 ℃，最低温为 10 ℃。较耐寒，地下根茎能耐－10 ℃的低温。喜光，稍耐阴，宜栽培在通风良好、光照充足的场所，在高温、强光照的夏季，应适当遮阴 35%～50%。菊花喜湿，不耐旱，但怕水涝，最怕积水，养护要选高燥处，雨后及时倒掉盆内积水。适于在土层深厚、富含腐殖质、疏松、肥沃的中性至微酸性沙质壤土中生长。忌浓肥，忌连作。秋菊是短日照植物，每天日照超过 14.5 h 时只进行营养生长，不进行花芽分化。每天 12 h 以上黑暗和 10 ℃的夜温适于花芽分化。

(二)繁殖方法

菊花用扦插、分株、嫁接、组织培养等方法进行繁殖，生产用苗一般采用扦插繁殖。

菊花繁殖应建立母本圃和采穗圃。从当年开花的优良单株中挖取脚芽，育成后建立母本圃，再从母本圃采取插穗，育成后建立采穗圃，采穗圃经过 2～3 次摘心后直接采取生产性插穗，育成苗后直接定植，用于切花生产。切花菊扦插繁殖，按照(1∶25)～(1∶30)的比例留足母株，母株取穗 3～4 次后，插穗质量明显下降，应予以淘汰。

扦插基质选用透水、透气的材料，如蛭石、珍珠岩、河沙等，在消毒后使用，苗床厚度 10 cm 左右。扦插深度 2～3 cm，株行距 5 cm×5 cm，插后立即浇透水。扦插适宜温度为 20～25 ℃，不宜低于 15 ℃，保持苗床和空气有较大的湿度，并适当遮阴。春秋两季 20 d 左右生根，夏季 15 d 左右可生根，30 d 左右定植。夏季高温时可采用全光照喷雾育苗，可提高菊花的扦插成活率。

组培育苗节省材料，成苗量大，可对植株脱毒，保持品种特性。在切花生产中普遍采用。但需要的设备与投资较多。

(三)栽培管理

1. 整地做畦

切花菊生长旺盛，根系大，要求土壤肥力大。在整地做畦前应在圃地施入腐熟有机肥或生物有机肥，一般 5 kg/m^2，既能改善土壤物理性状，又能增加肥力。以南北方向做高畦，高 15 cm，长 10～20 m，宽 1～1.2 m，防止积水。

2. 定植

(1)定植时间　切花菊的定植时间应根据上市时间来决定。秋菊一般在 5 月中下旬至 6 月上旬定植。晚秋菊、冬菊在 7 月下旬到 8 月上旬定植，夏季 5 月开花的应在 1 月上中旬定植，7～8 月开花的应在 2～3 月定植。选择阴天或傍晚进行定植。各地气候条件不同，定植时间略有不同。

(2)定植密度　若摘心，一般株行距为 20 cm×20 cm，每株留 3～4 个花枝，每平方米栽植 20 株左右；不摘心，每株只留 1 个花枝，株行距为 12 cm×12 cm，每平方米栽植 50～60 株。

3. 肥水管理

菊花定植后要充分浇水，保持土壤湿润，不能过干或过湿，以喷灌和滴灌为好，不宜漫灌，避免表土板结。

切花菊种植后，营养生长初期植株较小，生长缓慢，需肥量不大，随着植株的长大，需肥量逐渐增加，每 10～15 d 追肥 1 次，以氮肥为主，适当配合施用磷钾肥；花芽分化和花蕾形成阶段，以施磷钾肥为主。秋凉后菊花生长迅速，可增加施肥次数，适当提高肥液浓度和施肥量，使菊花茎生长健壮、挺拔，达到切花菊所需高度。切花菊的追肥应薄肥勤施，但要防止施肥过量，造成营养生长过旺及"柳叶"的发生。追肥时应注意不要使肥液污染叶片。另外，秋季可用 0.1%～0.2%的尿素和 0.2%～0.3%的磷酸二氢钾溶液根外追肥，每隔 5～7 d 喷一次，可使花色鲜艳而有光泽。

4. 摘心和整枝

摘心一般在预定开花期前 90 d 进行。当菊花苗长到 5～6 片叶时，多本栽培的切花菊进行第 1 次摘心，促发侧枝后，留强去弱；第 2 次摘心，留 3～5 个枝，留枝过多，营养分散，切花质量下降。摘心要适时，过早分枝多，开花迟；过晚分枝少，花枝短而不齐。

5. 支柱、架网

切花菊茎高，生长期长，易产生倒伏现象，在生长期为确保茎挺直、生长均匀，必须支柱架网。幼苗长到 20～25 cm 高时，在 30 cm 高度处张网，使植株笔直生长，以后每增高 25～30 cm 时，都要张网 1 次。通常切花菊在整个生长期要张网 3 次。

6. 抹芽和剥蕾

菊花在栽培过程中，当植株侧芽萌发后及时剔除侧芽。菊花现蕾后及时去除副蕾和侧蕾，集中养分供给顶芽主蕾。出现"柳叶"现象，应及早摘心换头，将枝条顶梢的"柳叶"部分连同 1～2 片正常叶剪去，待其下部萌发的侧枝长成代替主茎，以后在短日照条件下进行花芽分化。

7. 病虫害防治

菊花常见的病害有白粉病、斑枯病、立枯病、炭疽病、锈病、叶枯病及线虫等，常见的虫害有蚜虫、绿盲蝽、地老虎、蛴螬等，应及时进行防治。

(四)周年生产

1. 采用不同花期的菊花品种类型达到周年供应

菊花的种类很多，根据不同菊花品种的日长反应和温度反应分为春菊、夏菊、秋菊和冬菊等 4 大品系。可以根据其生物学特性分期进行栽培，从而使菊花在自然条件下周年生产。这种栽培的最大特点是能在适宜的季节进行大面积的露地生产，在自然条件下开花，大大降低生产成本，获得较好的经济效益。

(1)春菊　春菊的自然开花期为 4 月下旬至 5 月，栽培多在 9～10 月扦插或分株繁殖育苗，成活后栽于盆中，11 月底天冷后移至大棚或温室内养护，经几次摘心，至 4 月下旬到 5 月上旬开花供应市场。

(2)夏菊　夏菊的自然开花期在 5～8 月。花芽分化对于日长反应不十分敏感，但对于温度十分敏感，许多品种只要夜温在 10 ℃左右，无论是秋季还是春季都能马上形成花芽，属低温春化型。在 12 月至翌年 2 月在温室内扦插，生根后温度控制在 3～7 ℃，经 3～4 周低温春化，而后在温室或大棚内保持 10 ℃左右的温度及充足的光照条件，进行花芽分化。最后在每日 12 h 的日照下，花蕾发育形成，5～7 月开花。

(3)秋菊　秋菊的自然开花期为10～11月,秋菊的日长反应,无论是从花芽分化,还是花芽发育,都显示出短日性,花芽分化的界限日长为13～15 h。秋菊花芽分化的界限温度较高,最低夜温为15 ℃左右。由于秋菊的花芽分化界限温度范围较大,所以在切花生产中除了季节栽培以外,还可以通过遮光促成栽培或者进行电照抑制栽培等,来延长和拓宽生产时间以及采收时期。

(4)冬菊　冬菊的自然开花期比秋菊更晚,基本上在12月至翌年2月,属于短日照花卉。花芽分化温度为6～12 ℃。冬菊除了进行季节性栽培之外,也可以用于电照抑制栽培,于3月或者4月收获切花。冬菊一般在6～7月扦插育苗,25 d后苗成活,进行露地栽培,11月下旬至12月上旬移至大棚中,保持5 ℃以上的温度即可陆续开花。

2. 切花秋菊的补光和遮光栽培

在无自然花期品种可用的季节,可以通过人工控制花期的秋菊品种加以补充,从而达到切花菊周年供应市场的目的。

(1)秋菊的补光栽培　又称电照栽培。主要用于秋菊短日照的抑制栽培,通过光照抑制花芽分化,延迟开花在12月至翌年4月,满足元旦、春节用花的需要。

秋菊从短日照处理至开花的时间约为2个月。8月中下旬日长少于14 h时开始花芽分化,为抑制其花芽分化,此期间应做补光处理。补光处理一般在深夜进行,深夜间歇性补光效果较好。以8、9月每晚10时补光2 h,10月上旬以后每晚10时至翌日2时补光3～4 h。补光结束后如果马上进行短日照和低温处理,会降低切花质量,而在补光结束后采用后续补光的办法可提高切花的质量,在停止补光后11～13 d再补光5 d,再停止补光4 d,然后补光3 d。秋菊的补光与温度密切相关。一般秋菊花芽分化的临界温度在15～16 ℃,低于此温度影响花芽分化,产生畸形花。所以在补光栽培过程中,从停止补光前1周至停止补光后3周这段时间内,温度必须保持在15～16 ℃及以上,才能保证花芽分化正常进行。

秋菊补光装置一般采用100 W白炽灯、荧光灯等。在补光过程中每盏灯照射面积在4 m^2,灯距一般为180 cm。

(2)秋菊的遮光栽培　主要用于短日照秋菊的促成栽培。一般用黑膜遮盖来延长日照的时间,促成花芽分化,提早在8～10月开花。8月上市的菊花,一般3月在温室内扦插育苗,温室18～22 ℃,4月上旬定植,5月上旬开始短日照处理;9月上市的菊花,一般在4月下旬大棚扦插育苗,5月上旬定植,6月中旬开始短日照处理;10月上市的菊花,5月中旬露地扦插,6月中旬定植,7月初开始短日照处理。

短日照处理一般在10片真叶后开始进行,遮光处理的时数为每天14 h,一般在下午5时开始遮光,次日上午7时结束。短日照处理期间,遮光后不能露光,也不能间断遮光。遮光时间一般为56～80 d。在花蕾现色时停止短日照处理。遮光材料为黑色塑料膜或用外黑内红的双层棉布,遮光处理期间仍进行正常的栽培管理。

(五)采后与保鲜

标准型菊花花开六七成时剪收;多头型菊花,当主枝上的花盛开,侧枝上有3朵花透色时采收。剪花时间,如在当地销售,可在晨露消失或傍晚剪收,这时植株内水分充足,采收后保鲜时间长。如远销,则在中午前后植株枝叶水分少、叶片柔软时剪收,以免包装时损伤叶片。剪枝部位在离地面10 cm处。摘去花枝下部1/3的叶片。剪后运到阴凉处进行分级包装,每10～12枝扎成一束,外包尼龙网套或塑料膜后装箱。箱内保持2～4 ℃、相对湿度90%以上的条件可较长时间保鲜。

二、唐菖蒲

唐菖蒲，又名剑兰、菖兰、十样锦，为鸢尾科唐菖蒲属多年生球根花卉。因其色彩丰富，花形态多姿、艳丽而华贵，成为鲜切花重要的种类，是世界四大切花之一。唐菖蒲栽培地区广泛，栽培品种繁多。

(一)生态习性

唐菖蒲喜阳光充足、气候温暖、湿润的生长环境，有一定的耐寒性，不耐涝。生长适温白天为25～27 ℃，夜间为12～15 ℃。球茎在4～5 ℃时萌动，苗期适温12～15 ℃，3 ℃以下停止生长，−3 ℃以下受冻害。长日照有利于花芽分化，短日照能提早开花。喜土层深厚、疏松、肥沃、排水良好的沙质壤土，pH以5.5～6.5为宜，高于7.5容易出现营养缺乏症。种球寿命为一年，每年更新。

(二)繁殖方法

主要以分球繁殖为主，但在种球的繁殖过程中会产生品种混杂与品种退化，因此必须定期用组织培养法培育脱毒复壮的新仔球作繁殖用母球。小仔球种植采用垄栽，施足基肥，种植后浇透水，生长期间每15 d左右追一次肥。小仔球经过1～2年的栽培就可作为开花球。

(三)栽培管理

1. 露地栽培

(1)整地施肥　栽植前先将土壤深翻40 cm，土壤瘠薄的施入腐熟的农家肥作基肥。结合土壤深翻进行土壤消毒。多雨地区做高畦，干旱地区多用平畦。

(2)球茎处理　球茎种植前用500倍多菌灵或百菌清消毒液进行消毒。

(3)种植　在适宜的温度条件下，多数品种从种植到花盛开约需90 d。定植株距10～20 cm，行距为30～40 cm，种植深度为5～12 cm。

(4)肥水管理　生长初期主要消耗球茎中贮藏的养分，可不追肥；在2片叶形成后，进行1次追肥，促进茎叶生长；3～4片叶时增加施肥量，促进孕蕾；花期不施肥，花后应施磷钾肥，促进新球生长。经常保持土壤湿润，在植株形成3～4片叶、进行花芽分化时，应适当控水，促进花芽分化。

2. 保护地栽培

唐菖蒲在长江下游及以北地区，必须有保护地条件才能周年生产。

(1)补光　唐菖蒲是喜光花卉，冬季生产时，常因光照强度不够而产生“盲蕾”。因此，温室内栽培应备有补光设备，以便在日照不足时使用。冬季生产时，特别是在花芽分化后几周内，要进行补光处理，一般补8 h即可。

(2)通风　唐菖蒲喜温暖但不要闷热，最适温度为20～25 ℃。在栽培过程中要注意保证通风良好，特别是在冬季栽培的过程中更应注意通风性，避免产生“盲花”。

(3)浇水　提倡使用喷灌或滴灌栽培唐菖蒲。

3. 冬春栽培

唐菖蒲的周年生产中10月份至翌年5月份为生产关键时期，这一时期市场切花紧缺，也是唐菖蒲生产淡季，用调节定植时间来进行淡季生产。若要10～12月产花，需在7～9月定植。这一时期气温较高，且雨水较多，因此，要重点防止球茎感病。可以在地面铺稻草等隔热材料，或架设遮阳网，以降低环境温度。若12月至翌年3月产花，应在10～12月定植，管理也需要格外精心。首先，要尽可能选用比较耐低温和低光照的品种；其次，应选择饱满的大球；最后，栽植密度要比春、夏季小。

在我国北方冬季温室栽培，应使用滴灌系统，而不宜使用喷灌，因喷灌会吸收很多热量，致使加温系统工作负荷加重。秋冬季节栽培唐菖蒲，除温度外，增加光照是一项重要措施，一般每天14～16 h的光照才能促进花芽分化。从2～3片叶期起每天增加光照3～4 h，连续55 d以后可以开花。

4. 花期控制

唐菖蒲的花期控制较为容易，球茎采收后经过一定时期的休眠就可栽植。不栽植的球茎在5 ℃下保存。从栽植至开花约需3个月。分期栽植即可获得不同花期，实现周年供花。如3月中旬栽植，6月出花；7月栽植，9～10月出花。露地栽培花期为6～11月，冬春季需要设施栽培。休眠期可用人工措施打破。

(四)采后与保鲜

当唐菖蒲最下面1朵花开放时即可采收，此时花茎向上有4～5朵小花已透色。剪切时保留植株基部3～4片叶，花采收后立即放入清水中，然后分级处理，20枝成1束。花束贮藏在2～5 ℃条件下待运。

三、切花月季

月季，别名月月红，为落叶或常绿灌木，是世界四大切花之一。

(一)生态习性

月季喜温暖、湿润、光照充足的环境条件，不耐高温。生长适温，白天20～25 ℃，夜间12～15 ℃，夏季高温对生长不利，28 ℃以上花蕾明显变小，30 ℃以上生长缓慢，进入半休眠状态，5 ℃以下停止生长，最低能耐－15 ℃的低温。喜空气流通的环境，适宜的相对湿度为75%～80%。喜疏松、肥沃和排水良好的土壤，pH为5.5～6.5。月季为中性花，只要条件适宜，四季均可开花。

(二)繁殖方法

月季的繁殖方法有种子繁殖、扦插繁殖、嫁接繁殖和组织培养。种子繁殖多用于培育新品种，生产上多用嫁接和扦插繁殖。

嫁接繁殖采用芽接和枝接，砧木可采用十姊妹、野蔷薇的实生苗或扦插苗。芽接通常在5～6月和9～10月进行。枝接宜在早春或晚秋进行，一般2～3月或10～11月进行。切花月季生产上多采用芽接。

扦插繁殖在休眠期和整个生长期内均可进行。生长期一般在花谢后6～7 d进行，选用半成熟的枝条。休眠期扦插可结合冬剪进行。

(三)栽培管理

1. 栽植

切花月季栽培要选择阳光充足、地势高燥、有排水条件的肥沃场地。在土地中要施入腐熟的有机肥为基肥。翻耕后做栽植床，每床可按2行或3行定植。栽植时间最好在12月至翌年2月，栽植密度为9～10株/m^2。定植后要及时浇透水。

2. 肥水管理

切花月季栽植后可生产4～5年，生长期长，开花多，一般年平均产花量120～160枝/m^2，因而需要大量的营养和水分，要施足基肥和追肥。基肥除定植时施用外，还可以结合每年冬剪时在行间挖沟施入。在生长期间一般每隔15～20 d结合浇水追施一次薄肥。萌芽前需水肥较少，萌芽至发新梢需水肥较多，每7～10 d施尿素25 g/m^2，以促发新枝。进入开花期，要增加磷钾肥，减少氮肥。在生长期间要满足水分的需求，保持土壤湿润状态。

3. 整枝修剪

整枝修剪是切花月季栽培的重要环节。其目的是控制植株高度，更新枝条，促进切花产量，控制花期。

整枝修剪分轻度修剪、中度修剪、低位重剪3种方法。每天的采花就是一种轻度修剪。中度修剪一般在立秋前后，7～8月高温期间，不修剪，只摘花蕾，保留叶片，立秋后将上部剪掉，留2～3片叶，到9月下旬就可以进入盛花期。低位重剪，就是把植株剪到离地面60 cm左右，在12月中下旬进行低位重剪，争取在清明节产出早春花，此时花价位较高，到5月初进入盛花期，可产生较高的经济效益。新定植的月季，前2～3年都要进行低位重剪。

4. 花期控制

月季花期控制主要采用不同的修剪时间来调节，在日温25～28 ℃的条件下，剪枝后45 d左右可剪取切花，一般最基部芽的切花时间迟4～5 d，上位芽早4～5 d。修剪时保留2～3片绿叶，萌芽后每枝留1～2个健壮芽，其余抹去。

5. 温湿度管理

切花月季多采用温室和大棚栽培，夏季高温不利于月季生长，可用外设遮阳网、打开窗户或拆除薄膜等方法降温，同时，通过减少浇水来迫使月季处于休眠状态。入秋后温度逐渐下降，月季生长又处于高峰期，应注意通风透气，晚间注意保温。入冬后做好保温、加温工作，保持晚上最低温度不低于10 ℃。冬季室内湿度高，应晴天开窗或设置排气装置，定期排出过湿的空气。

6. 剥蕾

切花月季要求每个花枝只开1朵花，一般每个花枝上会形成多个花蕾，在花蕾形成时，应及时剥除周围的侧蕾，只留中间的主蕾，使营养集中，促使花大色艳。

(四)采收与保鲜

切花月季的采收时间，大多数为红色和粉红色品种，当最外层的两片花瓣展开时，即可采收。黄色品种可稍早一些，白色品种宜晚一些。采花最好在清晨和傍晚进行，剪切部位通常是保留5片小叶的2个节位，俗称为“5留2”。采收后应立即吸水，去除切口以上15 cm内的叶片和皮刺，只留3～4片叶，再分级捆扎，10枝或20枝为1束。在吸水或保鲜液后，保存在4～5 ℃条件下待运。

四、百合

百合为多年生球根观赏植物。百合花大而秀丽，给人以清纯、高雅的印象，是切花中的佳品。近年来，我国在婚庆典礼上经常应用百合，以取“百年好合”之意。

(一)生态习性

百合栽培品种多，分布广，我国有40多种，西至新疆、东至台湾、北至黑龙江均有分布，以西南和华中为多。不同种类之间的生态习性有很大差异。绝大多数喜冷凉、湿润、阳光充足的环境，多数耐寒性强、耐热性差。用于切花栽培的百合大多是亚洲百合、东方百合和麝香百合，性喜温暖、阳光充足和空气流通的环境，生长适温为 15～25 ℃，30 ℃以上会严重影响生长发育，炎热和遮阴条件下长势减弱，开花受到影响；生长最低适温为 12～15 ℃，低于 0 ℃生长停止。对土壤肥力要求不高，要求土壤有机质丰富、疏松、透气、排水良好，大多数百合喜微酸性土壤，pH 为 6～6.5，少数可在弱碱性土壤中生长。

(二)繁殖方法

百合的繁殖方式有分球繁殖、珠芽繁殖、鳞片扦插、播种繁殖以及组织培养繁殖等。播种繁殖主要用于新品种的培育。

1. 分球繁殖

分球繁殖是利用直立茎地下部分茎节可生出小鳞茎的规律，结合切花生产或种球生产，每年秋季起球时收取新长的鳞茎用于生产种球。分球繁殖获取的小鳞茎数量少但个体大一些，周径 5 cm 以上的再培养一年即可用于生产。

2. 鳞片扦插

选择品种纯正的健壮鳞茎，表面洗净消毒后，剥下鳞片，用 80 倍的甲醛水溶液浸泡 30 min，取出用清水冲净，阴干，斜插于粗沙或泥炭中，保持温度在 20～25 ℃，经 2～4 个月后生根。1 个鳞茎一般可获得 30～40 个仔球，多者可获得 50～60 个仔球。自鳞片扦插到开花，一般需要 2～3 年。

3. 珠芽繁殖

直立茎的叶腋间形成的珠芽可培养成小鳞茎，培养 2～3 年可长成能开花的种球。

4. 组织培养

百合的组织培养可利用不同的部位作外植体，多用鳞片或叶片。

(三)栽培管理

1. 整地做畦

百合根系发育要求土层深厚、肥沃、疏松、微酸性土壤，应深翻 30～40 cm 及以上，不能连作，施入腐熟有机肥 2.5～5 kg/m^2。采用畦式或箱式栽培，畦高 15～25 cm，宽 80～100 cm。种植密度，亚洲百合较密，麝香百合次之，东方百合较稀，一般栽植行距为 20～25 cm，株距为 8～15 cm，覆土厚度以 8 cm 左右为宜，不能过浅。

2. 肥水管理

种植后浇一次透水，以后保持土壤湿润。夏季适当浇水，孕蕾期适当湿润，花后水分减少。在鳞茎种植 25～30 d 后进行追肥，追肥以氮和钾为主，百合所需氮、磷、钾的比例为 1∶2∶2。出苗至现蕾期，追施 2～3 次饼肥水等稀薄液肥，现蕾期增施 1～2 次过磷酸钙、钾肥，施肥应远离基部。及时中耕、除草。

3. 张网

当百合植株长到 60 cm 时用尼龙网扶持，使花茎直立生长。夏季要加盖遮阳网，以防高温和强光，秋季如果光照不足，还应加人工光源补光。

(四)周年生产

1. 促成栽培

百合切花的周年生产需对种球进行人工温度处理，然后栽植。一般促成栽培是利用自然花期开花后 50 d 的地下鳞茎。7～8 月开花的百合，9 月鳞茎从地下挖出，并保证鳞茎根部不受损伤。先对鳞茎进行消毒，可在2-甲氧基乙基氯化汞800～1 000倍溶液中浸泡30 min，然后用清水洗净，随即进行温度处理，先在30～35 ℃下处理6～8 d，然后在13～15 ℃温度下处理15～20 d，促进发根，再转入5～10 ℃的低温贮藏40～45 d，进行低温春化。经过上述温度处理后，便可定植。

对于4～5月开花的百合，新的鳞茎在地下生长阶段(6～7月)已经受了自然高温，所以挖出后，直接放入低温环境中处理一段时间，便可栽种。如6月下旬挖出种球，经过挑选后，直接放入冷室内，在5～10 ℃低温下贮藏至8月下旬或9月上旬，然后取出种球，定植于温室，11月下旬至翌年1月上旬即可正常开花。如在翌年4月连续生产百合，可将种球一直贮存于低温环境里，陆续取出、定植。只要定植时间不晚于1月份就可正常开花。对于成熟百合的正常开花，高温休眠和低温打破休眠是必要的条件，二者缺一不可，这是由百合的遗传特性决定的。

2. 温度和光照管理

温度和光照是百合周年生产的重要条件。在定植后的4～6周内，夜温需控制在12～13 ℃，不可超过15 ℃，否则会使生长质量下降。白天室温应保持在20～25 ℃，昼夜温差控制在10 ℃左右。冬季生产百合，温室内应安装补光设备，以备阴雨天开启。对有些百合品种，补光可提供人工长日照，以促其提前开花。因此，补光对百合有双重作用。补光灯用白炽灯(20 W/m^2)，进行人工长日照处理时，在天亮前或天黑后补光，使日照长度达16 h。

(五)采收与保鲜

百合切花应在有2～3个花蕾透色后采收。过早采收将导致花开放不好，且影响花色。但过迟采收会给采后的处理、包装带来困难。对已开放的花朵要剪掉，以防开放后的花朵释放乙烯，对以后贮运不利，同时花粉散出污染花瓣，会影响花的商品价值。采收宜在上午10时前进行，剪下的百合花枝应尽快拿出温室，并插入含杀菌剂的预冷清水中(2～5 ℃)。在百合包装成束以前，应剥去下部10 cm茎秆上的叶片，按照每枝的花朵数分好，10枝扎成一束，将花蕾朝上，用包装纸包好，装入纸板箱即可贮运。百合在3～4 ℃条件下可贮藏1周。

五、香石竹

香石竹又名康乃馨、麝香石竹，为宿根草本观赏植物。为世界四大切花之一，在世界各地广泛栽培。我国引种较早，20世纪80年代后在上海、昆明等地大量栽培，是目前我国栽种面积最大的切花。

(一)生态习性

香石竹喜温暖凉爽气候，忌严寒、酷暑，生长适温白天20 ℃左右，夜间10～15 ℃，气温低于10 ℃，生长停滞；高于30 ℃，生长受到抑制。夏季连续高温易发生病害。喜干燥通风环境，喜阳光充足。适于疏松透水、富含腐殖质土壤，pH为6～6.5。忌连作。香石竹为中日性花卉，15～16 h的长日照条件对花芽分化和花芽发育有促进作用。

(二)繁殖方法

香石竹易受病毒感染，切花香石竹一般用组织培养法去除病毒，获得脱毒苗，然后再用扦插法繁殖。扦插繁殖要建立优良的品种圃、采穗圃。品种圃和采穗圃应覆盖防虫网，防止害虫侵入而感染病毒，导致性状退化。香石竹种苗的优良性状一般能维持8～12个月，之后产生性状退化，影响切花质量。种苗生产的母株必须每年更换1次。

生产用种苗的插穗最好采母株茎中部2～3节抽生的侧芽，采穗长度8～10 cm，保留6～8片叶，速蘸 50 mg/L 的 α-萘乙酸或生根粉溶液，促进生根。扦插基质采用蛭石，全光喷雾苗床，基质厚度 8～10 cm，插后立即浇水。生根前要适当遮阳，夏季高温喷水降温。苗床注意防病工作，及时发现，及时防治。在高温、高湿环境下，6～8 d 喷一次杀菌剂，如多菌灵、百菌清、甲基托布津等，喷洒应在表面水分刚蒸发完时进行。

(三)周年生产

1. 制订生产计划

为了达到周年均衡供花，除控制定植时期外，还需配合摘心处理，调节香石竹开花高峰(表 6-1)。

表 6-1 香石竹切花周年生产计划

定植时间	摘心方法	采花时间
4～5 月	一次半摘心	7 月始花，为一级枝开的花，8～9 月二级枝开花
2 月	一次摘心	6 月底始花，第一次开花高峰在 7 月，第二批在元旦、春节上市，翌年 5～6 月第三批花上市，可延至 7 月初
3 月	不进行摘心	6 月中旬开花，第二批花在国庆节上市，第三批花在翌年 3～4 月收获
6 月上旬	两次摘心	第一批花在元旦期间上市，第二批花在 5 月的第二个星期日“母亲节”前后上市
9 月上旬	一次摘心	翌年 4～5 月为产花高峰，7～8 月仍有优质花供应上市

2. 土壤准备

选择没有种植过香石竹的地块，连作时对土壤进行消毒。整地，施入腐熟的有机肥作基肥，通常每 100 m^2 施有机肥 300 kg，过磷酸钙 12～15 kg。香石竹喜干忌涝，地下水位高的地区作高畦，水位低的地区做平畦，注意排水。

3. 定植

香石竹定植有春作型、冬作型和秋作型。春作型 4～5 月定植，10 月以后出花；冬作型 12 月定植，翌年 6～7 月出花；秋作型 9 月定植，翌年 3～4 月出花。

定植的密度一般为 35～40 株/m^2，有效花枝控制在 180～200 支/m^2。定植株行距为 10 cm×10 cm，定植的深度为 3～5 cm，以香石竹幼苗能直立为宜。

4. 浇水追肥

一次浇水不宜过多，以湿润 30 cm 土层为好。土壤过湿容易发生茎腐病。9 月下旬至 10 月下旬气温 15 ℃左右时，可增加浇水量。冬季因昼夜温差大，要严格控制浇水量。

香石竹在定植后追施有机肥，追肥要薄肥勤施，注意全面营养。生长前期需氮肥较多，中后期减少氮肥的用量，适当增加磷钾肥。花蕾形成后，可每隔 5～7 d 喷一次 0.2%～0.3%的磷酸二氢钾溶液，以提高茎秆的硬度和开花质量。

5. 架网

香石竹在侧枝开始生长后，整个植株张开，花茎易弯曲，应提早张网，使茎正常发育。一般张 3～4 层网。苗高 10 cm 时，张第一层网，网距床面 15 cm；第二层网距第一层网 20 cm；第三层网距第二层网 20 cm。

6. 摘心和花期控制

定植后 4～6 周，侧枝长至 5 cm 时即可摘心。有四种摘心方法，摘心方法不同可影响切花产量和采收时间。

(1)单摘心　对定植植株只进行一次摘心，一般在有6～7对叶进行，摘去顶芽，使下部4～5对侧芽几乎同时生长，同时开花。此摘心方法能出现两次采收高峰，可在短时间内同时收获大量切花。

(2)一次半摘心　摘去顶芽，侧枝伸长后，从所有侧芽中选半数较长者再摘心。这种方法可降低第一茬花产量，但各茬花产量较均匀，可延长采花时间。

(3)双摘心　摘除顶芽，侧枝生长后再摘除所有侧枝的顶芽。这种方法可使第一茬花产量大而集中。主要为推迟采花期。

(4)单摘心与打梢　摘除顶芽，侧枝伸长超过正常的该摘心的长度时，去除较长的枝梢，打梢需持续进行2个月左右。这种方法可降低第一茬花产量，使第一年中产花量平稳，可与双摘心一样提高产量，但在生产上要求在高光照条件下采用。

7. 摘芽和摘蕾

这是香石竹栽培中一项持续且费工多的操作，除产花侧枝外，其余侧枝应及早摘除；茎顶端花蕾留下位置适中且发育良好的一个，其余全部摘除。摘芽及摘蕾应用手掐住芽或蕾向下作圆弧旋转将其剥掉，而不可向下直拉，否则容易损伤茎叶，导致以后花茎弯曲。

(四)采收与处理保鲜

大花型香石竹可在花蕾即将绽开时采收；多花型香石竹应在两朵花已开放，其余花蕾透色时采收。采收时间应在每日下午1～4时。花采下之后，应放在清洁的水或保鲜液中，冷藏温度在0～0.5 ℃，相对湿度在90%～94%，分级包装，20枝为1束打捆保存或运输。

六、切花洋桔梗

洋桔梗又名草原龙胆，为多年生宿根草本植物。原产于北美洲得克萨斯等地的草原上。其花形似风铃，花色多为蓝色。

(一)生态习性

洋桔梗喜温暖、湿润和阳光充足的环境。较耐寒，不耐水湿。生长适温为15～28 ℃，生育初期对温度较敏感，尤其是夜间温度对生长发育影响更大，若夜温低于10 ℃或超过25 ℃以上会引起簇叶化现象，即节间缩短，叶丛生。生育中期逐渐对日照长度敏感，长日照(16 h)可促进茎节伸长和提早开花。要求通风良好，适宜肥沃、富含腐殖质的微酸性壤土，pH以6.5～6.8为佳。

(二)繁殖方法

可用播种和扦插繁殖。洋桔梗种子细小，每克2.2万粒，需拌沙播种，基质要求保水透气性好。严格消毒，采用撒播法，温度保持在25 ℃左右，约10 d可发芽，发芽后要经过约10周才可移植，当出现2片真叶后即可移苗，护根保叶，保证生长温度。也可采用扦插法，用萘乙酸2 mg/L浸1 h后易生根。

(三)栽培管理

1. 定植

定植土壤以肥沃沙质壤土为佳，深翻20 cm，施入有机肥，整地做高畦，宽80 cm，定植前畦面铺15 cm×15 cm尼龙网，在每个网眼内定植1株壮苗，定植初期温度在15～30 ℃，在定植后半个月可适当遮阳，半个月后充分光照和加强通风，防止簇叶化现象发生。

2. 管理

定植 30 d 后追施氮、磷、钾复合肥，比例为 5∶4∶5，根据上市时间确定是否进行摘心，摘心可延迟花期 15～30 d，但产量增加，品质会下降，摘心一般在第 3 节和第 4 节之间。

(四)采收保鲜

以 2～3 朵花开放时为采收适宜时间，采收过早会造成花蕾停开，如上市时间短而且运输距离近，可在 5～6 朵花开放时采收，采收时要留一短茎，会在茎基长出新的侧芽，选留健壮芽，去除弱芽，再过 2～3 个月会生产出下一批花。

七、非洲菊

非洲菊又名扶郎花、大丁花，为多年生草本花卉。其花色丰富，花型多样，可周年产花，已经成为世界闻名的新兴切花品种之一，深受人们喜爱。

(一)生态习性

非洲菊性喜温暖、阳光充足、空气流通的环境，生长适温为 20～25 ℃，30 ℃以上停止生长；冬季适温为 12～15 ℃，低于 10 ℃生长停止。周年开花，春秋两季为盛花期。要求肥沃、疏松、有机质丰富、排水良好的微酸性土壤，pH 为 6～6.5。

(二)繁殖方法

非洲菊的繁殖方法有种子繁殖、分株繁殖、扦插繁殖、组织培养繁殖等。种子繁殖常用于选育新品种。分株繁殖通常 3 年分株 1 次，繁殖系数低。扦插繁殖一般在 4～6 月进行，萌发新芽后带根茎剥下，扦插在蛭石和珍珠岩的混合基质中，保持 25 ℃的温度和一定的湿度，20 d 后可发根。

非洲菊生产上多采用组织培养繁殖，以叶片、花蕾、花萼为外植体，大量生产幼苗，植株整齐，开花一致，产花质量高。非洲菊产花能力以新苗定植后第二年最强，以后逐渐衰退。因此最好在栽培 3 年后更换新苗。

(三)栽培管理

1. 土壤及整地

非洲菊适于在 pH 为 5.5～7.0 的中性或微酸性土壤中生长。土壤要求有良好的透水、透气性，土质肥沃、水源充足、排水良好、疏松透气、富含腐殖质的沙质壤土较为理想。

(1)土壤准备　种植前先了解土壤前茬栽培作物种类、化肥和农药施用情况，检测土壤养分状况，清除前茬杂草和病虫害。

种植非洲菊的土地必须排水良好，有一个稳定的地下水位。水位太高会造成烂根、萎蔫、早亡等，因此，在非洲菊栽培地点附近，应开有 70～100 cm 深的排水沟，以保证排水通畅。对于黏重的土壤，应加入锯末、珍珠岩、植物秸秆、谷壳、鸡粪等增加疏松度和肥力；对于沙性过高的土壤，可加入黑泥炭，以增加蓄肥、蓄水能力。

(2)土壤消毒　第一年种植非洲菊的土壤，可以不消毒；连作则必须消毒，在做好畦后进行。否则为害非洲菊的多种病虫会在土壤中存活，如引起严重萎蔫病的疫霉菌及土壤线虫等会部分甚至完全地毁灭整茬作物。消毒方法有蒸气消毒、甲醛消毒等。

(3)整地做畦　非洲菊为深根性观赏植物，须根发达，并集中分布在 20～30 cm 的土层中，因此，耕作层应深翻 30～40 cm，并施入腐熟有机肥，同时施入氮、磷、钾复合肥。土壤最好进行消毒。充分耕翻后做畦，一般畦宽 80 cm、高 20～30 cm。

2. 定植

种植密度对非洲菊切花产量和质量影响较大，根据选择的品种及不同种植年限，应考虑不同的种植密度。只种1～1.5年时，由于单株叶片数少，密度可适当高一些，每平方米10～11株；种植2年以上时，单株蓬头大，叶片多，每平方米则为8～9株。对于蓬头较大的品种，要适当降低种植密度。

非洲菊为全年开花植物，全年均可种植，但从生产及销售的角度考虑，以争取在10月达到第一个盛花期。在20 ℃以上的温度条件下，非洲菊定植后约3～4个月可采花。因此，4～5月为较理想的定植期，稍微延后亦可；在炎热的夏季宜选择阴雨天气定植，缩短缓苗时间，晴天需加盖70%遮阳网，加强水分管理，才能提高成活率；非洲菊不宜在8月底至9月份种植，因为植株不能很好地度过冬季。10月份以后定植，气温下降明显，小苗生长非常缓慢，植株发棵也慢，冬季形不成足够的营养体，越冬抗寒能力差，易出现低温危害。

3. 水肥管理

非洲菊喜干不喜湿，切忌积水，土壤含水量以65%～80%为宜。苗期应适当湿润，以促使根系发育，以后的整个生长期以土表见干见湿为原则，不干不浇，浇则浇透。但非洲菊叶片硕大，蒸腾旺盛，充足水分供应可提高切花产量和品质。小苗期浇水要适当控制，促使其蹲苗，苗期过后给予充足的水分。在花期浇水时勿使叶丛中心着水，否则会引起花芽腐烂。切花非洲菊品种花头大、叶多，在生长期间需消耗大量养分，要求补施一些肥料作追肥。追肥应少量勤施，根据开花情况约2周追肥一次，以速效肥为主，氮、磷、钾兼施，切忌偏施氮肥。开花旺季过后，注意补追有机肥。

非洲菊喜肥，除施足基肥外，生长期要求肥料量大。因切花非洲菊只要在5～30 ℃的范围内可周年开花，发育正常的非洲菊单株，两年内可产花50～65枝，积累产生干物质260～350 g，其中叶片占10.9%～13.7%，叶柄占8.2%～10.4%，根系占16.6%～22.0%，花序及花梗占51.5%～62%。在此期间，一棵植株消耗的营养元素数量氮为79.2 g、磷为21.6 g、钾为87.6 g，可看出非洲菊的氮消耗量是磷的3～4倍，而钾消耗量是磷的4～4.5倍，因此它的营养消耗是氮钾型，肥料可以氮、磷、钾复合肥为主，苗期氮磷钾之比为5∶3∶2，花期氮磷钾之比为15∶8∶25，特别注意增施钾肥。

4. 温光管理

非洲菊的花芽分化、花序生长及切花产量、花茎长度均受温度影响，非洲菊生长的适宜温度较高，保持在20～25 ℃，根部温度维持在16～19 ℃最有利于生长发育。若冬季能维持在12 ℃以上，夏季不超过30 ℃，可以终年开出优质鲜花。

非洲菊为周年开花植物，对日照长度的反应不敏感，其产花量在光照充足、气温适宜的春季和秋季最高。冬天在短日照和低温条件影响下，非洲菊不定芽的发生被促进，植株分蘖增多，当春季光照和日长迅速增加后，导致了春天"百花齐放"的现象，产量骤然上升。

5. 摘叶疏蕾

当叶片过度茂密时，影响开花，将植株外层老叶摘除，以改善光照和通风条件，减少病虫害的发生，促进新叶和花芽的生长。同时，为保证开花质量，生产具有一定品质的鲜花，在花蕾过多时，应进行疏蕾。

(四)采收保鲜

非洲菊花朵的成熟度对其吸水性影响很大。幼嫩花朵的吸水性很差，如果采收过早，花瓣难以展开；而采收过晚，瓶插寿命明显缩短。重瓣型品种与单瓣型品种比较，适宜采收时期可以适当延迟。要注意依据不同的使用目的在适宜时期进行采收。

采收通常在清晨或傍晚进行，此时植株挺拔，花茎直立，含水量高，瓶插寿命长。采摘时应用手抓住花茎中下部来回旋折或向外方向拉掰，可从花葶基部与植株短缩茎节处折断。采收操作时注意不要将花梗折断，采切花葶不带叶片；携带病菌的花枝要及时剔除，避免从花圃带出的病菌在采后流通过程中蔓延，使切花失去商品价值。

采下的花整理后，切去花梗底部 2～4 cm，切割时要斜切，这样可以避免木质部导管被挤压。花梗底部是由非常狭窄的木质部导管组成的，对水分传输有阻碍作用，切去之后，花朵吸水更加容易，这对于避免花茎开裂和弯曲很重要。由于在切花采切时，空气有可能被吸进导管而阻止花朵吸水，切去一部分花梗同时也除去了导管中的气泡。整理好的切花按照长度、成熟度、花径等指标进行分级。

八、切花鹤望兰

鹤望兰，又名天堂鸟、极乐鸟花，为多年生常绿宿根草本。它以特殊的花型和吉祥的寓意，深受人们喜爱，并广泛应用于艺术插花作品之中。

（一）生态习性

鹤望兰喜冬春温暖、夏季凉爽、空气湿润的环境。喜光照充足，但怕盛夏阳光暴晒。不耐寒，生长适温 25 ℃左右，冬季室温 10 ℃为宜。耐旱，忌水湿。喜肥沃、排水良好的黏质壤土。中国华南地区可露地栽培。

（二）繁殖方法

播种或分株繁殖。鹤望兰是典型的鸟媒植物，栽培中需人工授粉才能结实，发芽适温 25～30 ℃，15～20 d 发芽。分株繁殖于早春结合换盆进行。

（三）栽培管理

1. 定植

定植时间在 3～11 月都可进行，最适时期是 3 月下旬至 6 月上旬。定植前土壤要消毒，并施入足够腐熟的有机肥。定植距离一般行距为 80～90 cm，株距为 50～60 cm，也可先行密植，经 3～4 年后，再行移栽。

2. 温度和光照管理

控制合适的温度是提高鹤望兰产花率的关键。在花芽分化到开花的 4 个月里，温度应控制在 20～27 ℃，鹤望兰的开花期大致是秋、冬、春、初夏，其中秋、春二季是开花高峰，一般每天光照时间不得少于 12 h。夏季应适当遮阳，冬季则需要阳光充足。

3. 水肥管理

鹤望兰在生长旺盛期水肥的供应要充足，每 7～10 d 追肥一次，施复合肥 0.05 kg/m^2、腐熟饼肥 0.1 kg/m^2。土壤应保持疏松潮湿的状态。在产花季节的前两个月每月补充 1 次 0.2%磷酸二氢钾溶液或 2%过磷酸钙溶液，以补充花朵发育所需的营养。温度过低或过高，抑制鹤望兰生长时，应减少水、肥的供应。

（四）采收保鲜

鹤望兰应在第一朵花完全开放时切下，如需贮藏运输后才上市的花则要略早剪取（即含苞待放时剪取）。一般水养条件下可持续开出 2～3 朵花。若加营养液，花朵则可开得更多。在

20 ℃室温下,可保鲜 2～3 周。冬季在冷室内观赏期可达 1 个月以上。

九、肾蕨

肾蕨又名蜈蚣草、圆羊齿,为常绿草本植物。肾蕨叶片秀丽清雅,四季常青,既可作室内盆栽观叶植物,又可切叶作插花配花材料。

(一)生态习性

肾蕨性喜温暖湿润和半阴环境,要求空气湿度较高。忌强光直射,炎热夏季需遮阴栽培,但也不可过阴,否则生长柔弱,甚至脱叶。自然萌芽力强。不耐寒,怕霜冻。生长适温为 20～25 ℃,冬季需要保持 5 ℃以上的夜温。宜栽植于腐殖质丰富、肥沃和排水良好的微酸性土壤。

(二)繁殖方法

有播种孢子及分株繁殖,以分株繁殖为主。通常在春季新叶未抽生前进行,分株前,适当保持土壤干燥,然后挖出老株,用利刃将大株丛切成 5～6 叶一小丛,分栽定植。播种孢子可在室内进行,萌发适温为 15～22 ℃,播后保持较高的空气湿度,30 d 左右可发芽。

(三)栽培管理

肾蕨易生长,栽培中要注意保持温暖多湿的环境,经常向叶面及植株四周喷雾,以提高空气湿度。南方温暖地区可在山地北坡露地栽培,也可平地架遮阳网栽培。北方地区可栽于温室或大棚内。定植后春、夏、秋三季需 70%的遮阳网遮光,冬季注意保温。生长季节内每隔 15～20 d 追施一次液肥,不可施用碱性肥,以免土壤碱化,最好施用麻酱渣水。生长期间注意去掉黄叶、病叶。经常保持土壤湿润,有条件的可在棚室内设置喷雾装置,以提高空气湿度。

(四)采收

肾蕨一年四季均可切叶,当叶片由浅绿转至浓绿时,叶片发育成熟。一般集中在秋冬季市场需求高峰时切叶,切叶后每 20 枝扎成一束,水养后包装上市。

十、银芽柳

银芽柳又名银柳、棉花柳、毛芽柳,为多年生木本观赏植物,是传统插花的首选材料。

(一)生态习性

银芽柳喜阳光充足,耐潮湿,喜肥耐涝,不耐干旱,不甚耐寒,生长适温为 18～30 ℃。宜生长在河边、湖畔,要求常年湿润而肥沃的土壤,pH 为 6～6.5。

(二)繁殖方法

一般用扦插繁殖,在早春萌芽前剪插穗,每段 10 cm 长,插床应疏松透气。采穗母树应在夏季加强肥水管理,促发新枝,用于采插穗。

(三)栽培管理

银芽柳切花栽培,一年生苗栽植株行距为 50 cm×50 cm,定植后主干留 10～15 cm,短截促进分枝,生长期施肥 7～8 次,当年秋季即可采收到商品切枝。进行大植株管理过程中,每年早春谢花后,应从地面向上 5～10 cm 处平茬,可促进当年萌发更多的新枝。为满足春节期间供应花枝,在北方可于入冬前将花枝提前取下来,先存入冷室或地窖,用湿沙在枝条基部堆起来,在春节前 15～20 d 移入中温温室并插入水中催芽。

(四)采收保鲜

银芽柳剪切后的枝条,需要加工剥除花芽外围的苞片。通常采切后将枝条进行短期烘烤,苞壳遇热后自裂，去壳水养。按切枝长短分级捆扎，一般每 10 枝扎成 1 束。在保鲜液或清水中贮存，干贮温度可降到 −2 ℃。银芽柳切花上市前也有进行染色加工的，常用保鲜剂加 0.2%的食用色素溶液，将切枝浸泡 7～10 d，浸后阴干 10～14 d 上市。

拓展知识

重瓣百合切花市场前景看好

重瓣百合切花具有外形大气美观(图 6-10)、瓶插期长、在花艺作品中立体感强等特点，受到花艺师的喜爱和生产企业的广泛关注。几年前，国内部分鲜花企业开始关注重瓣百合，但是由于当时货源较少、市场认知度不高、品种技术不成熟等原因，并未形成规模化商品生产，从国外引进的品种试种也收效甚微。

近两年，国外重瓣百合种植技术进一步成熟，品种更新换代，国外企业筛选出一些性状稳定的品种进行量产。国内企业紧随其后，经不断试验后也开始量化生产。

目前国内公司引进的重瓣百合在国际上称为玫瑰百合系列，这是由荷兰 De Looff Lily Innovation 公司在 2010 年创建的品牌。据了解，目前国内引进品种有 Roselily Aisha、Roselily Thalita、Roselily Isabella 等。玫瑰百合切花外形大气美观，因花瓣丰满，瓶插期是普通百合的两倍。目前玫瑰百合已经被引入中国、美国、澳大利亚、英国等多个国家。其中，以英国为例，Isabella、Belonica 两个主要品种出口量较大。

百合切花本身价值较高，加之又是重瓣新品种，因此生产者和经销商都将玫瑰百合在中国市场定位为高端消费品，市场前景普遍看好，高端市场也是未来推广的重点。品种的差异使得重瓣百合在生产技术上与常规品种略有不同，首先是种球处理阶段，其应在 11～14 ℃的温度下预生根 15 d 左右。若条件许可，冷库中 9 ℃下预生根 3 周，芽体和成品花苞会更加健康。其次是种植密度，生产者需格外注意，种植密度与百合品种‘西伯利亚’大致相同，但要结合不同气候特点进行相应调整，Isabella、Felicia、Elena 等花苞数较多的品种种植时尤需注意，为使其长势更健旺，株间距尽量要大。

图 6-10 重瓣百合

另外在生产过程中，花苞数过多时，建议在最下方花苞直径 0.5 cm 的时候，掐掉最下方 1～2 个花苞，这样再生出来的花会更好。采收环节也是重瓣百合生产区别于常规百合品种的重要阶段，重瓣百合切花采收时间比单瓣百合晚一些。采收前，建议在最下方两个花苞在 5～6 cm 大小时，用网套网住 2 个花苞，如此可延长采收时间，以保证其他花苞全面开放，且在运输途中起到保护作用，避免花朵完全打开后经各个环节的耗损。另外，采收时应注意观察花苞整体的开放度，要等到最下方花苞张开才能采收，否则过早采收会导致花苞很难打开。采收后一定要使用保鲜剂。

技能训练一　鲜切花的采后处理及保鲜技术

一、实训目的

通过实际操作，让学生动手进行鲜切花的分级、再裁剪、绑扎、预处理（保鲜液的使用）、包装等工作，使学生认识鲜切花分级的指标，常规的绑扎、包装方法及所用材料，了解贮藏的环境条件和方法，掌握鲜切花采后处理的环节和技术，深刻认识鲜切花保鲜处理的必要性。

二、材料与工具

1. 材料

当天采收的未处理的鲜切花 3～4 种。

2. 试剂

鲜切花相应的预处理液。

3. 工具

枝剪，直尺，水桶，自来水，橡皮筋，报纸，鲜花包装纸（塑料），烧杯，量筒，玻璃棒和标签等。

三、实施步骤

（1）查阅实训用鲜切花的分级标准。

（2）根据花卉的分级标准，从整体感、花型、花色、花枝长度和粗细、叶的色泽和新鲜程度及大小、病虫害感染情况等方面，进行分级，每一级别分别放置。

（3）分级完后，每一等级的切花要整理成束，花朵或花蕾在同一端并要求整齐，根据等级要求，整理成 10 枝或 20 枝为一束。

（4）根据标准，用枝剪剪留需要的长度，带叶的，除去花枝下部 10～20 cm 的叶片后，用橡皮筋绑扎，松紧以不松散为宜。外用报纸或鲜花包装纸包裹起来，上端比花蕾或花朵部分稍长，花枝下端部分 20～30 cm 露在外面，方便保鲜液处理。然后用胶带固定。

（5）用量筒量取预处理液，加入水桶中，搅拌均匀，把绑扎好的鲜切花插入，进行预处理。水温 37 ℃左右，处理 6～12 h，或插入清水中，入水 5～10 cm 深。

（6）取出后按要求装入准备好的包装箱中。各层切花反向叠放箱中，花朵朝外，离箱边 5 cm；小箱为 10 扎或 20 扎，大箱为 40 扎；装箱时，中间需捆绑固定；纸箱两侧需打孔，孔口距离箱口 8 cm；纸箱宽度为 30 cm 或 40 cm。非洲菊等花则不能平放，要垂直放。

（7）贴上标签，注明切花种类、品种名、花色、级别、花茎长度、装箱容量、生产单位、采切时间。然后进入贮藏环节（若无实训条件，可让学生明确贮藏所需环境条件）。

（8）选择处于花蕾期和已开放的鲜切花各 1～2 种，处于花蕾期的，用催花液进行处理；已开放的，用瓶插保持液进行处理。各设对照，分别插入相同的容器中，放置在同一环境条件下，每天定时观察花的变化，并记录比较花色、花型和瓶插寿命。

要求：以小组为单位进行，4～5 人一小组。

四、实训报告

填写实训用鲜切花的分级标准及包装、贮藏要求（表 6-2）。

表 6-2　鲜切花分级标准及要求

鲜切花种类	一级	二级	三级	四级	绑扎	预处理液	包装	贮藏条件

技能训练二　切花唐菖蒲定植技术

一、实训目的

熟悉唐菖蒲球茎栽植前的处理，掌握唐菖蒲定植技术。

二、材料用具

唐菖蒲生产用球、高锰酸钾、α-萘乙酸、刀片、有机肥、铁锹、耙子、移植铲、喷壶等。

三、实训步骤

根据品种，场地设施及切花上市时间安排，确定各批次生产种球数量和播期，分两次完成。

(1)选健壮的生产用球，剥去外皮膜，挖出根盘上残留物，用清水浸泡种球 6 h，再用 0.5% 的高锰酸钾液浸泡 1 h，捞出后放在 15～20 ℃环境中催芽，待白根露尖后可播种。

(2)做畦，宽 1.0 m，高 15 cm，施入有机肥，按株行距 15 cm×20 cm 定植，覆土 5～8 cm，浇透水，扣地膜。

四、实训报告

观察唐菖蒲球茎在吸水前后及催芽前后的变化，分析其内部发生的生理变化。

自测训练

一、判断题

1. 菊花用扦插、分株、嫁接、组织培养等方法进行繁殖，生产用苗一般采用扦插繁殖。（　　）

2. 菊花定植后要充分浇水，保持土壤湿润，不能过干或过湿，宜漫灌。（　　）

3. 唐菖蒲喜阳光充足、气候温暖、湿润的生长环境，有一定的耐寒性，不耐涝。生长适温，白天为 25～27 ℃，夜间 12～15 ℃。（　　）

4. 唐菖蒲的花期控制较为容易，球茎采收后经过一定时期的休眠就可栽植。不栽植的球茎在 5 ℃下保存。从栽植至开花约需 3 个月。（　　）

5. 切花月季多采用温室和大棚栽培，夏季高温不利于月季生长，可用外设遮阳网、打开窗户或拆除薄膜等方法降温，入冬后做好保温、加温工作，保持晚上最低温度不低于 10 ℃。（　　）

6. 花毛茛要及时将早现花蕾摘除，以促进幼苗生长。现蕾初期每株选留 3～5 个健壮花蕾，其余全部摘除，以使营养集中。采用促成栽培，年底即能开花。（　　）

7. 用作切花栽培的百合大多是亚洲百合、东方百合和麝香百合，性喜温暖、阳光充足和空气流通的环境，生长适温为 15～25 ℃，30 ℃以上会严重影响生长发育，炎热和遮阴条件下长势减弱，开花受到影响；生长最低适温为 12～15 ℃，低于 0 ℃生长停止。（　　）

8. 百合切花的周年生产需对种球进行人工温度处理，然后栽植。一般促成栽培是利用自然花期开花后 80 d 的地下鳞茎。（　　）

9. 香石竹宜一次多浇水，以湿润 30 cm 土层为好。（　　）

10. 洋桔梗喜温暖、湿润和阳光充足的环境。定植土壤以肥沃的沙质壤土为佳。（　　）

11. 非洲菊的繁殖方法有种子繁殖、分株繁殖、扦插繁殖、组织培养繁殖等。种子繁殖常用于选育新品种，生产上多采用组织培养繁殖。（　　）

12. 控制合适的温度是提高鹤望兰产花率的关键。秋、春二季是开花高峰，一般每天光照时间不得少于 6 h。（　　）

13. 切花石斛栽培与其他附生兰一样，以蕨根、苔藓、树皮块、碎砖等透气性强、保湿性良好的材料为基质。基质必须经过消毒和清洗干净，并在水中浸泡 1 d 以上。（　　）

14. 芍药常见病害有立枯病、根腐病、叶霉病、轮斑病、疫病、菌核病等。可用百菌清或多菌灵 800～1 000 倍液、50％甲基托布津 500 倍液进行防治。（　　）

二、选择题

1. 百合花是一种用途很广的球根花卉，下列（　　）的说法不正确。

A. 地下部分具有无皮鳞茎　　B. 有些品种有珠芽可以用来繁殖

C. 有短日照习性　　D. 有低温春化习性

2. 郁金香是“花卉王国”荷兰的国花。郁金香在我国至今尚无普遍生产栽培的原因主要是（　　）。

A. 土壤病虫害，有些地区的夏季高温、多雨

B. 成本太高，没有足够的市场

C. 花期集中在春季，观赏期相对较短

D. 国内栽培品种太少，品种质量差

3. 下列花卉（　　）是一、二年生花卉，最适合作切花应用。

A. 香石竹、金鱼草、紫罗兰　　B. 飞燕草、金鱼草、非洲菊

C. 飞燕草、香雪兰、紫罗兰　　D. 飞燕草、金鱼草、紫罗兰

4. 香石竹在生产上的主要繁殖方法是（　　）。

A. 嫩枝扦插　　B. 组织培养　　C. 播种繁殖　　D. 茎尖扦插

5. 唐菖蒲、香雪兰的地下茎是（　　）。

A. 球茎　　B. 鳞茎　　C. 根状茎　　D. 块茎

6. 洋桔梗喜（　　）气候。

A. 阳光充足、冷凉　　B. 阳光充足、干燥　　C. 适当遮阳、潮湿　　D. 适当遮阳、温暖

7. 秋菊加光处理可（　　）。

A. 提早开花　　B. 推迟开花　　C. 没有作用　　D. 提早花芽分化

附　录

附录一　主要花卉产品等级
第一部分:鲜切花(部分)

1. 范围

本标准规定了主要鲜切花产品的质量等级划分、检测方法以及包装、标识等环节的技术要求。

本标准适用于露地和保护地栽培的切花花卉。

2. 引用标准

下列标准所包含的条文,通过在本标准中引用而构成为本标准的条文。本标准出版时,所示版本均为有效。所有标准都会被修改,使用本标准的各方应探讨使用下列标准最新版本的可能性。

GB/T 2828—1987 逐批检查计数抽样程序及抽样表(适用于连续批的检查)。

3. 定义

本标准采用下列定义。

3.1　鲜切花 cut flowers

自活体植株上剪切下来专供插花及花艺设计用的枝、叶、花、果的统称,其内可包括切花、切叶、切枝和切果等。

3.2　切花 cut flowers

各种剪切下来以观花为主的花朵、花序或花枝,如月季、非洲菊、百合、唐菖蒲、鹤望兰、六出花等。

3.3　切叶 cut leaves

各种剪切下来的绿色或彩色的叶片及枝条,如龟背竹、绿萝、绣球松、针葵、肾蕨、变叶木等。

3.4　切枝 cut branches

各种剪切下来具有观赏价值的着花或具彩色的木本枝条,如银芽柳、连翘、海棠、牡丹、梨花、雪柳、绣线菊、红端木等。

3.5　品种 cultivars

经人工选育而形成种性基本一致,遗传性状比较稳定,具有人类需要的某些观赏性状或经济性状,作特殊生产资料用的栽培植物群体。

3.6　切花整体感 whole display

花朵、花序、花茎(葶)、叶片的整体观感,包括是否完整、新鲜、匀称等。

3.7　成熟度 maturing status

花朵、叶片或果实等发育成熟程度,作为鲜切花采收的重要指标,常因种和品种而异。成熟度高，表示鲜切花处于最佳采收期；成熟度一般，表示采收期稍早或稍晚。

3.8 花朵 flowers

花的总称，是种子植物有性繁殖的器官，形态上实为一短枝。典型花朵由花托、花萼、花瓣、雄蕊、雌蕊组成，具各种颜色。

3.9 佛焰苞 sparthes

着生在肉穗花序外的一个大型苞片，多具各种美丽的色彩，成为主要观赏对象，天南星科的植物多有之，如马蹄莲、火鹤等。

3.10 花梗 pedicule

花的柄，是茎的分枝，结构与茎相同，但无节、无叶片。

3.11 舌状花 ligulate flowers

多指菊科植物花朵，花冠平展如舌状的小花，如非洲菊和菊花等。

3.12 花葶 scape

由植物基部抽生出来无叶、无节的花茎，或无叶的总花梗。

3.13 花枝（花茎）flowering shoots

着生花的枝，其上有节、节间和叶片或分枝。

3.14 花序 inflorescence

许多小花按一定顺序排列在仅有苞片的花枝上，此花枝称为花序。

3.15 花形 flower forms

花冠的形态，即花瓣在花托上组合排列成的状况，因植物种类而不同，是植物分类的重要形态特征之一。如蝶形花科的花形为蝶形花冠，唇形科的花形为唇形花冠等。

3.16 病虫害 pest and disease damage

茎、枝、叶和花等部位遭受害虫危害或细菌、病毒、真菌、线虫等病原菌的侵染，导致植物组织穿孔、缺损、发育不良、各种病斑、组织腐烂、坏死、变色等伤害。

4. 质量分级

4.1 鲜切花质量等级划分公开标准

具体划分标准略，详见 GB/T 18247.1—2000 原文。

4.2 要鲜切花质量等级划分

具体划分标准略，详见 GB/T 18247.1—2000 原文。

4.2.1 月季（*Rosa* cvs.）切花质量等级划分标准

4.2.2 唐菖蒲（*Gladiolus hybridus*）切花质量等级划分标准

4.2.3 香石竹（*Dianthus caryophyllus*）切花质量等级划分标准

4.2.4 菊花（大菊类）（*Dendranthema* ×*Grandiflorum*）切花质量等级划分标准

4.2.5 非洲菊（*Gerbera jamesonii*）切花质量等级划分标准

4.2.6 满天星（*Gyposphila elegans*）切花质量等级划分标准

4.2.7 亚洲型百合［*Lilium* cvs.（*asiatic hybrids*）］切花质量等级划分标准

4.2.8 东方型百合［*Lilium* cvs.（*oriental hybrids*）］切花质量等级划分标准

4.2.9 麝香百合［*Lilium longiflorum*（*longiflorum hybrids*）］切花质量等级划分标准

4.2.10 马蹄莲（*Zantedeschia aethiopica*）切花质量等级划分标准

4.2.11 火鹤（*Anthurium andraenum*）切花质量等级划分标准

4.2.12　鹤望兰(*Srtelitzia reginae*)切花质量等级划分标准

4.2.13　肾蕨(*Nephrolepis cordifolia*)切叶质量等级划分标准

4.2.14　银芽柳(*Salix leucopithecia*)切枝质量等级划分标准

5. 检测方法

5.1　抽样

5.1.1　同一产地、同一批量、同一品种、相同等级的产品作为一个检验批次。

5.1.2　样本应从提交的检测批中随机抽取,单位产品以枝计。

5.1.3　对成批的切花产品进行检测时,整体效果、花形、花色、花茎(葶)、叶、病虫害、缺损,分别按 5.2.1～5.2.8 的规定。其检测样本数和每批次合格与否的判定均执行 GB/T 2828—1987 一般检查水平Ⅰ和二次抽样方案,从正常检查开始。其合格质量水平(AQL)为 4.0。

5.2　检测

5.2.1　切花品种:根据品种特征进行目测鉴定。

5.2.2　整体效果:根据花、茎、叶的完整、均衡、新鲜和成熟程度以及色、姿、香味等综合品质进行目测和感官评定。

5.2.3　花形:根据种和品种的花形特征和分级标准进行评定。

5.2.4　花色:按照英国皇家园艺学会色谱标准(Colour Chart,The Royal Horticultural Society,London)测定纯正度;是否有光泽、灯光下是否变色进行目测评定。

5.2.5　花茎(葶):花茎(葶)长度、花径大小,用直尺和卡尺测量,单位厘米;花茎(葶)粗细均匀程度和挺直程度进行目测。

5.2.6　叶:对其完整性、新鲜度、叶片清洁度、色泽进行目测。

5.2.7　病虫害:检查花、枝和叶上是否有销往地区或国家规定的危险性病虫害的病状,并进一步检查其是否带有该病原菌或虫体和虫卵,必要时可作培养检查。

5.2.8　缺损:包括挤压、折损、摩擦、水伤、冷害、药害等伤害,通过目测评定。

6. 包装、标识

6.1　包装:各层切花反向叠放箱中,花朵朝外,离箱边 5 cm;小箱为 10 扎或 20 扎,大箱为 40 扎;装箱时,中间需以皮筋捆绑固定;封箱需用胶带:纸箱两侧需打孔,孔口距箱口 8 cm;纸箱宽度为 30 cm 或 40 cm。

6.2　标识:必须注明切花种类、品种名、花色、级别、装箱容量、生产单位、产地、采切时间。

附录二　主要花卉等级标准
第二部分:盆花(部分)

1. 范围

本标准规定了盆花产品质量与等级划分技术要求、检测方法等。

本标准适用于经规范生产管理的整批盆花销售时评价。

本标准适用于陆地和保护地栽培的盆花。

未列入的植物种类参照其中同类植物的分级原则。

2. 引用标准

下列标准所包含的条文，通过在本标准中引用而构成为本标准的条文。本标准出版时，示版本均为有效。所有标准都会被修订，使用本标准的各方应探讨使用下列标准最新版本的可能性。

GB/T 2828—1987 逐批检查计数抽样程序及抽样表(适用于连续批的检查)。

3. 定义

本标准采用下列定义。

3.1 盆花 flowering pot plants

栽培于花盆、花槽等容器中以观花为目的的植物。

3.2 基质 media

无土栽培中用来固定植株的材料。常采用的基质有椰糠、草炭、苔藓、珍珠岩、蛭石、岩棉等。

3.3 品种形态特征 morphological character of cultivar

各品种所具有的茎、叶、花、果等外部形状、色泽、质地等特性。

3.4 冠幅 crown diameter

植物冠部投影直径的平均值。

3.5 植株高度(简称株高)height

以栽培容器的沿口边为基准线，从基准线到株丛的最高点之间的直线距离。

3.6 花朵 flowers

花的总称，是种子植物有性繁殖的器官，形态上实为一短枝。典型花朵由花托、花萼、花瓣、雄蕊、雌蕊组成，具各种颜色。

3.7 花序 inflorescence

许多小花按一定顺序排列在仅有苞片的花枝上，此花枝称为花序。

3.8 花枝(花茎)flowering shoots

着生花的枝，其上有节、节间和叶片或分枝。

3.9 花葶 scapes

由植物基部抽生出来无叶、无节的花茎，或无叶的总花梗。

3.10 花梗 pediceles

花的柄，是茎的分枝，结构与茎相同，但无节、无叶片。

3.11 花形 flower forms

花冠的形态，即花瓣在花托上组合排列的状况，因植物的种类而不同，是植物分类的重要形态特征之一、如金鱼草的花形呈唇形，牵牛花的花形呈漏斗形等。

3.12 花型 flower types

花的姿态在空间的造型。如菊花有平瓣型、莲座型、管球型、托桂型等。

3.13 花被 perianth

花萼和花冠的总称，常位于花的外轮。

3.14 花径 flower diameter

花朵的大小，以花冠或整朵花的横向或竖向直径表示。

3.15 花盖度 coverage percent

花朵(或花序)数量占冠幅面积的百分数。

3.16 茎 stems

植物生长枝叶的部分，有一年生、二年生和多年生的。

3.17 块茎 tubes

肥大的地下变态茎，形状不规则，可以顶端抽芽，如大岩桐、球根秋海棠等。

3.18 球茎 corms

地下变态茎呈球形或锥形，坚硬而实心，顶部有肥大的顶芽，侧芽不发达，如仙客来、小苍兰等。

3.19 叶 leaves

为一扁平的绿色器官，着生在茎枝的节上，是植物进行光合作用制造养分的重要部分。

3.20 病害 disease

植物的各部位因病原微生物（包括真菌、细菌、类菌质体、病毒）的侵染或因生理的原因导致的各种病斑、组织溃烂、坏死、穿孔、褪色等伤害。

3.21 虫害 insect pest

植物各部位因害虫危害造成的穿孔、缺损、褪色、斑点等伤害。

3.22 破损 breakage

植物因人为或机械原因造成的撕裂、折损、穿孔、缺损等伤害。

4. 质量分级

4.1 评价原则

4.1.1 盆花产品标准的划分，采用规格等级和形质等级相结合的分级方法。

4.1.2 规格等级：以所规定的花盖度、株高、冠幅/株高、株高/花盆、叶片或花朵等数量指标进行分级。

4.1.3 形质等级：根据盆花产品的整体效果、花部状况、茎叶状况、病虫害或破损等四个指标进行分级。

4.1.4 等级划分中的某一项指标，同时满足两个等级的评价指标时，要根据该项指标在这两个等级中的评价指标是否相同来决定归属哪一级。如果该项指标在这两个等级中不同，则应归属下一个等级，否则，应归属上一个等级。

4.1.5 各主要种产品等级的划分，依据盆花产品质量等级划分公共标准和主要盆花产品等级划分标准进行。

4.2 盆花产品质量等级划分公共标准

具体划分标准略，详见 GB/T 18247.2—2000 原文。

4.3 盆花产品质量等级划分

具体划分标准略，详见 GB/T 18247.2—2000 原文。

4.3.1 金鱼草（*Antirrhinum majus*）盆花质量等级划分标准

4.3.2 四季海棠（*Begonia semperflorens*）盆花质量等级划分标准

4.3.3 蒲包花（*Calceolaria herbeohybrida*）盆花质量等级划分标准

4.3.4 温室凤仙（*Impatiens hybrida*）盆花质量等级划分标准

4.3.5 矮牵牛（*Petunia hybrida*）盆花质量等级划分标准

4.3.6 半支莲（*Portulaca grandiflora*）盆花质量等级划分标准

4.3.7 四季报春（*Primula obconica*）盆花质量等级划分标准

4.3.8 一串红(*Salvia splendens*)盆花质量等级划分标准
4.3.9 瓜叶菊(*Senecio cruentus*)盆花质量等级划分标准
4.3.10 长春花(*Catheranthus rosea*)盆花质量等级划分标准
4.3.11 国兰(*Cymbidium* spp.)盆花质量等级划分标准
4.3.12 菊花(大中型)(*Dendranthema*×*Grandiflorum*)盆花质量等级划分标准
4.3.13 小菊(*Dendranthema*×*Grandiflorum*)盆花质量等级划分标准
4.3.14 仙客来(1年生)(*Cyclamen persicum*)盆花质量等级划分标准
4.3.15 大岩桐(*Sinningia speciosa*)盆花质量等级划分标准
4.3.16 四季米兰(3～4年生)(*Aglaia dupereana*)盆花质量等级划分标准
4.3.17 山茶花(3～4年生)(*Camellia japonica*)盆花质量等级划分标准
4.3.18 一品红(2年生)(*Euphorbia pulcherrima*)盆花质量等级划分标准
4.3.19 茉莉花(3～4年生)(*Jasminum sambac*)盆花质量等级划分标准
4.3.20 杜鹃花(西鹃)(*Rhododendron* spp.)盆花质量等级划分标准
4.3.21 大花君子兰(*Clivia miniata*)盆花质量等级划分标准

5. 检测方法

5.1 抽样

5.1.1 同地同一种一品作为一个检测批次。

5.1.2 样本应从提交的检查批中随机抽取,单位产品以盆计。

5.1.3 对成批的盆花产品进行检测时,整体效果、花部状况、茎叶状况、花色、冠幅、株高、花径、盆径、盆高、病虫害、缺损分别按5.2.1、5.2.5的规定,其检验样本数和每批次合格与否的判定,均执行GB/T 2828—1987中的一般检查水平Ⅰ,按正常检查一次抽样方案执行,其合格质量水平(AQL)为15。

5.2 检测

5.2.1 整体效果、花部状况、茎叶状况通过目测检验。

5.2.2 花色按照英国皇家园艺学会色谱标准(Colour Chat,the Royal Horticulural Society, London)检验纯正度。

5.2.3 冠幅、株高、花径、盆径、盆高用直尺测量,单位厘米。

5.2.4 病虫害:检查植株上是否有销往地区或国家规定的危险性病虫害的病状,并进一步检查是否带有该病的病原菌或虫体和虫卵,必要时可作培养检查。

5.2.5 缺损:通过目测判定。

附录三　主要花卉产品等级
第三部分:盆栽观叶植物(部分)

1. 范围

本标准规定了主要盆栽观叶植物产品的质量等级划分技术要求及检测方法等。

本标准适用于生产和市场上常见的(表1～23中所列)盆栽观叶植物产品的等级评价。

本标准中未列入的盆栽观叶植物的等级划分可参照其相近的品种标准进行。

2. 引用标准

下列标准所包含的条文，通过在本标准中引用而构成为本标准的条文。本标准出版时，所示版本均为有效。所有标准都会被修改，使用本标准的各方应探讨使用下列标准最新版本的可能性。

GB/T 2828—1987 逐批检查计数抽样程序及抽样表(适用于连续批的检查)。

3. 定义

本标准采用下列定义。

3.1 观叶植物 foliage

以观赏叶形、叶色为主的植物。

3.2 盆栽观叶植物 pot foliage

栽培于花盆等容器中的观叶植物。

3.3 基质 media

无土栽培中用来固定植株的材料。常采用的基质有椰糠、草炭、苔藓、珍珠岩、蛭石、岩棉等。

3.4 叶 leaves

为一扁平的绿色器官，着生在茎枝的节上，是植物进行光合作用制造养分的重要部分。

3.5 叶质 leaf texture

叶片质地，主要是指是否坚挺、柔软等。

3.6 叶色 leaf color

叶片的颜色。

3.7 斑纹 streak

特指叶片上分布的具各种颜色的正常斑点或花纹。

3.8 冠幅 crown diameter

植物冠部投影直径的平均值。

3.9 植株高度(简称株高)height

以栽培容器的沿口边为基准线，从基准线到株丛最高点之间的距离。

3.10 三桩型 triple-stake form

特指龙血树的一种盆栽观赏方式，即茎干截成高、中、低三种长度，促其生根发芽后，按不同茎干数组合种植到同一花盆中，三个茎干一组的，称三桩型。

3.11 单桩型 single-stake form

一盆内种植一个茎干的龙血树，称单桩型。

3.12 桩高 stake height

从栽培容器的上口到桩的最高点之间的距离。

3.13 桩径 stake diameter

截下来的茎干段的粗度，以茎干段中部的直径为标准。

3.14 自根型 auto-root form

用香龙血树叶丛枝扦插形成的幼苗种植形式。

3.15 3～5 鞭型 3～5 whips form

特指马拉巴栗茎干的一种编扎形式，即茎干编成鞭型，由 3 根茎编成的为 3 鞭型，5 根茎编成的为 5 鞭型。

3.16 病害 diesese

植物的各部位,因病原微生物(包括真菌、细菌、类菌质体、病毒)的侵染或生理的原因导致的各种病斑、组织溃烂、坏死、穿孔、褪色等伤害。

3.17 虫害 insect pest

植物各部位因害虫危害造成的穿孔、缺损、褪色、斑点等伤害。

3.18 破损 breakage

植物因人为或机械原因造成的撕裂、折损、穿孔、缺损等伤害。

3.19 边缘枯萎 dead margin

叶片的边缘或先端枯萎或焦边。

4. 质量分级

4.1 评价原则

盆栽观叶植物产品质量等级的划分遵循以下原则:

4.1.1 为了便于操作,盆栽观叶植物产品质量等级的划分采用规格标准和品质标准相结合的评价方法。

4.1.2 规格标准用数字表示。

4.1.3 品质标准用文字表示。

4.1.4 盆栽观叶植物产品质量等级划分以简明、代表性强、便于操作为原则。

4.2 盆栽观叶植物产品质量等级划分公共标准

具体划分标准略,详见 GB/T 18247.3—2000 原文。

4.3 主要盆栽观叶植物产品质量等级划分

具体划分标准略,详见 GB/T 18247.3—2000 原文。

4.3.1 盆栽香龙血树(巴西木、巴西铁)(三桩型)(*Dracaena fragrans*)质量等级划分标准

4.3.2 盆栽香龙血树(巴西木、巴西铁)(单桩型)(*Dracaena fragrans*)质量等级划分标准

4.3.3 盆栽香龙血树(巴西木、巴西铁)(自根型)(*Dracaena fragrans*)质量等级划分标准

4.3.4 盆栽朱蕉(*Cordyline terminalis*)质量等级划分标准

4.3.5 盆栽马拉巴栗(发财树)(3～5 鞭型)(*Pachira aquatica*)质量等级划分标准

4.3.6 盆栽马拉巴栗(发财树)(单株型)(*Pachira aquatica*)质量等级划分标准

4.3.7 盆栽绿巨人(*Spathiphyllum floribundum* cv. Maura Loa)质量等级划分标准

4.3.8 盆栽白鹤芋(*Spathiphyllum floribundum* cv. Clevelandii)质量等级划分标准

4.3.9 盆栽绿帝王(丛叶喜林芋)(*Philodendron wendlandii*)质量等级划分标准

4.3.10 盆栽红宝石(红柄蔓绿绒)(*Philodendron erubescens* cv. Red Emerald)质量等级划分标准

4.3.11 盆栽花叶芋(*Caladium bicolor*)质量等级划分标准

4.3.12 盆栽绿萝(滕芋)(*Scindapsus aureus*)质量等级划分标准

4.3.13 盆栽美叶芋(*Alocasia sanderiana*)质量等级划分标准

4.3.14 盆栽金皇后(*Aglaonema commutatum* cv. Pseudobracteatum)和银皇后(Aglaonema commutatum)质量等级划分标准

4.3.15 盆栽大王黛粉叶(*Dieffenbachia amaena* cv. Tropic)质量等级划分标准

4.3.16 盆栽变叶木(洒金榕)(*Codiaeum variegatum*)质量等级划分标准

4.3.17 盆栽袖珍椰子(*Collinia elegans*)质量等级划分标准

4.3.18 盆栽散尾葵(*Chrysalidocarpus lutescens*)质量等级划分标准

4.3.19 盆栽蒲葵(*Livistona chinensis*)质量等级划分标准

4.3.20 盆栽棕竹(*Rhapis excelsa*)质量等级划分标准

4.3.21 盆栽南洋衫(*Araucaria cunninghamii*)质量等级划分标准

4.3.22 盆栽孔雀竹芋(*Calathed makoyana*)质量等级划分标准

4.3.23 盆栽果子曼(*Guzmania* spp.)质量等级划分标准

5. 检测方法

5.1 抽样方法

5.1.1 同一产地、同一品种、同一批次的产品作为一个检测批次。

5.1.2 样本应从提交的检查批中随机抽取,单位产品以盆计。

5.1.3 对成批的盆花产品进行检测时,整体效果、茎叶状况、病虫害、栽培基质,分别按5.2.1,5.2.2的规定,其检验样本数和每批次合格与否的判定,均执行GB/T 2828—1987中的一般检查水平Ⅰ,按正常检查一次抽样方案执行,其合格质量水平(AQL)为15。

5.2 检测

5.2.1 规格指标采用直接测量的方法进行。

5.2.2 品质指标通过专门技术人员目测确定。

附录四 主要花卉产品等级
第四部分:花卉种子(部分)

1. 范围

本标准规定了花卉种子质量分级指标、检测方法和判定的原则。

本标准适用于花卉生产及国际贸易的花卉种子划分等级。

2. 引用标准

下列标准所包含的条文,通过在本标准中引用而构成为本标准的条文。本标准出版时,所示版本均为有效。所有标准都会被修订,使用本标准的各方应探讨使用下列标准最新版本的可能性。

GB 2772—1999 林木种子检验规程。

3. 定义

本标准采用下列定义。

3.1 种子净度 purity of seed

从被检种子样品除去杂质和其他植物种子后,被检种子重量点样品总重量的百分比。

3.2 发芽率 germination rate

种子发芽实验终期(规定日期内),全部正常发芽种子占供试种子数的百分比。

3.3　含水量 moisture content

种子样品中含有水的重量占供试样品重量的百分比。

3.4　每克粒数 seeds per gram

每克种子样品具有种子的粒数。

4. 质量分级

种子质量分为3级。以种子净度、发芽率、含水量和每克粒数的指标划分等级。等级各相关技术指标不属于同一级时，以单项指标的定等级。具体划分标准略。

5. 检测方法及判定原则

检验方法及判定原则按GB 2772进行。

5.1　净度：按GB 2772—1999第4章进行。

5.2　发芽率：按GB 2772—1999第5章进行。

5.3　含水量：按GB 2772—1999第9章进行。

5.4　抽样及判定：按GB 2772—1999第3章进行。

附录五　主要花卉产品等级
第五部分：花卉种苗(部分)

1. 范围

本标准规定了常见的切花种苗等级划分、检测方法及判定原则。

本标准适用于花卉生产及其贸易中花卉种苗的等级划分。

2. 引用标准

下列标准所包含的条文，通过在本标准中引用而构成为本标准的条文。本标准出版时，所示版本均为有效。所有标准都会被修订，使用本标准的各方应探讨使用下列标准最新版本的可能性。

GB 6000—1999 主造树种苗木质量分级。

3. 定义

本标准采用下列定义。

3.1　苗木种类 tape of young plant or seedling

根据培育、繁殖苗木使用的材料(种子、茎、叶、根)和方法划分的苗木群体，分为播种苗、扦插苗、嫁接苗、分株苗和组培苗。

3.2　苗龄 age of young plant or seedling

苗木的年龄。以经历一个年生长周期作为一个苗龄单位。

3.3　地径 stem base

地际直径，系指位于栽培基质表面处苗木的粗度。

3.4　苗高 height of young plant

自地径至苗顶端的高度。

3.5　根系长 length of root

自地径以下的长度。

4. 质量分级

4.1　苗木以地径、苗高为依据分为三级。

4.2　合格苗应具有发达的根系，苗干健壮、充实、通直，色泽正常，无机械损伤，无病虫害。具体划分标准略。

5. 检测方法及判定原则

检测方法及判定原则按 GB 6000—1999 中第 4 章、第 5 章的规定进行。

附录六　主要花卉产品等级
第六部分：花卉种球（部分）

1. 范围

本标准规定了主要球根花卉种球的质量分级指标、检测方法及判定原则。

本标准适用于花卉生产及国际贸易中花卉种球的等级划分。

2. 引用标准

下列标准所包含的条文，通过在本标准中引用而构成为本标准的条文。本标准出版时，所示版本均为有效。所有标准都会被修改，使用本标准的各方应探讨使用下列标准最新版本的可能性。

GB 2772—1999 林木种子检验规程。

3. 质量分级

种球质量分为 3 级。以围径、饱满度、病虫害的指标划分等级。等级各相关技术指标不属于同一级时，以单项指标低的定等级。具体技术规定略。

4. 检测方法及判定原则

检测方法及判定原则按 GB 2772 进行。

4.1　围径：用围径尺寸测量球茎的周长，读数精确到 1 cm。

4.2　饱满度：按 GB 2772—1999 第 7 章进行。

4.3　病虫害：按 GB 2772—1999 第 8 章进行。

4.4　抽样：按 GB 2772—1999 第 3 章进行。

参 考 文 献

[1] 孙曰波．花卉栽培．4 版．北京:中国农业出版社,2019.

[2] 申晓萍,韦耀福．观赏植物栽培．2 版．北京:高等教育出版社,2015.

[3] 车代弟．园林花卉学．北京:中国建筑工业出版社,2022.

[4] 刘燕．园林花卉学．北京:中国林业出版社,2006.

[5] 岳桦．园林花卉．北京:高等教育出版社,2006.

[6] 刘延江．新编园林观赏花卉．沈阳:辽宁科学技术出版社,2007.

[7] 顾翠花,季梦成,杨丽媛．园林花卉文化．杭州:浙江大学出版社,2021.

[8] 赵梁军．园林植物繁殖技术手册．北京:中国林业出版社，2010.

[9] 孟凡娟，黄凤兰．园艺植物组织培养．哈尔滨:东北林业大学出版社，2007.

[10] 王金刚，张兴．园林植物组织培养技术．北京：中国农业科学技术出版社，2008.

[11] 包满珠．花卉学．3 版．北京：中国农业出版社，2011.

[12] 王奎玲．花卉学．北京：化学工业出版社，2016.

[13] 王秀娟，张兴．园林植物栽培技术．北京：化学工业出版社，2007.

[14] 钟凤林，林义章．设施植物栽培学．北京：科学出版社，2018.

[15] 李黎，韩辉，曲彦婷，等．溪荪鸢尾离体快繁技术研究．国土与自然资源研究，2017(5)：90-91.

[16] 董晓宇,常晓轲,程志芳,等．组培苗瓶外生根技术研究进展．中南农业科技,2022,43(4):135-139.

[17] 龚永福,陈芳,张兆萍,等．植物组培苗生根研究综述．安徽农业科学,2022,50(17):5-8.

[18] 张怡．食用菊品种类病毒脱毒体系建立和优化．南京：南京农业大学，2020.

[19] 徐秀丽，张付荣．一串红繁殖与管理技术．河南农业,2013，331(23):40.

[20] 魏文学．菊花扦插栽植技术．中国花卉园艺,2022，502(10):51-53.

[21] 李黎,韩辉,唐焕伟,等．几种宿根花卉寒地繁育与栽培技术研究．国土与自然资源研究,2021(4):95-96.

[22] 刘立波,龚孝斐,罗艳．不同基质和种球特性对葱兰分株繁殖的影响．南方农业,2021,15(31):158-161.

[23] 储博彦,于福满,尹新彦,等．有髯鸢尾‘印度首领’分株繁殖试验．河北林业科技,2017,213(2):27-28,36.